フタホシコオロギの成長過程

地中に産みつけられた卵から孵化し、
小さな幼虫になる。
幼虫は8回脱皮して、成虫になる。

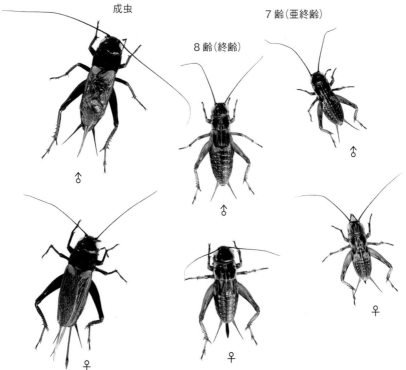

(1)　**フタホシコオロギ**：体長 28〜36 mm。熱帯・亜熱帯性コオロギ。アフリカや熱帯ア
　ジアでは普通種。日本では沖縄県に分布し、帰化昆虫とされる。本書の主役である。

（写真提供：井上慎太郎博士）

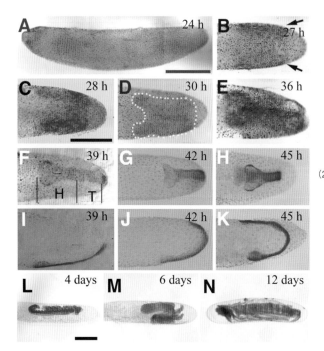

(2) コオロギの卵の中の発生過程（核をフクシン染色）：コオロギの卵の中の発生の様子。まず、核が増えて、それから細胞になる。細胞が集まって胚を形成する。卵の中を動きながら、幼虫の形を形成する（図中の横棒は長さの目安：A, L–N: 0.1mm, B–K: 0.5mm）。〔詳しくは、4 章の図 4-3 を参照〕

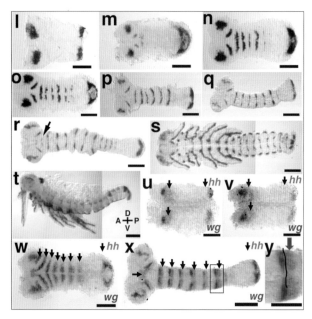

(3) コオロギ胚の遺伝子発現を in situ hybridization 法で観察したもの：胚発生に関与する遺伝子が発現し、身体を作り上げてゆく。観察したい遺伝子の発現場所を可視化するために、その mRNA をインサイチュウ・ハイブリダイゼーション（in situ hybridization）法により、青色や茶色に染色したもの。青色は、ウイングレス遺伝子（wg）の mRNA が存在する場所を示しており、初期では、将来眼や尾部になる領域に検出することができる。横シマ模様は将来の体節を決めるために遺伝子が働いていることを示している。ヘッジホッグ（hh）遺伝子の発現を茶色に染めると、wg の発現部位に隣接して発現していることがわかる。〔詳しくは 4 章の図 4-12 を参照〕

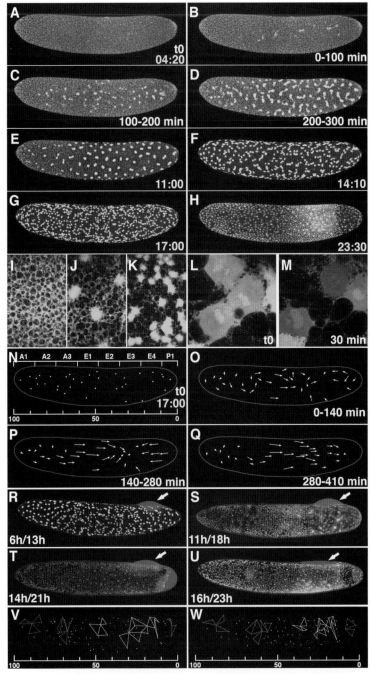

（4）フタホシコオロギの胚発生初期における細胞動態：第 4 章図 4-12C 参照

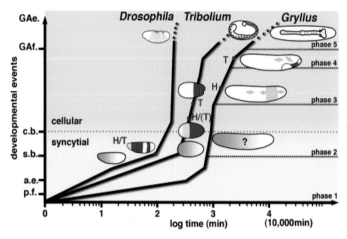

(5) 発生メカニズムの進化、ショウジョウバエ（*Drosophila*, 左）、トリボリウム（*Tribolium*, 中央）、コオロギ（*Gryllus*, 右）の発生初期過程の比較：発生過程を産卵からの時間（対数）に対して示した。母性勾配システムは、各種の卵の絵では単純に赤い勾配で表されている。頭部ギャップ（*gap*）遺伝子（H; *otd*）と体幹ギャップ遺伝子（T; *hb* and *Kr*）による領域指定の期間は、各線上で赤い点で示されている。*otd*（水色）、*hb*（青）、*Kr*（ピンク）の発現領域を胚の絵で示した。c.b. の位置のオレンジの点線は細胞化のタイミングを示す。ショウジョウバエでは、頭部と胴体部は、ビコイド（Bcd）の形態形成活性によって主に制御され、それによるギャップ遺伝子の活性化によって、ほぼ同時に決定される。コオロギでは、細胞化した状態で、前頭部と胸部がそれぞれ *otd* と *hb/kr* の活性によって次第に決定される。フェーズ(phase) 1 ～ 5 は、コオロギの初期発生における細胞動態のフェーズを示す。トリボリウムでは、*hb* の特定のドメインの確立は *otd* よりも遅いが、胚での *hb* の発現は H 期に始まる（H / T）で表す）。略語：p.f.; 前核融合（精子の核と卵子の核が融合）」、a.e.; 軸方向の拡大、s.b.; シンシティカル（syncytial, 多核状態の形成）、c.b.; 胚の細胞化（cellular）、GAf.; 胚の形成、GAe.; 胚（または胚軸）の伸長。ショウジョウバエは発生の速度を究極的に速くなるように進化した。（Nakamura *et al.*, 2010） 〔図 4-5 参照〕

(6) 奈良の大仏の4本脚の蝶：これもホメオティック変異の蝶であるとの指摘がある（「4.4 形態形成に普遍的に必要な遺伝子・ホメオボックス遺伝子の発見」参照）（写真提供：由良敬教授（共同著者））

1 mm

(7) ショウジョウバエのホメオティック変異体：正常なショウジョウバ
エは、胸部体節 2 に大きな翅 2 枚と胸部体節 3 に小さな翅（平均棍）2
枚がある。*Ultrabithorax*（*Ubx*）と呼ばれるホメオボックス遺伝子の変
異により、平均棍が大きな翅に変異している。*Ubx* 変異体は、胸部体
節 3 が胸部体節 2 に変異したことにより生じた。この美しい写真は、ミュ
ンヘン大学の N. Gompel 博士に提供していただいた。〔図 4-13 参照〕

脛節での切断　　　　　　　腿節での切断

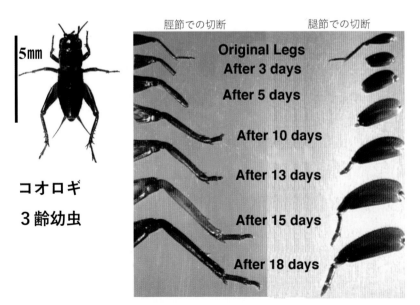

5mm

コオロギ
3 齢幼虫

Original Legs
After 3 days
After 5 days
After 10 days
After 13 days
After 15 days
After 18 days

(8) コオロギの幼虫の脚は、切断されても再生する：脚が切断されても、どこ
が切断されたかを認識し、失った部分を完全に再生する。そのメカニズムの
一部を解明した。〔6 章参照〕

(9)　緑色に光るコオロギ：遺伝子操作により、クラゲが持っている緑の蛍光を発するタンパク質（GFP）をコオロギの遺伝子に導入した（上）。全身が緑色の蛍光を発している。〔図 14-4 参照〕

花コオロギを作製する

擬態カマキリのゲノム解析 → 擬態に関連するゲノム変化の同定 → コオロギのゲノム編集により擬態化 → 花に擬態したコオロギ

花カマキリ

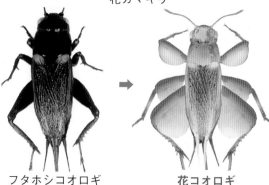

フタホシコオロギ　　　　花コオロギ

（10）**花コオロギを作製したい**：花カマキリ（中段 2 枚）は、蘭の花に擬態している。この擬態のメカニズムを解明し、花に擬態したコオロギ、花コオロギ（右下）をゲノム編集技術で作製したい。〔図 15-3 参照〕

最先端コオロギ学

―世界初！ 新しい生物学がここにある―

野地澄晴

編

北隆館

Advanced Cricketology

Edited by

SUMIHARE NOJI *Dr. Sc.*
Tokushima University

はじめに

　ある日、『昆虫の擬態』（海野和男著）という本が目に止まった。それを見た瞬間、「これだ」と思った。その本は、蘭の花に擬態したカマキリや葉に擬態した「木の葉虫」などの美しい写真が満載の写真集であった。なぜ昆虫が植物の花や葉に擬態できるのか？　どの様に進化して来たのであろうか？　など、疑問が次から次へと湧いてくる。当時、1992 年頃、この現象は分子生物学の対象として研究されていなかった（今でもほとんど研究されていない）。

　私は、「誰も研究していないが、非常に興味のある新しい研究テーマ」を探していた。それは、今から約 30 年前、私が徳島大学の教授に就任した頃であった。この昆虫の擬態の課題は、私の要求にピッタリであった。早速、花カマキリをマレーシアからとりあえず数匹（一匹 3000 円）購入し、増殖することにした。問題は花カマキリの餌であった。花カマキリは花に擬態しているので、餌は蝶が良いが、蝶まで飼育するのは荷が重いので、何か良い餌はないかと悩んでいた。「花カマキリを飼育しているマレーシアのバタフライ・ファームだったら、何か知っているかもしれない」と思い、電話して聞いてみた。その答えは、「コオロギ」であった。「日本のコオロギは一年に一回しか産卵しないし、冬はコオロギがいなくなる」と話すと、「日本のペットショップでは、コオロギをペットの生き餌として、年中売っている」と教えてくれた。電話を切って、早速、徳島市内のペットショップに電話すると、「何匹必要なのか？」「数十匹いれば」と答えると、一匹 10 円で最低 300 匹ほど購入してくれとのこと。しぶしぶ、300 匹を注文した。しばらくして、フタホシコオロギが入った段ボール箱が研究室に届いた。これが、私のコオロギとの出会いであった。

　それから 30 年、何と、今ではそのコオロギを人が食べる時代になった。コオロギは、SDGs（Sustainable Development Goals（持続可能な開発目標））と密接に関係している。SDGs には 17 の目標が設定されているが、コオロギは特に 2 番の「飢餓をゼロに」と 13 番の「気候変動に具体的な対策を」の達成に有用である。さらに、将来、3 番の「総ての人に健康と福祉を」にもコオロギは関係している。

　地球の人口は増加し続けており、10 年以内に食料の生産が人口の増加に追いつかず、食料が不足する時代になると予測されている。しかも、最も深刻な問題はタンパク質の不足である。現在の、牛、豚、鶏などの肉の生産量を上げることは、地球の環境悪化問題とも関係し、不可能であると予想されている。そこで、注目されたのが、昆虫食、特にコオロギである。コオロギは非常に効率的にタンパク質を人類に供給することができる。実際、環境問題や食料問題に敏感なヨーロッパや米国では、既にコオロギ・フラワー（粉）入りのパンやプロ

テインバーなどが販売され、普通に食べられている。日本はむしろ遅れている。食料のセキュリティーとして、いつ食糧危機がきても対処できるように、準備しておくことが必要である。危機がきてから対応していたのでは、食料の場合も直ぐに対処できない。

　2021年、コオロギの粉を混ぜたさまざまな食品、例えば「コオロギせんべい」、「コオロギ粉入りクッキー」、「コオロギ粉入りパン」、「コオロギ粉入りカレー」、「コオロギチョコ」などが販売されている。特に、脚光を浴びているのは、コオロギを粉末にして練り込んだ「コオロギせんべい」である。2020年6月に、自然に優しく、タンパク質リッチな食品として、無印良品（株式会社良品計画）から発売された。このせんべいに使用されているコオロギ粉は、徳島大学発のベンチャー企業である株式会社グリラスが日本で製造したものである。「コオロギ」を食べる時代になっている。その詳細については、既に『最強の食材コオロギフードが地球を救う』という新書に記載したので、興味のある方は読んでいただきたい。

　一方、日本は、コオロギの生物学者が比較的に多く、コオロギ研究の先進国になっている。一般的には知られてないが、コオロギは食用だけでなく、生物の研究、あるいはヒトのモデル動物としても有用な昆虫である。実際、食べるワクチンとして利用する方法や薬を製造する生物工場としての利用などが研究されている。日本では、コオロギを用いた研究が長年にわたり行われ、コオロギに関するさまざまな知識が得られている。このようなコオロギは、ミツバチ、カイコの次の家畜化昆虫として認識され、研究されてきている。しかし、その知識は専門的であり、世界の多くの人々は、コオロギに関する知識を得る機会がないのが残念である。また、日常的に食べることになるコオロギについて知ることができる教科書が必要であると感じていた。そこで、コオロギに関する研究内容を野地がまず執筆し、それぞれの分野の専門家に、共同執筆者として修正・追加などをしていただき、本書が完成した。生物の専門家でなくても、高校生レベルの生物の知識があれば興味を持っていただけるように執筆した。本書は、コオロギに関する知識を体系化し、その有用性を示した世界最初の本である。その意味で、新しい学問である「コオロギ学（Cricketology）」がここに誕生した。

　日本の多くの地域では、暑い夏が過ぎると、どこからともなく虫の音が聞こえてくる。夜行性で、夜鳴いているので、その虫の姿を見たことがない読者も多いであろう。その虫の一つが「コオロギ」である。その鳴き声の主が、本書の主役である。

2022年2月

野地澄晴

執筆者

青沼仁志：神戸大学・大学院理学研究科・教授（動物生理学、神経行動学）

石丸善康：徳島大学・大学院社会産業理工学研究部・講師（発生・再生生物学）

大内淑代：岡山大学学術研究院・医歯薬学域・細胞組織学・教授（細胞組織学、発生学）

片岡孝介：早稲田大学・総合研究機構・次席研究員（研究院講師）（ゲノム科学、神経科学）

酒井正樹：岡山大学・名誉教授（神経行動学）

下澤楯夫：北海道大学・名誉教授（比較神経生理学、神経行動学）

富岡憲治：岡山大学・名誉教授（時間生物学）

西野浩史：北海道大学・電子科学研究所・助教（神経行動学、感覚生理学）

野地澄晴：徳島大学長（発生・再生生物学、コオロギ学）

濱田良真：徳島大学・先端酵素学研究所・助教（分子細胞生物学、再生生物学）

板東哲哉：岡山大学学術研究院・医歯薬学域・細胞組織学・講師
（再生生物学、細胞組織学）

松本幸久：東京医科歯科大学・教養部・自然科学系・生物学・助教
（神経行動学、神経生物学）

水波　誠：北海道大学・大学院生命科学院・行動神経生物学講座・教授（行動神経生物学）

三戸太郎：徳島大学・バイオイノベーション研究所・教授（発生生物学、分子昆虫学）

宮脇克行：徳島大学・バイオイノベーション研究所・准教授（遺伝子工学、生物環境工学）

由良　敬：お茶の水女子大学・教授／早稲田大学・先進理工学部・教授
（生物物理学、計算生物学、生命情報学）

渡邉崇人：徳島大学・バイオイノベーション研究所・助教（応用昆虫学）
　　　　兼業：（株）グリラス CEO

渡邊崇之：総合研究大学院大学・先導科学研究科・生命体科学専攻・助教
（神経行動学、神経遺伝学、分子進化学）

※五十音順、（ ）内は専門分野、略歴は巻末参照。

■コオロギの語源

コロコロと鳴るの動詞「ころろく」の名詞形「ころろき」を鳴く虫にあてたのが語源と考えるられる（三戸太郎説）。

ころろ・く【嘶】

〔自カ四〕（擬声語「ころろ」の動詞化）ころころ音をたてる。声がかれてのどが鳴る。
　　　　　　　　　　　　　　＊古事記（712）上「うじたかれ許呂呂岐（コロロキ）て」
嘶き：　読み方：ころろき、ひひらき、いなき
【文語】カ行四段活用の動詞「嘶く」の連用形、あるいは連用形が名詞化したもの。

■コオロギを意味する言葉

漢字では「蟋蟀」（中国語の発音 Xīshuài シーシュアイ）、一文字では「蛬、蛩、蟋」などがある。英語では cricket（クリケット）、フランス語：grillons、ドイツ語：Grillen、Kricket、イタリア語：grilli、スペイン語：grillos、アステカ語：chapul、ヘブライ語：צְרָצַר。

目　次

表紙の写真：いずれも白眼のフタホシコオロギ
　　〔写真提供：Guillem Ylla 博士（Jagiellonian University, ポーランド）〕

最先端コオロギ学

―世界初！ 新しい生物学がここにある―

第1章　コオロギ研究の歴史 I

序　コオロギ：ヒトのモデル生物であり、最強の食材でもある

　本書の目次を見ていただけるとわかるように、コオロギに関してさまざまな研究テーマが存在する。本書では、各テーマの専門の研究者に共同執筆をしていただき、日本のコオロギ研究の歴史から最前線までを紹介する。まず、コオロギ研究の歴史について紹介する。

　日本のコオロギ研究の流れの源流は、広島大学の両生類研究所がカエルなどの餌として、1972年頃にフタホシコオロギを石垣島から採取し、導入したことにある（野地, 2021）。そのフタホシコオロギが、北海道大学の研究者に利用され、さらに岡山大学、東京医科歯科大学、愛媛大学などに拡散したのであろう。フタホシコオロギはペットショップで、ペットの生き餌として販売されているが、広島大学から広がったのではないかと予想している。いずれにしても、徳島大学のフタホシコオロギは、最初、ペットショップから購入した。しかし、現在では後に述べるように、山形大学由来の白眼のフタホシコオロギを研究や食用に用いている。その歴史的背景について、1、2章で紹介する。

　昆虫は、幼虫から成虫になる過程の違いで、大きく2つに分類される。完全変態昆虫と不完全変態昆虫である。完全変態の昆虫は、ショウジョウバエ、カイコ（蚕）、蝶などで、蛹を形成して、幼虫とは異なる形態の成虫になる。一方、コオロギは不完全変態の昆虫で、幼虫から成虫になっても、大きな形態変化はない。その意味で、コオロギは不完全変態の代表的な昆虫という位置付けになる。

　ここで強調しておきたいのは、コオロギ（昆虫）の研究成果は、単に昆虫に関する情報に限られるのではなく、ヒトを含む生物の基礎的な課題の解明に利用できるということである。このことは、120年以上の研究の歴史があるショウジョウバエの研究成果が、これまで5つのノーベル医学生理学賞の対象になっていることから実証されている。本書では、次に示すテーマについて、コオロギを用いた研究成果を紹介している。遺伝子やゲノムについて（3章）、受精卵からの成体になるメカニズム（4・5章）、変態のメカニズム（5章）、再生のメカニズム（6章）、寿命の決定のメカニズム（7章）、体内時計のメカニズム（9章）、記憶のメカニズム（10章）、行動のメカニズム（11・13章）、

感覚器について（12 章）。

　食料となるコオロギは、安価に大量に入手可能なモデル生物となり、しかも、RNA 干渉法（8 章）やゲノム編集（14 章）など高度な技術も使用することができる。その技術により、コオロギを医薬品工場として利用することも可能である（14 章）。

　日本のコオロギ研究者数は、大学院生も入れると約 50～70 人（2021 年）であろう。「コオロギ・オンライン研究会」を、2020 年の秋から月に 1 回、その月の最後の金曜日の 18 時から開催している。研究のテーマは多様だが、コオロギを研究の対象にしている研究者や学生に登録していただいている。現在登録者数は約 60 人である。世界では、コオロギに関する論文の発表数が約100 報程度なので、平均の著者数が 3 人とすると、約 300 人程度であろうと推測している。最近は、コオロギを食の材料とした観点からの研究テーマが増加している。

　誰でもが簡単にコオロギを研究できる時代になっているので、中学校や高等学校の生物の教材としても有用である。多くの研究者が、コオロギをヒトのモデル生物として、あるいは食材として研究していただくことを期待している。最後に、誰でもコオロギの研究ができるコオロギ研究所を設立し、世界を救うコオロギの世界的な拠点にしたいと考えている（15 章）。本書がそのためのきっかけになればと願っている

1.1　ショウジョウバエからコオロギへ

　昆虫の中で、最も研究されているのは、小さなハエである。その名は、小バエ（fruit fly）、学名はキイロショウジョウバエ（*Drosophila melanogaster*）である。コオロギの研究を紹介する前に、ショウジョウバエの研究を少し紹介しておく。その理由は、コオロギの研究の土台は、ショウジョウバエの研究成果だからである。コオロギの研究が日本で本格的に開始されてからまだ 40～50 年程度であるが、ショウジョウバエの研究には 120 年以上の歴史があり、昆虫はもとより、生物学の基礎を築いてきた。その歴史は、遺伝学から遺伝子への歴史でもある。

　ショウジョウバエの学名をキーワードとして、米国の医科学系の論文検索サイト PubMed で検索すると、ショウジョウバエに関する研究論文が、1917年から 2020 年 5 月までの約 100 年間で合計約 5 万 6 千報発行されている。米国のショウジョウバエの学会には、世界の関連の研究者約 2000 人が参加する。

図 1-1　白眼のフタホシコオロギとショウジョウバエ（矢印）

ちなみに、フタホシコオロギの学名はグリラス・ビマキュラタス（*Gryllus bimaculatus*）であるが、1947 年から現在までの 75 年間で 534 報の論文が発行されており、そのうちの約 40％は日本で行われた研究である。ハエに関する論文が 100 倍多いのである。実際、小さなハエであるショウジョウバエに関する研究でノーベル医学生理学賞を受賞した研究、あるいはその研究に影響を与えた研究は 10 以上あり、小さなハエを研究することの有用性は、歴史的に証明されている。

　生物の基本は次世代に子孫を残すことであるが、親の性質は子に遺伝する。遺伝の現象を調べるのであれば、ヒトのように 100 年も生きる生物よりも、1〜2 週間しか寿命を持たない生物で調べたほうが効率的である。その点、赤い眼をした体長 2〜3 mm ほどのショウジョウバエは、産卵から約 10 日という短いサイクルで親になるため、遺伝の研究をするのに適した生物である。図 1-1 に示すように、コオロギの写真と比較すると、いかに小さい昆虫であるかわかる。

　ショウジョウバエを遺伝学の研究に導入したのは、アメリカ合衆国の遺伝学者であるモーガン博士（Thomas Hunt Morgan、1866〜1945 年）であった（かずさ DNA 研究所, 2011）。彼は、1933 年にノーベル生理学・医学賞を受賞した。受賞理由は「遺伝における染色体の役割に関する研究」である。彼は、ケンタッキー州レキシントンのユダヤ系家系に生まれる。1904 年から 1928 年にかけて、コロンビア大学教授、ウッズホール海洋生物学研究所の研究者の一人であった。

　モーガンは当初、動物学や発生学分野の研究を行った。1894 年には、後に津田塾大学を創設する津田梅子氏の指導にあたり、共同研究を行った成果をまとめ、津田と共著で科学論文「蛙の卵の発生研究」を発表している（黒川, 2021）。津田はその後、日本に帰国し、津田塾大学を創設する。

　1900 年前後には、モーガンは、発生と再生に興味を持っていた。特に、「切っ

ても切ってもプラナリア」（阿形, 2009）といわれるプラナリアの再生能力に魅せられ、プラナリアに関する論文を5つほど書いている。その中で、双頭のプラナリアができたことや279分の1の断片からも再生したことを報告している。現代の再生医療の先駆的役割も果たしている。プラナリアの餌にショウジョウバエを使用していた。

　1904年に、コロンビア大学に実験動物学の教授として加わったモーガンは、そこでショウジョウバエの研究を開始する。1908年からショウジョウバエを用いた遺伝の研究を行った。当時はメンデルの遺伝の法則が再発見されたばかりであり、遺伝子の実体がDNAであることはもちろんわかっていないばかりか、遺伝子の存在すら疑問視されていた。モーガンは当初、環境が変化すれば、それに応じて遺伝する形質も変化すると考えていた。例えば、真っ暗な室内でハエを飼育すれば、眼が不要なので、眼が退化したハエができると考えた。1910年のある日、彼らは、赤い眼をした正常なショウジョウバエとは異なる白眼のショウジョウバエを発見した。この変異体には“白（white）”という名前が付けられた。ショウジョウバエの変異体の名付け方の原則は、「突然変異の形質に基づいて名付ける」である。モーガンはこの「白」のハエの出現が彼の仮説を証明していると喜んだが、実際にはそうではなかった。

　1911年、モーガンはコロンビア大学に、ショウジョウバエの突然変異体を集め、それらの間で交配実験を行うことで、どのように形質が変化するのか究明するために、約5 m×7 mの“ハエ部屋”を設置し、革新的な遺伝学の研究を行った（かずさDNA研究所, 2021）。“The fly room”でネット検索をすると、ハエ部屋の写真が多くヒットする。その写真から想像すると、その部屋の机の上に、ショウジョウバエを飼育する牛乳瓶のようなガラスの器具があり、古めかしい顕微鏡が設置してある。壁にはバナナの房が吊るしてあるが、それはハエの餌である。棚にはハエの突然変異を誘導する物質が並んでいる。奥には飼育瓶を滅菌する装置がある。この部屋で人工的に突然変異のハエを大量に作製し、遺伝の仕組みの研究が行われ、遺伝についての多くの知見が得られた。

　遺伝という現象は、ヒトの両親や兄弟、姉妹に関するものであるから、日常的に知っている現象である。しかし、そのメカニズムは実に複雑で巧妙である。同じ両親から生まれた子供でも、よく似てはいるが、違っている。生物が進化するためには、常に両親とはよく似ているが、少し異なる子孫を残すように、卵子や精子を作るときにDNAを変えているのである。環境は変化するので、変化した時に生き残れる子孫が必要なのである。それができる生

物だけが、40 億年の間、絶滅せずに生き残ってきている。

　モーガンは、遺伝の情報が染色体という物質に関係していることを発見した。染色体とは、細胞を塩基性の色素で染めた時に、よく染色されることから名付けられた。その構造は、長い DNA がタンパク質の助けを借りて、コンパクトに折り畳まれた状態のものである。ショウジョウバエの染色体は 4 対、つまり 8 本。通常のヒトの細胞は 23 対、46 本の染色体、コオロギの雌は 15 対、30 本を持っている。

　モーガンが発見した「白」の変異は、その後の研究から、偶然により遺伝子が変化して生じた現象、つまり自然変異であることが解明された。当時、架空の存在だった遺伝子が、実在する細胞内の成分である染色体にあることを示した。彼は 1913 年、ショウジョウバエの唾液腺の染色体を染色し、濃淡の模様を比較することで、染色体上にある遺伝子の位置を特定し、それによって遺伝子が染色体の上にあることを証明した。同時に、モーガンの弟子の一人であるスターテバント博士が主に行ったとのことであるが、染色体上に遺伝子がどのように分布しているかを示す図（遺伝子地図と呼ぶ）を作製した。

　モーガンの弟子および孫弟子のうち 8 人が後にノーベル賞を受賞している（かずさ DNA 研究所, 2011）。1946 年には弟子のハーマン・ジョーゼフ・マラー博士（米国）が、ショウジョウバエに対する X 線照射の実験で人為的に突然変異を誘発できることを発見した功績でノーベル生理学・医学賞を受賞。1995 年には、カリフォルニア工科大学におけるモーガンの弟子であるエドワード・ルイス博士がショウジョウバエを用いた研究による「初期胚発生における遺伝的制御に関する発見」でノーベル賞を受賞した。2011 年のノーベル生理学・医学賞は自然免疫に関する研究で、やはりショウジョウバエを用いた研究がきっかけだった。また、2017 年のノーベル医学・生理学賞に輝いたのは、「概日周期を制御する分子機構の解明」であったが、ショウジョウバエを用いた研究が鍵であった。このようにショウジョウバエを用いた研究は、生物学や医学の発展に大きな貢献をしてきた。

　ショウジョウバエの研究が暗に示していることは、ハエ（昆虫）の研究がヒトの研究につながっていることである。さらには、生物の基本原理は、地球上の生物においては同じであることを示している。繰り返すが、「全ての生物種が共通の祖先から長い時間をかけて、ダーウィンが自然選択と呼んだプロセスを通して進化した」。したがって、地球上の生物は共通した性質などを持っており、つまり普遍性を持っているのである。そのことを象徴している

のは、遺伝子 DNA である。遺伝の情報は、DNA の構成要素である 4 種類の
塩基 A、T、G、C の組み合わせとして、記号化されている。この仕組みは地
球上の生物のほぼ全てに共通である。それは生物の進化の過程とも関係して
おり、詳細は 3 章で紹介している。この事実は、コオロギもヒトのモデル生
物として利用できることを示唆しており、生物の基本原理の解明に使用でき
ることを意味している。現在までのモデル昆虫はショウジョウバエであった
が、次世代のモデル昆虫はコオロギになるであろう。その理由は、コオロギ
は有望な食材昆虫であるため、今後、多くの研究者が研究対象とすると予想
されること。さらに、簡単に安価で大量に入手できる昆虫になので、研究材
料として有用とされると考えられるからである。本書ではヒトのモデル生物
としてのコオロギの有用性も示した。

1.2　コオロギ：新規モデル生物

　人類は、自分自身のことを良く知らない。心臓が正確に鼓動し血液を循環
し、肺から酸素を得て、その酸素を用いてミトコンドリアにてエネルギーに
変換して生きているが、自分で考えて設計した訳ではない。ヒトが自分自身
を解明するためには、人体実験が必要であるが、それは倫理的に許されない。
そこで、多様な生物の中からモデルとなる生物を選んで、集中的にその生物
を研究してきた。哺乳類のモデルはネズミ（マウスあるいはラット）である。
特にマウスは典型的なモデル動物として、世界各国で使用され、医学の研究
には必要不可欠な動物である。これまでにマウスに関連する論文は約 180 万
報発行されている（National Library of Medicine, 2021）。一方で、動物愛護団体
などからは、動物の福祉を考えると、できるだけマウスを使用しないように
することも訴えられている。

　生命科学系の研究において、モデル生物が非常に重要な役割を果たす。典
型的なモデル生物は、細菌では大腸菌、単細胞真核生物では酵母、昆虫ではショ
ウジョウバエ、両生類ではアフリカツメガエル、哺乳類ではマウスやラット、
発生生物学では鶏卵を利用している。

　大腸菌が分子生物学の基礎を築いた後、線虫がモデル生物として登場した。

(1) モデル生物としての線虫 C. エレガンス（*Caenorhabditis elegans*）

　ここで、線虫をモデル生物として開発したブレナー博士（Sydney Brenner）
について簡単に紹介する。ブレナーは 1927 年に南アフリカで生まれ、ウィッ

トウォーターズランド大学にて解剖学および生理学の修士課程を首席で卒業し、1954 年、オックスフォード大学で博士号を取得した。その後、英国ケンブリッジの分子生物学研究所に入所した。1960 年代初頭、メッセンジャーRNA（mRNA）の存在を共同発見し、mRNA の核酸配列がタンパク質中のアミノ酸の配列順序を決定することを証明した。当時、分子生物学的な研究は、主に大腸菌を用いて研究されていたが、彼はさらに、次世代のモデル生物として神経系などを持つが単純な多細胞生物を研究対象とすることを考えた。彼が選択したのは、線虫の C. エレガンス（*C. elegans*）であった。体長 1 mm程の小さな土壌動物で、透明な体に単純ながら 1000 個程度の一通りの多細胞体制をもち、彼の研究目的に適した生物であった。線虫は寒天培地の上に塗布した大腸菌を餌にして、20℃で培養すれば 3 日で成虫になる。飼育が容易であり、生活環が短く、遺伝学を用いた研究手法も行いやすい生物であった。約 10 年間の試行錯誤の研究をして、1974 年に最初の論文を発表した（Brenner, 1974）。

　その後、ブレナーは、線虫の発生・分化過程を細胞レベルで完全に記述し、細胞分裂のタイミングと位置が遺伝学的に完全にプログラムされていることを明らかにした。線虫の全細胞系譜が 1983 年、全神経回路網が 1986 年、全塩基配列が 1998 年に報告された。この線虫の研究、とりわけアポトーシスにおける成果を理由に、2002 年に、アメリカのホロビッツ博士（Howard Robert Horvitz）と、イギリスのサルストン博士（John Edward Sulston）とともにノーベル生理学・医学賞を受賞した（The Nobel Prize Organisation, 2002）。2000 年代には日本の大学院大学構想による独立行政法人沖縄科学技術研究基盤整備機構の発足にともない、その初代理事長に就任。2009 年には沖縄科学技術大学院大学を開学させた。現在、ブレナー博士の先導的研究に刺激されて、国際的に多くの研究室が相互に連帯し、線虫の解剖学、遺伝学、発生学、行動などについて活発な研究を総合的に進展させている。

(2)　モデル生物としてのゼブラフィッシュ

　線虫、ショウジョウバエに加えて、もう一つ有名なモデル生物は、脊椎動物である熱帯魚のゼブラフィッシュである。1995 年にショウジョウバエの研究でノーベル賞を受賞したニュスライン-フォルハルト博士（Christiane Nüsslein-Volhard）は、受賞前の 1985 年頃から、ショウジョウバエの脊椎動物版を確立するために導入したモデル生物は、ゼブラフィッシュ（*Danio rerio*）

であった。ゼフラフィッシュはインド原産の小型魚(体長4cmくらい)であり、分類学的にはコイ目コイ科ダニオ亜科に属す。飼育が容易・価格が安い等の理由で熱帯魚飼育の入門的な魚として古くから親しまれてきた。この魚を研究室に持ち込み、モデル生物として開発してきた。多くの研究者が利用している（田中, 2016）。日本では、メダカも研究に利用されている。

(3) ショウジョウバエの植物版：シロイヌナズナ（*Arabidopsis thaliana*）

植物のモデル生物として、選択されているのがシロイヌナズナ（*Arabidopsis thaliana*）である。このモデル生物を確立したのは、カリフォルニア工科大学のマイエロヴィツ博士（Elliot M. Meyerowitz）である（日本学術振興会, 1997）。彼は、エール大学の大学院時代にショウジョウバエの研究を行っている。しかし、植物の分子遺伝子学的研究が遅れていることに1985年頃に着目し、アブラナ科シロイヌナズナ属の一年草であるシロイヌナズナに着目し、モデル生物として確立した。シロイヌナズナは、ゲノムサイズが小さいこと、一世代が約2ヵ月と短いこと、室内で容易に栽培できること、多数の種子がとれること、自家不和合性（同じ花のおしべとめしべ間で受精が生じない性質）を持たないこと、形質転換が容易であることなど、モデル生物としての利点を多く備えているため、研究材料として利用しやすい。多くの変異系統が維持されている。

1.3　食用として、またモデル動物としてのフタホシコオロギ

学術的な分類によると、コオロギは、動物界＞節足動物門＞昆虫綱＞直翅目＞コオロギ亜目＞コオロギ上科＞コオロギ科＞に属する。コオロギ科には、世界中で約3000種が存在している（奥山, 2018）。その中で日本には34種が存在する。本書において主に紹介するのは、フタホシコオロギ（学名をグリラス属＞種：グリラス・ビマキュラタス（*Gryllus bimaculatus* De Geer, 1773））である（GBIF, 2021）。学名は、1773年にスウェーデンの実業家で昆虫学者のシャルル・ド・ギア（Charles De Geer）が命名した。ヨーロッパでは黒コオロギとも呼ばれている。しかし、茶色のフタホシコオロギも存在する。

フタホシコオロギは体長が28〜36mmで、日本での生息地は南の宮古島や石垣島であり、それより北の自然環境では生息できない。このコオロギは30℃の温度で飼育すると一年中季節に関係なく産卵し増え続ける。また、雑食性であり、高密度でも飼育できることから、研究用として、さらに食用と

して非常に有用な昆虫である。

　フタホシコオロギは、脚は3対、翅は2対あり、不完全変態の昆虫に分類されている。図1-1のフタホシコオロギの写真を見ていただきたい。翅に2つの白い斑点があり、これをホシとして名前の由来になっている。雌には後部に長い産卵管がある。この産卵管を利用して、土の中に産卵する（11章）。夜行性なので長い触角を頼りに行動している。もちろん、眼はあるが、夜行性のために昼光性の昆虫ほど発達していないと思われるが、後に紹介する生物時計を調節するためにも必要である。通常、昆虫の翅は飛ぶための器官であるが、コオロギ雄の場合は鳴くためにある（11章）。左右の翅を擦り合わせて、音を発生する。夜行性のために、雌雄ともお互いに姿を見ることができないために、雄は雌を引き寄せるために音を利用している。雄の鳴き方は、種によって異なっている。雌は飛ぶための器官として翅を使用できる。コオロギの耳は、前肢にある（12章）。雌のコオロギは雄の鳴き声を頼りに移動する。

　コオロギを食料や研究に使用する8つの理由を下記に記載した。

①人工的な環境で飼育が簡単で、地球にやさしく、安価で大量に入手可能。

②雑食性のため、フードロスなどの解決に利用できる。

③コオロギの全てが食料となり、脱皮殻は医療材料、排泄物は植物の肥料に使用可能。

④ヒトと生命としての基本原理は同じなので、医療などの研究にも使用。

⑤全ゲノムの解析が行われている。

⑥ RNA 干渉法という方法により遺伝子機能の研究が簡単にできる。

⑦ゲノム編集などの先端の技術が開発され、合成生物として医薬品などの工場として使用可能。

⑧ショウジョウバエより大きいので、電気生理学や生化学的な研究が行いやすい。

以上の点から、コオロギは新しいタイプのモデル生物として利用できる。

1.4　白い眼のフタホシコオロギ

　生物の研究を行う場合は、遺伝子がなるべく同じでないと、個体差のためデータがバラつくので、コオロギも遺伝子がなるべく同じ個体を使用するべきである。山形大学理学部生物学科の中谷勇博士らは、「コオロギの白色眼突然変異体」について、1989年に科学雑誌『遺伝』に発表した（中谷, 1989）。

徳島大学では、その白眼コオロギの分与をしてもらい、それ以来、研究には必ず白眼コオロギを継代して使用している。特に、遺伝子の関与する解析、例えばコオロギのゲノムの塩基配列を決定するのは、この白眼のコオロギゲノムを使用している。また、食用のコオロギも大量に飼育しているが、これも由来の明確な白眼コオロギが使用されている。徳島大学のグループは、約27年に渡り研究室でフタホシコオロギの白眼系統を維持してきた。野生のコオロギを使用していないので、ウイルスに感染している危険性はない。本系統は一般には飼育されていない。野生型と比較して他のコオロギとの闘争が少ないため飼育が非常に容易であることに加えて、良好な食味を有することが明らかになってきた。白眼系統をベースに系統育種を進めていくことが、効率的な生産や社会受容性の向上に有効と考えられる。

（序〜1.4　野地澄晴）

1.5　日本のムーンショットプロジェクト：コオロギ

現在の日本のコオロギ研究者と研究テーマを表1-1に示す（野地, 2021a）。

内閣府は令和2年7月に「ムーンショット型研究開発制度」について発表した。この制度は、わが国発の破壊的イノベーションの創出を目指し、従来技術の延長にない、より大胆な発想に基づく挑戦的な研究開発（ムーンショット）を推進するために設立された。この制度では、未来社会を展望し、困難だが実現すれば大きなインパクトが期待される社会課題等を対象として、研究開発事業を国が支援する。「ムーンショット型農林水産研究開発事業」のひとつとしてコオロギに着目したプロジェクト計画が提案されている。

ムーンショットの目標は9つあるが、その5番目は、

5. 2050年までに、未利用の生物機能等のフル活用により、地球規模でムリ・ムダのない持続的な食料供給産業を創出

である。

ムーンショット目標5を実現するために、お茶の水女子大学や早稲田大学など昆虫関係グループは、2050年までに、微生物や昆虫等の生物機能をフル活用し、完全資源循環型の食料生産システムを開発する事業を立ち上げ、採択された。そのプロジェクトマネージャーは筆者（お茶の水女子大学・由良）、副プロジェクトマネージャーは早稲田大学の朝日透教授である。プロジェクト名は「地球規模の食料問題の解決と人類の宇宙進出に向けた昆虫が支える循環型食料生産システムの開発」である。コオロギ研究の共同研究機関には、

表 1-1　日本のコオロギ研究者（野地, 2021 を改変）

大学・研究機関	所属	研究者	研究分野
北海道大学	電子科学研究所（退職）	下澤楯夫	比較神経生理学 *
北海道大学	生命科学院	水波　誠	行動神経生物学 *
北海道大学	理学研究院	小川宏人	システム神経生物学
北海道大学	理学研究科	青沼仁志	動物生理学 *
北海道大学	電子科学研究所	西野浩史	神経行動学 *
総合研究大学院大学	先導科学研究科	渡邊崇之	神経行動学 *
東京大学	新領域創成科学研究科	永田晋治	化学生態学
東京医科歯科大学	教養部	松本幸久	神経行動学 *
お茶の水女子大学	基幹研究院	由良　敬	生物物理学 *
早稲田大学	理工学術院	朝日　透	生物物性科学
早稲田大学	総合研究機構	片岡孝介	ゲノム科学 *
東京農工大学	農学研究院	鈴木丈詞	応用昆虫学
基礎生物研究所	進化発生研究部門	中村太郎	進化発生生物学
長浜バイオ大学	バイオサイエンス学部	小倉　淳	分子進化学
金沢工業大学	バイオ・化学部	長尾隆司	神経行動学
大阪市立大学	理学研究科	後藤慎介	昆虫科学
神戸大学	農学研究科（退職）	竹田真木生	応用昆虫学
岡山大学	自然科学研究科（退職）	富岡憲治	時間生物学 *
岡山大学	自然科学研究科（退職）	酒井正樹	神経行動学 *
岡山大学	学術研究院・医歯薬学域	大内淑代	細胞組織学、発生学 *
岡山大学	学術研究院・医歯薬学域	板東哲哉	再生生物学 *
徳島大学	本部	野地澄晴	発生・再生生物学 *
徳島大学	バイオイノベーション研究所	三戸太郎	発生生物学 *
徳島大学	社会産業理工学研究部	石丸善康	発生・再生生物学 *
徳島大学	バイオイノベーション研究所	渡邉崇人	応用昆虫学 *
愛媛大学	理工学研究科（退職）	加納正道	神経情報学

＊は本書執筆者。研究分野の詳細は巻末の略歴を参照。

早稲田大学、東京農工大学、徳島大学、長浜バイオ大学が参画している。コオロギの研究が国のプロジェクトに採択されたのである。新たなコオロギの時代がすでに来ている。このプロジェクトの活動の詳細はぜひウエブサイト（https://if3-moonshot.org）で調べていただきたい。　　　　　　（1.5　由良　敬）

1.6　コオロギ：第 3 の家畜化昆虫になる

　昆虫が有用なヒトのモデルであることは、ショウジョウバエの研究成果が多くのノーベル賞の対象になっていることからも間違いない。その中でも、コオロギは生物の基本的なメカニズムの解明とその応用に寄与するだけでなく SDGs の目標 2：飢餓をなくそうの達成にも寄与し、世界を救う昆虫になる。その意味でコオロギは、ミツバチ、蚕に次ぐ第 3 の家畜化昆虫になる（図 1-2）。

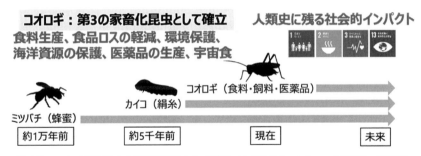

図 1-2　コオロギを第3の家畜化昆虫として確立（由良氏のムーンショット資料を一部改変）

　地球上の人口増加に伴う食料難を解決するために昆虫を使用する場合のポイントは、「環境に負荷をかけずに、いかに安価に大量生産できるか」である。現時点ではコオロギが有力候補である。コオロギは、既存の畜産業と比較して動物性タンパク質を生産するための環境負荷が低く、数倍の動物性タンパク質を生産することが可能となる（野地, 2021）。

　コオロギにもさまざまな種類があり、ヨーロッパではヨーロッパイエコオロギ（*Acheta domesticus*）がポピュラーであるが、徳島大学ではフタホシコオロギを利用している。日本の本州に生息しているコオロギとしては、例えば秋の夜長を鳴き通しているエンマコオロギなどが知られている。その成虫は冬になると産卵して死んでしまう。卵はそのまま地中で越冬し、暖かくなると孵化する。これらのコオロギは、1年に1回しか増えないので、大量飼育には適さない。一方、フタホシコオロギは、石垣島などの南に生息し、一年中産卵し増殖速度が高いので、食用として非常に有用である。徳島大学の試算では、1000個の卵のうち、理想的な環境であると仮定して6割が成虫まで飼育し、その5割がメスで、そのうち産卵可能なメスが8割であるという仮定で計算すると、すべての成虫を繁殖用に回すと1年後（6回サイクル）には生育した成虫が約477兆匹となり、それを全てコオロギ粉末にしたとすると約9500万トンになる（野地, 2021b）。近年、サバクトビバッタの大量発生による農業被害が問題になっている（田中, 2021）。バッタは自然環境で繁殖の条件が整うと、まさに劇的に増殖するが、コオロギの場合は、劇的な増殖を人工的な環境の操作で実現できるのである。コオロギ養殖の容易さから、将来的には宇宙船など極限的な空間における自給食材の候補として期待できる。

1.7　循環型食料としてのコオロギ

　多くの昆虫は食べるものを限定する傾向（食性と呼ぶ）があり、例えば、絹を産生する蚕は、桑の葉しか食べない。このような植物のことを食草または寄主植物と呼ぶ。アゲハチョウの仲間は、それぞれの幼虫が特定の植物のみを餌として利用する。例えば、ナミアゲハはミカン科の植物、キアゲハはセリ科の植物、というように決まっている（尾崎, 2021）。これらの蝶は、他の植物を決して食べない。メス成虫は、前脚の先端にある「ふ節」と呼ばれる部分にある化学感覚子という毛状の突起物で、人間の舌の様に植物に含まれる化合物を「味」として認識することにより、数多くの植物の中から幼虫に適した食草を選択している（Ryuda et al., 2013）。

　その点、コオロギは雑食性であり、野生のフタホシコオロギも雑食性で草地や耕作地で生活し、そこにあるあらゆる食べられるものを、食べている。雑食性であるため、他の昆虫と比較してコオロギは飼料の入手が容易であることも長所の一つである。日本国内においては、近年、国外から約3241万トンになる大量の食料を輸入しているにも関わらず、食品ロス（食べられる状態で廃棄されているもの）が年間646万トン、つまり輸入量の約20％にもなっており、その処理が社会的な問題となっている（環境省, 2021）。徳島大学の三戸らの研究で、コオロギ飼育において、飼料の一部を食品ロスで置き換えることが可能であることが明らかになりつつある。この研究をさらに進め、栄養価や安全性を確保し、完全に食品ロスに置き換えることに成功すれば、循環型動物性タンパク質生産システムを構築できる。この研究を発展させることで、食品ロス処理の社会ニーズ解決とともに低コストなコオロギ飼料の供給という産業ニーズの解決にもつながる。同時に、高効率なフタホシコオロギ養殖を実現できれば、動物性タンパク質の持続的な安定大量供給手段が創出されることになる。このことは世界的な食糧難を回避する食料安全保障の状況を一変させる可能性があり、社会・経済的インパクトは非常に大きい。

　食用フタホシコオロギの場合、そのコオロギの味は食べたものに依存する。実際、徳島大学の三戸研究室でさまざまな餌で飼育し、その味を調べたところ、最も美味しいコオロギは椎茸を餌にしたものであった。また、徳島の特産物である「スダチ」を餌としても食し、スダチの香りのするコオロギができる。また、「柚子」も同様である。この様に、餌により風味を変えることができるのは、雑食性のおかげである。　　　　　　　　　　（1.6・7　渡邉崇人）

第2章　コオロギ研究の歴史 II

序　コオロギの体内時計、記憶、行動、発生・再生

　日本においては、すでに紹介したが、広島大学のカエルの研究者の西岡みどり元センター長（両生類研究センター）らが、その餌としてフタホシコオロギを 1973 年頃に導入したこと（Nishioka, 1977）が、日本全土にフタホシコオロギが普及するキッカケとなった（野地, 2021b）。

　1976 年頃に、北海道大学の久田光彦元教授（理学部生物学科動物生理学講座）の指示で研究室の研究テーマをコオロギにすることになり、当時大学院生の加納正道氏（現愛媛大学）が広島大学からコオロギをもらってきて研究をスタートさせた（私信（下澤楯夫博士））。下澤博士は、コオロギの腹部の先端にある左右一対の器官である「尾葉」という気流を感じるセンサーについて、その神経情報学的な研究などを行った（12 章）。下澤研究室には、その後、水波誠博士（10 章）が助教授として赴任する。これらの研究は現在に引き継がれており、表 1-1 に示すように、これが北海道大学にコオロギ研究者が多い理由であろう。その研究テーマは、神経、脳、行動などが多く、重要な研究成果が発表されている。下澤博士の最初の指導教員であった山口恒夫博士は北海道大学から岡山大学に転出し、富岡憲治教授（岡山大学）の体内時計の研究（9 章）に繋がっていく。山口博士は 2006 年に『昆虫はスーパー脳』（技術評論社）というタイトルの本を監修している。その中に、富岡教授と水波教授の話が掲載されている。山口博士がコオロギの研究を始められたきっかけなど、歴史的背景について、次に紹介する。研究内容については、それぞれの章で紹介している。　　　　　　　　　　　　　　（序　野地澄晴）

2.1　コオロギの体内時計の研究

　筆者（富岡）は、岡山大学理学部在学中、卒業研究のために、山口恒夫教授の研究室に 1977 年に配属された。当時、山口研ではザリガニを用いて視覚の研究が行われていた。

　山口先生はいろいろと興味を持っておられたので、ザリガニの視覚以外に、カニの歩行パターン、カニやシャコの視覚、クモの営巣行動などを研究対象とした学生もいた。筆者は、昆虫の行動に興味を持っていたので、「モンシロチョウの交尾行動の神経機構」に関する研究をやりたいと申し出て、許可を

得た。3月に研究室に配属されたが、その直後から約半年間、山口先生は在外研究員として米国のコネチカット大学に行かれた。その間、筆者は先輩に教えてもらいながら、一人で蝶を使った仕事をしていた。9月に入って先生が帰ってこられるまでに、少しはデータが得られていたが、大きな進展はなかった。そのうちに秋も深まり、蝶が採れなくなってきた。そこで、別の虫をやってみたらと山口先生から提案されたのがコオロギだった。

　コオロギを使うことになったのはいくつかの偶然が重なった結果であった。まず、コオロギについては、その年の夏休みに遺伝学研究室の学生が、広島大学の両生類研究所から譲り受けたものの中から、幾匹かを富岡がもらい受けて飼育していたものであった。わずか2～3ヵ月の間に数百匹に増えたので、せっかく飼育しているのなら実験に使ってみてはどうかということになったのである。さらには、当時、ドイツでコオロギを使った音声コミュニケーションの研究や、米国で発音行動の研究が盛んに行われていたこと、また山口研の先輩で北大の博士課程に進学された宮本武典さん（現日本女子大学教授）がコオロギ神経系の発生の研究を始められたこと、なども要因であった。

　山口先生は、まず動視反応（optokinetic response）を見るようにと指示された。コオロギの前で物体を動かすと、それに反応して頭を動かすはずだということであった。われわれが眼球を動かして、物体を追跡するのと同じ反応である。筆者は何度も試みたが、動視反応はうまく観察できなかった。そこで、筆者は、コオロギがものを見ているのかどうか、視神経の反応を見て確かめることにした。コオロギを棒に固定し、頭部を切開して視神経を露出しようと豆電球を点灯したところ、意外にも頭部を光源の方向に回転させる行動を示すことがわかった（図2-1）。

　じっくり観察してみたところ、その

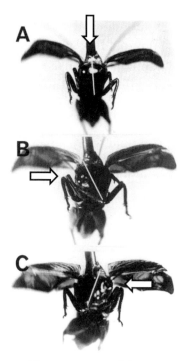

図 2-1　コオロギの光背反応
コオロギは飛翔時に光を背に受けるように定位する。その最初の行動として、光の方向に頭部を回転する。矢印は光の方向を、白線はコオロギ頭部の上下（背腹）軸を示す。

行動はコオロギが飛翔状態にあるときにのみ生ずることがわかった。その後の解析から、この行動は、光背反応（dorsal light reaction）の一部であることが明らかとなった。コオロギはヒトの耳石のような平衡感覚器を持っておらず、飛翔時には背側に光を受けるように体の

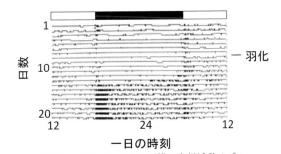

図 2-2　フタホシコオロギ雄の歩行活動リズム

このコオロギは幼虫期には、明期に活動が生ずる昼行性を示すが、羽化後数日を経て暗期開始直後に活動が集中する夜行性に逆転する。記録の縦方向の振れが活動を示す。活動が頻繁に生じているところは太い黒線のように見える。横軸は1日の時刻を、白黒のバーは昼（白）、夜（黒）を示す。気温は 25℃。

向きを保つことで、安定して飛ぶことができる。頭部の光の方向への回転は、この光背反応の最初に起こる行動である。この光背反応の発見から、その行動の解析と背後にある神経機構の研究を続けることになった。これが契機となり山口研では、その後コオロギが主たる材料として使われるようになった。

　さて、1980年に筆者は大学院修士課程修了後、山口大学理学部の千葉喜彦教授の研究室に助手として採用された。千葉教授は蚊を用いて行動リズムの適応的意義に関する研究を進めておられたが、理学部の新設により研究室を拡充するにあたって、内分泌学的なアプローチと神経生理学的アプローチを導入しようと考えておられた。コオロギの光背反応の神経機構を解析していた筆者が採用されることになったのは、そのような理由からである。材料も手法も自由に決めてよいとのことであったので、フタホシコオロギを実験動物とすることとなった。まずは、活動を記録するところから始めた。終齢幼虫を手作りのシーソー型アクトグラフに入れ、歩行活動を記録してみると、明期に活動が高い昼行性のリズムを示した。しかし、羽化後数日が経過すると、突然夜行性に逆転することがわかった（図 2-2）。

　このリズム逆転は恒暗・恒明条件下でも生ずること、雄では誘引歌や精包作製など性成熟と軌を一にして生ずることが明らかとなった。1982年にこれらの結果をまとめて体内時計に関する最初の論文を発表し、それ以後、米国留学や岡山大学への転任もあったが、40年以上にわたりコオロギ体内時計の研究が継続した。

　その結果、コオロギの体内時計は左右に1対ある視葉と呼ばれる神経組織にあり（9章図 9-2 参照）、左右の視葉体内時計は神経路を経て相互に同調し

ていること、体内時計の振動には時計遺伝子の周期的発現が関わっているこ
と、また、正確に昼夜にあわせて時を刻むために、複眼で受容した光情報が
神経路を経て視葉体内時計をリセットすることなどが次々に明らかにされて
きた。研究の成果などについては、後ほど、第 9 章で紹介する。

（2.1　富岡憲治）

2.2　コオロギの記憶の研究

　筆者（水波）がコオロギの記憶の研究を始めたのは、1993 年に北海道大学
電子科学研究所に助教授として赴任してからである。それまでは、主にワモ
ンゴキブリを用いて、単眼での情報処理や、脳の高次中枢であるキノコ体と
場所記憶との関わりなどの研究を行ってきた。それらの研究の経緯について
簡単にまとめてみる。

　筆者は、福岡に生まれ育ったが、小学生や中学生の頃から生き物の行動に
興味を持ち、九州大学理学部生物学科に入学した。九州大学では立田栄光先
生の研究室で卒業研究を行ったのちに大学院に進学し、その後同研究室で助
手に採用され、生物学の道を歩み始めた。

図 2-4　昆虫の顔写真
トノサマバッタ（A）やクロスズメバチ（B）は 3 個の、ワモンゴキブリ（C）やヤガの一
種（D）は 2 個の単眼を持つ。

　立田研究室では、主にワモンゴキブリを材料に、昆虫の単眼系での情報処理についての研究を行った。昆虫は、主要な視覚器である複眼の他に、2個または3個の単眼系を持つ（図2-4）。

　単眼は明暗受容に特化した単純な構造の眼であるが、その感度や速度において複眼より優れており、それらを生かして幾つかの行動において複眼系の機能を補っている。私は、主にワモンゴキブリを材料に、単眼系での明暗情報処理について生理形態学的および情報工学的な解析を用いた。情報工学的な解析では基礎生物学研究所の中研一教授の指導を受けた。更に、単眼系には昆虫種によって速度を重視するか感度を重視するかのトレードオフがあることに気づき、その進化的な関係について考察した（図2-5）。

　単眼の研究で学位を取得したのち、新たな研究テーマの開拓を志し、昆虫の脳での学習・記憶のしくみへの取り組みを模索した。幸い米国NIH（国立衛生研究所）の奨励金が得られ、アリゾナ大学のニコラス・ストラスフェルド教授のもとでの研究を始める機会を得た。ストラスフェルド教授は昆虫の神経解剖学の第一人者であり、新規研究を始める研究室として最適と考えた。

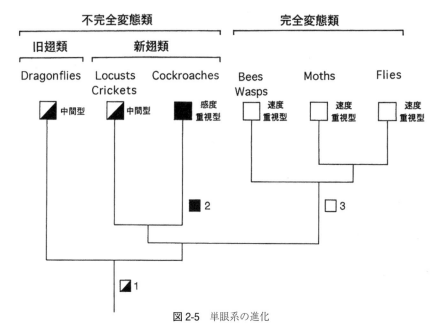

図2-5　単眼系の進化
昆虫種によって速度を重視するか感度を重視するかのトレードオフがある。昆虫の単眼に見られる神経回路のタイプの系統樹上の分布。8種の昆虫の単眼系の神経回路のタイプを調べたところ、感度重視型、速度重視型。中間型の3つに分類できた。それらの祖先型は中間型と推定された。

アリゾナ大学では1989年から約2年3ヵ月、昆虫の場所の記憶に脳のどの領域が関わるかを調べる研究に挑戦した。実験にはワモンゴキブリを用い、脳のさまざまな領域を手術により破壊し、場所学習に障害が起こる領域について探索した。その結果、キノコ体と呼ばれる高次中枢が場所学習に必須な領域であることを示す結果を得た。

　帰国後、以前から交流があった北海道大学電子科学研究所の下澤楯夫教授に誘われ、同研究室の助教授として札幌に赴任した。35歳の時であった。下澤教授はコオロギの気流感覚系における情報処理の研究で世界的に著名である。北海道大学ではゴキブリのキノコ体の構造や機能の研究を継続するとともに、新たに嗅覚学習の研究を始めた。研究材料としてコオロギとゴキブリを選び、博士研究員の松本幸久（現東京医科歯科大学助教）がフタホシコオロギを、大学院生の佐倉緑（現神戸大学准教授）がワモンゴキブリを用いて嗅覚学習の研究を開始した。両名の奮闘でどちらの昆虫も非常に優れた嗅覚学習の能力を持つことを明らかにすることができた。

　その後、筆者は2001年に東北大学生命科学研究科助教授として仙台に移り、さらに2009年には北海道大学教授として札幌に戻ったが、その間、主にゴキブリとコオロギを用いて昆虫の嗅覚学習などの研究を行ってきた。東北大学では大学院生の渡邉英博（現福岡大学助教）がゴキブリが唾液分泌の条件付けを示すことを発見し、この系を用いて脳の触角葉やキノコ体が嗅覚学習に関わることを示した。コオロギを用いた研究からは、松本博士や東北大学や北海道大学の大学院生の活躍により、これまで昆虫では知られていなかった高度な学習現象の数々が見出され、また学習に関わるオクトパミンニューロンやドーパミンニューロンの役割が明らかになった。それらについては第10章で解説する。

（2.2　水波　誠）

2.3　生物の形づくりの基本原理：コオロギもヒトも同じ

　あなたは、誕生前に母親の中で1個の受精卵であったことを記憶しているだろうか？　受精卵は細胞分裂を繰り返し、自律的に、遺伝子の情報に基づき、今のあなたの姿を作り上げた。この形づくりの過程を発生と呼んでいる。この発生過程の奇跡的なメカニズムを解明する学問が発生学である。ヒトと同様に、多くの生物は、1個の受精卵から成体になる。その発生のメカニズムについて、この30年間に多くのことが解明されてきた。その結果、発生のメカニズムは、昆虫もヒトも基本的に同じであることがわかった。つまり、コオロギ

の発生のメカニズムもヒトの発生のメカニズムも基本的には同じなのである。
その理由は、進化の過程にある。コオロギもヒトも、起源は同じだからである。
詳細は 3、4 章で説明する。そうであれば、発生の基本のメカニズムを解明す
るためには、コオロギなどを用いる方が早く答えに到達できるであろう。

　筆者（野地）が発生学に出会ったのは、偶然だった。1980 年 4 月、筆者は
米国のメリーランド州のベセスダと呼ばれる町にある、米国国立衛生研究所
（National Institutes of Health；NIH）に博士研究員として赴任した。30 歳であっ
た。NIH は世界最大規模の生命科学の研究所であり、世界をリードしている
拠点である。私を雇用してくれたのは、日系米人の昆秀夫博士であった。研
究テーマはヒトの赤血球の変形能を電子スピン共鳴法により測定し、そのメ
カニズムを解明することであった。赤血球はその中にあるヘモグロビンに、
肺で酸素を結合し、血管を流れて、体の隅々まで酸素を運び、その後二酸化
炭素を持ち帰り、肺から体外に排出する役目を担っている。体内の血管には
大動脈もあれば毛細血管もあるので、多様な血管をスムースに流れるために、
赤血球は最適に変形して流れている。この機能が失われると血栓が生じる。
その変形のメカニズムは当時不明であった。私は、実験してデータを取りな
がら、それを理論的にも解明しようと思い、NIH の同じ建物の別の研究室で
理論生物物理学を研究していた日本人の博士研究者にアドバイスをお願いし
た。彼が紹介してくれた本が、マインハルト博士（H. Meinhardt）の『Models
of Biological Pattern Formation』（Meinhardt, 1982）（生物の形態形成のモデル（図
6-1 参照））であった。この本にヒントがあると思って読んだが、赤血球の変
形メカニズムの解明には繋がらなかった。しかし、この本に書かれてあった「形
原（Morphogen）」に興味を持った。生物のパターンは、「ある物質の濃度勾配
に依存して形成される」というモデルがあり、その物質を「形原」と呼ぶの
である。このモデルを提案したのは、ウォルパート博士（Wolpert, 1969）であっ
た。当時、「形原」と呼ばれる物質として、レチノイン酸（ビタミン A の酸）
が候補として知られており、それはニワトリの胚で指のパターンを決める物
質である可能性が報告されていた。このレチノイン酸を発生初期の肢芽に作
用させると指の数が倍になるのである。ウォルパートの仮説を証明する実験
系として、「ニワトリの指を誘導する形原として、レチノイン酸が発見された」
と当時の発生学の教科書にも紹介してあった。「このメカニズを解明したい」
と思いながら、1982 年に帰国した。広島大学にポストがあるはずであったが、
結局、岡山大学の歯学部の口腔生化学の谷口茂彦教授に雇用していただいた

（詳しくは（野地, 2020））。

　日本にも、ニワトリの胚の指の形成を研究している研究者がおり、東北大学大学院・生命科学研究科の井出宏之教授であった。井出教授の研究室を訪問し、研究の方法を教えていただいた。この共同研究により、意図した結果と逆の結果、つまりウォルパート博士らが提唱していた「レチノイン酸が指の「形原」」説を否定することになった（Noji *et al.*, 1991）。後に、ハーバード大学のテビン博士（Clifford Tabin）が真の指のパターンを決める形原（形原説には異論もある）を発見し、ソニックヘッジホッグ（sonic headghog；shh）と名付けた（Riddle *et al.*, 1993）。レチノイン酸は、この shh 遺伝子の発現を誘導する物質であったが、四肢の指の形成には直接関与していなかった。このソニックヘッジホッグは、ショウジョウバエの研究から発見されたヘッジホッグ（変異体の遺伝子名、変異体の形態がヘッジホッグ（ハリネズミ）に似ていたので命名された）の相同遺伝子であった（詳細は第 4 章を参照）。われわれも指の形成に関与する形原を探していたが、先を越された。その原因はショウジョウバエの研究が米国で精力的に行われていたからであった。脊椎動物の研究であっても、昆虫(ハエ)からアプローチすることにより、より速く結論に到達できることを意味していた。しかし、米国のショウジョウバエの研究の歴史的背景から考えると、日本でショウジョウバエの研究をスタートしても多分追いつくことさえできない。ではどうするのか？と私は考えた。

　1992 年の夏、私は徳島大学工学部の教授として赴任し、前任の岡山大学歯学部での四肢の発生の研究に加えて、「非常に興味あるテーマだが、誰も研究していないテーマ」を探すことにした。実は、私の着任した講座には発生とは異なった研究テーマで研究をしているスタッフしかおらず、四肢の発生の研究が継続できる環境ではなかったのである。そこで、私の研究室独自のモデル生物を開発したいと考えた（「はじめに」に繋がる）。

2.4　昆虫の擬態を研究しよう

　解明したい生物現象に適したモデル生物を選択することは非常に重要であり、新しい世界を開くことができる。私の問題は、どのような生物現象を解明するか？であった。生物学の次の重要な課題は、進化のメカニズムの解明である。地球上にはさまざまな生物が生存している。例えば、象であるが、鼻を器用に使用している。この鼻が最初から長ければ、現在のように生きてきたのであろうが、十分に長くなかった時にはどうしていたのであろうか？

と心配してしまう。われわれはその進化のメカニズムを知らない。進化のメ
カニズムの解明に適しているモデル生物は？とぼんやりと考えていた。もし
進化のメカニズムを知れば、人工的に進化させることもできる。

　私の場合、海野和男氏の写真集『昆虫の擬態』（1993年）に出会うことにより、
「擬態」という生物現象に興味を持った（「はじめに」を参照）。その本に紹介
されていた花カマキリを口絵⑽に示す。昆虫が、植物の葉や花に擬態できる
のはなぜであろうか？　これは非常に興味ある進化学の課題である。当時、そ

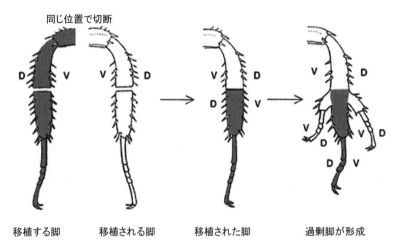

図2-6　ゴキブリの脚を用いた過剰脚の実験（Bohn, 1965）：V: 腹側、D: 背側。
詳細は本文参照。

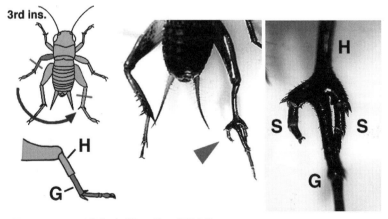

図2-7　コオロギ幼虫（3齢）の脚の移植実験：H：ホスト、G：グラフト、S：過剰肢。
右図は矢印部分を拡大。

の分子生物学的解析はたぶん皆無であった。今でも、擬態した蝶の遺伝子の解析が進行しているが、まだこれからであろう。実際に研究に利用できそうな擬態している昆虫は、花カマキリであった。しかし、実際に飼育してみると実験室で継続的に飼育するのは困難であった。その時に餌として使用していたのが、フタホシコオロギであった。当時、大学院生であった丹羽尚さんは、コオロギの飼育方法から研究し、コオロギの分子生物学的実験系を確立した（丹羽, 1998）。モデル生物の最低条件として、飼育が簡単で遺伝子操作などが簡単にできることを重視したが、コオロギはその条件を満たし、実験動物として非常に優れていることを認識した。

　マインハルトの本『生物のパターン形成のモデル』に紹介してあった「ゴキブリの3脚」の実験が気になっていた。左右の脚を同じ場所で切断し、それを、例えば右脚の基部に左脚の先端を継ぐと、脚が2本余分に形成されて、3本になるのである（図2-6）。

　このゴキブリを使用した脚の再生の研究はヨーロッパの研究室で古くから研究され、非常に興味ある現象が報告されていた。しかし、ゴキブリを実験材料に使用する気にはなれなかった。だが、コオロギを使用することに、違和感はなかった。丹羽さんに、コオロギの脚を切断して、再生するかどうかを調べてもらった。後にわかるのであるが、ゴキブリの脚の再生の研究を行っていたフレンチ博士（V. French）が、ヨーロッパイエコオロギ（*Acheta domesticus*）でも同じ現象が生じることを論文で1984年に発表していた（French, 1984）。フタホシコオロギでも同様な現象を観察することができた（図2-7）。筆者の研究室では、この脚の再生の研究をコオロギを用いて行った（第6章参照）。擬態の研究は、コオロギを花に擬態させる遺伝子改変技術を開発することを目標（口絵(10)と15章参照）として、継続することにした。

（2.3・4　野地澄晴）

第3章　コオロギの遺伝子

序　DNAの2重らせん構造とケンブリッジ

　1953年、イギリスのケンブリッジ大学キャベンディッシュ研究所に所属するジェームズ・ワトソンとフランシス・クリックは、遺伝子DNAが2重らせん構造をとっていることをネイチャー誌に報告した（Watson & Crick, 1953）。ケンブリッジ大学は、イギリス・ロンドンのヒースロー空港から、鉄道を乗り継いで行く。キングス・クロス駅から約1時間で到着するケンブリッジの町は、ロンドンのような都会ではなく、科学の歴史がつまった学問の町である。アイザック・ニュートンはここで、1665年に万有引力の法則を発見したと思っていたが、実際には、ペストの大流行でケンブリッジ大学は閉鎖され、故郷のウールスソープで着想した（佐藤, 2000）。

　2004年、筆者は、そのケンブリッジ大学を訪問した。この年は、第8回の四肢の発生と再生に関する国際学会が、スコットランドで開催されるので、その学会に参加する前に、昆虫の発生などを研究しているエイカム博士（Michael Edwin Akam）にお会いするためであった。エイカム博士は、Fellowship of the Royal Societyであり、ケンブリッジ大学のダーウィン・カレッジの教授でもあり、大学動物学博物館の館長でもあった。彼は、昆虫などの発生と進化のメカニズムについて、ショウジョウバエを用いて研究してきた。現在は、ムカデの体の節のでき方を研究している。昆虫の進化の観点から、コオロギにも興味を持っている。

　エイカム博士のラボは、ケンブリッジ大学の中にあり「伝統の重み」に囲まれている。動物学博物館の館長なので、まずそこを案内してくれた。建物の3階ロビーには大きな鯨の骨格標本が展示してある（図3-1）。

　「今日は、博物館の倉庫を案内しましょう。」と、

図 3-1　ケンブリッジ大学の動物学博物館（ダーウィン）

図 3-2　イーグル亭で食事をした後、エイカム博士と筆者

通常では決して見ることのできない所を案内していただいた。「この標本は、ダーウィンがビーグル号で航海した時に、持って帰ったものです。」その時の標本が目の前にある。チャールズ・ダーウィンは、1831 年から 1836 年にかけてビーグル号で地球一周する航海を行い、進化論を着想し、1859 年 11 月 24 日に進化論を展開した『種の起源』を出版した（本書 p50「ダーウィンの進化論」参照）。この博物館は、1865 年、日本では江戸時代の末期に設立されている。「これが、彼が作製した顕微鏡用のスライドガラスの標本です。」「へー、こんなことまでしていたのだ。」と、驚きを表現するのがやっとであった。ダーウィンの進化論から現在の彼の昆虫の進化論まで、150 年の歴史を背負った研究である。私は何もないところから出発して、13 年。「歴史の重みがすごいですねー!!」としか言いようがなかった。

　「他も案内しましょう。」と、博物館を出て細い道を歩く。建物の表示を読むと「ここで世界初めて電子が発見されました」と書いてある。別の建物には「X 線による構造解析が行われた場所である」、「キャベンディッシュ　ラボラトリー」など・・・。さらに歩くと一軒のレストランに到着した。「イーグル亭です」「ワトソンとクリックのイーグル亭ですか？」ワトソンとクリックが DNA の 2 重らせん構造を発見したキャヴェンディッシュ研究所がここにある。遺伝子の新時代がここから始まったのだ。1953 年の 2 月 28 日、遺伝子 DNA の構造を研究していたワトソンとクリックは、その構造の重要なポイントである "塩基対" に気づいたのである。それは、シャルガフ博士が発見した規則、シャルガフの規則：「DNA に含まれている塩基のうち、アデニン（A）とチミン（T）の数、シトシン（C）とグアニン（G）の数が等しくなっている」を説明することができる。彼らは模型づくりを中断して、研究所近くのパブ、イーグル亭へと走り、祝杯をあげた。昼食に集まった誰彼かまわずにクリックが「生命の神秘を解明した！」と言ったので、ワトソンは「不愉快になった」と、ワトソンがその後に書いた『二重らせん』という本に書いてある。「ここで、食事をしましょう。」とイーグル亭に入った（図 3-2）。

3.1　DNA からゲノムプロジェクトへ

　ヒトもコオロギも現在の地球上に存在しており、姿・形は全く異なっている生物である。ヒトは 2 本足で歩き、2 本の手を器用に使用している。コオロギの脚は 6 本、翅があり、長い触角がある。ヒトの骨格は内側から骨が支えているので内骨格と呼ぶが、昆虫には骨は無く、骨格としてクチクラと呼ばれる硬い殻で覆われているので、外骨格と呼ぶ。ヒトとはかなり異なる生物である。したがって、直感的には、親から子への遺伝の形式や形のでき方など全く異なっていると思われる。少し前まで、と言っても 30～40 年前まで、専門家でさえ、そう思っていた。しかし、研究が進むにつれて、わかってきことは逆であった。ワトソンとクリックが発見した遺伝子の実体である DNA はほとんどの生物が使用している。ヒトも、コオロギも、大腸菌も遺伝子として DNA を使用している。DNA は、塩基と呼ばれる A、T、G、C で構成されており、これが遺伝情報を記載する 4 つの文字である。ワトソンとクリックは、DNA の二重ラセンの構造を発見する。図 3-3 のように A と T、G と C はラセンの中で対を形成している構造に彼らはたどり着いたのである。塩基は糖（デオキシリボース；P) に結合しており、ポリヌクレオチド鎖を構成している。その鎖の末端は糖の 5' 末端と 3' 末端である。DNA の 2 本鎖には方向があり、3' から 5' の方向と逆方向の 5' から 3' の鎖により構成されている。

　この構造により、遺伝のメカニズムを説明できるのである。つまり、図 3-4 に示すように、同じものを複製するときには、鋳型が必要であるが、まさにどちらの鎖も鋳型にすると、同じ構造の DNA が 2 本できるのである。

　細胞分裂する時に、それぞれの同じ DNA が細胞に分配される。機能と構造がぴったりと説明できるので、まさに「生命の神秘を解明した！」と叫びたくなる気持ちが理解できる。ワトソン、クリックと DNA の構造を X 線で決めたモーリス・ウィルキンスらは、「核酸の分子構造および生体における情報伝達に対するその意義の発見」に対して、1962 年にノーベル生理学・医学賞を

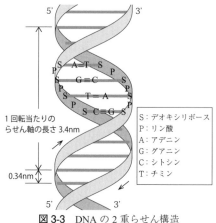

1 回転当たりの
らせん軸の長さ 3.4nm

0.34nm

S：デオキシリボース
P：リン酸
A：アデニン
G：グアニン
C：シトシン
T：チミン

図 3-3　DNA の 2 重らせん構造

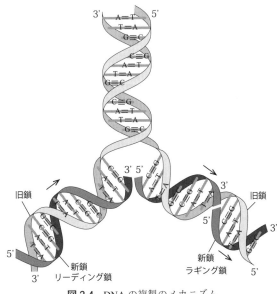

受賞した。

DNA の複製は DNA ポリメラーゼにより行われるが、合成の方向が決まっており、5'から3'の方向である。この場合、鋳型は3'から5'の向きである。図 3-4 の左はそのようにして、合成される。それをリーディング鎖と呼んでいる。一方、右は、方向が逆になるので、連続的に合成できず、断片を合成しては、繋ぎ合わせるという方法をとる。

図 3-4　DNA の複製のメカニズム

この鎖をラギング鎖と呼ぶ。この 1 本鎖の断片を岡崎フラグメントと呼ぶが、名古屋大学の岡崎令治博士、岡崎恒子博士により 1967 年に発見された。

　ヒトの DNA は 4 つの文字 A、T、G、C が約 30 億個並んでいる。コオロギの DNA は約 17 億個である。この 4 文字で、遺伝する全ての情報が書かれている。生命は今から約 40 億年前に誕生し、1 個の細胞の生物である細菌のような単細胞生物が出現し、やがてそれが多細胞の生物になり、その中のあるものが、現存の生物の共通の祖先である。その共通の祖先からあるものはコオロギになり、あるものはヒトに進化したのである。

　2000 年 6 月 26 日午前 10 時 19 分に、全ヒトゲノムの最初の解読が完了したことを、当時の米国のクリントン大統領がホワイトハウスにて発表した。ヒトゲノム解析から遅れること 20 年、2021 年 6 月にやっとコオロギのゲノムの論文が出版された。コオロギのゲノムについて、徳島大学の三戸太郎博士らは、ハーバード大学のエクスタバー博士らと共同研究し、その解読をほぼ終了し、Communications Biology 誌に発表した。タイトルは、「コオロギのゲノムから昆虫のゲノム進化を探る」である（Ylla *et al.*, 2021）。

　論文の要約を少し紹介する。昆虫のゲノムに関する知識のほとんどは、ショウジョウバエや甲虫などの完全変態する種から得られたもので、ゲノムは通常 2 Gb 以下で、DNA メチル化の兆候はほとんど見られない。一方、コオロ

ギなどの不完全変態の昆虫は、DNA メチル化がされた部分を持つ大きなゲノムを持っている。直翅目（あるいはバッタ目）に属するバッタやコオロギは、既知の昆虫の中でも最も大きなゲノムをもっている。このような特異なサイズの昆虫ゲノムを進化させた要因は不明である。論文は、地中海産のフィールドコオロギ由来である白眼フタホシコオロギ *Gryllus bimaculatus* の 1.66 Gb（16.6 億塩基対）のゲノムの配列決定、アセンブリ、アノテーションと、ハワイ産のコオロギ *Laupala kohalensis* の 1.60 Gb のゲノムのアノテーションについて報告している。この 2 つのコオロギのゲノムと、他の 14 種の昆虫のゲノムを比較したところ、トランスポーサブルエレメント（用語解説参照）の活動によって、染色体のゲノムが拡大したことがわかった。観察された CpG サイト（用語解説参照）と塩基配列から予想された CpG サイトの比率から、メチル化された遺伝子はメチル化されていない遺伝子よりも保存性が高く、進化の過程でより強い選択が行われていることがわかった。最後に、コオロギではピックポケット・クラス V 遺伝子ファミリー（pickpocket class V gene family）の拡大が示唆され、これがコオロギの特徴的な鳴き声などの求愛行動の進化に一役買っていると推測している（3.5 参照）。

【用語解説　トランスポーサブルエレメント】

　コオロギのゲノムサイズは大きい。ヒトのゲノムサイズが 30 億塩基対に対して、コオロギは約半分の 16 億塩基対もある。ヒトのゲノムも同様であるが、タンパク質がコードされている部分は、1.5% 程度だと推定されている。それ以外の大部分は、機能がまだ不明な配列である。その配列は、ゲノム上の位置を転移することのできる塩基配列から構成されており、トラスポーザブルエレメント（転移因子）あるいは動く遺伝子とも呼ばれている。

【用語解説　CpG サイト】

　例えば、発生や分化に必要な遺伝子は、胎児では発現していても、成長すると不要になるので、発現が抑制される。その抑制の一つの方法として、遺伝子の発現を調節するプロモーター領域にある DNA の塩基のシトシン（C）がメチル化されることが知られている。プロモーター領域の中に CG という配列が集中して存在する領域（CpG サイトまたはアイランド）があり、特に、その領域の 70〜80% 程度のシトシンがメチル化されることにより、遺伝子発現が抑制される。このような現象をエピジェネティクな発現調節と呼んでいる。

（序・3.1　野地澄晴）

3.2　コオロギのゲノムの構造

　徳島大学の筆者（三戸）の研究室において、フタホシコオロギのゲノム解析が進行中である。最近の解析結果によると、遺伝子の数は、22,195 個である。ここで示す遺伝子の数とはゲノムの中にあるタンパク質に関する情報の数である。ヒトの遺伝子数は、21,306 個であると米ジョンズ・ホプキンス大学のスティーブン・サルツバーグ教授らが発表している。ヒトのゲノムとコオロギのゲノムを比較すると、60％程度類似していると予想されている。つまり、ヒトとコオロギで同じような機能を持っている遺伝子が、全遺伝子の 60％ も存在することを示している。コオロギがヒトのモデルにもなり得ることがゲノム情報からも示唆されている。

　ショウジョウバエの遺伝子数は 13,937 個で、フタホシコオロギの約 1/2、ゲノムの大きさは 1.65 億塩基でフタホシコオロギのゲノムサイズの約 1/10、染色体数 2n は 8 本で、フタホシコオロギの約 1/3 である。

　一つの遺伝子に一つのタンパク質のアミノ酸の配列情報がコードされているが、連続的にコードされているわけではない。1977 年、それを発見したのは、米国の遺伝学者、分子生物学者のシャープ博士（Phillip Allen Sharp）である。彼は「真核生物の遺伝子が連続的な線でなくイントロンを含み、これらのイントロンを削除するメッセンジャー RNA のスプライシングにより同じ DNA シーケンスから異なったタンパク質が作られる」という事実（図 3-5）の発見により、1993 年にリチャード・ロバーツ博士と共にノーベル生理学・医学賞を受賞した。

　アミノ酸の配列がコードされている領域はエクソン、そうでない領域はイントロンと名付けられている。フタホシコオロギのオルソデンティクル（*Orthodenticle*；*Otd*）と名付けられた遺伝子のエクソンとイントロンの構造を図

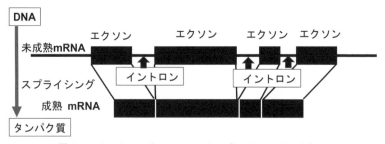

図 3-5　イントロンとエクソンはスプライシングにより、エクソンの情報からなる mRNA が作製される

3-6 に示す。ここで、*otd*
遺伝子の役割について簡
単に紹介しておく。1998
年、アカンポーラ博士ら
（Acampora *et al.*, 1998）
は、マウスの遺伝子を似
たようなショウジョウバ
エの遺伝子と入れ替え

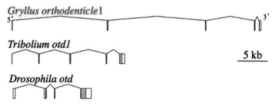

図 3-6　フタホシコオロギの *orthodenticle*（*otd*）遺伝子の
　　　　　エクソンとイントロン
ショウジョウバエとトリボリウムの遺伝子と比較すると、
イントロンが長いことがわかる。

るとどうなるか？という実験を *otd* で行った。その論文のタイトルは、「脳の
発達に必要な、無脊椎動物ショウジョウバエの *otd* 遺伝子と脊椎動物マウス
*Otx*1 遺伝子の遺伝的機能は保存されている」である。無脊椎動物の脳と脊椎
動物の脳は明らかに形態が異なるが、両脳の発生に関与するいくつかの遺伝
子は同じファミリーに属し、脳での発現パターンも似通っている。ショウジョ
ウバエの *otd* 遺伝子やマウスの *Otx* 遺伝子は、発現パターンと変異体の表現型
の両方の点で似ている。そこで、マウスの *Otx*1 遺伝子をショウジョウバエの
otd cDNA に置き換える実験を行った。すると、驚くべきことに、*Otx*1 遺伝子
が機能しないマウスの表現型であるてんかんや皮質形成の欠損は、*otd* 置換マ
ウスでは完全に回復した。また、間脳、眼球、涙腺の障害も部分的に救済さ
れた。これらのデータから、「ショウジョウバエの *otd* とマウスの *Otx*1 遺伝子
の間に広範な機能保存があることを示し、ハエとマウスの両方の原始的な祖
先の遺伝子から、哺乳類の脳形成に必要な遺伝子に進化した」と結論している。
この脳の形成に関与する *otd* はコオロギにもある。図 3-6 に *otd* 遺伝子のゲノ
ムの構造を示している。下に伸びている 5 本の四角形や線がエクソンを示し
ている。真ん中がトリボリウムという甲虫の *otd* でコオロギと同じ 5 個のエク
ソンで構成されている。下がショウジョウバエの *otd* で、4 個のエクソンで構
成されている。基本的に、各エクソン部分の長さは種間で大差はなく、遺伝
子の長さはイントロンの長さで決まっている。コオロギのイントロンが非常
に長いことがわかる。その生物学的意味については、まだ不明である。

メ モ　遺伝子名や遺伝子記号はイタリックで書くことが習わしである。変異
遺伝子が野生型に対して潜性の場合、小文字で書く。〔例〕遺伝子名（遺伝子記
号）：*white (w)*、*curled (cu)*、*fushi tarazu (ftz)* など。また、野生型に対して顕性の
場合や変異が知られていない遺伝子（酵素遺伝子など）の場合、1 文字目を大文
字にする。〔例〕*Curly (Cy)*、*Antennapedia (Antp)*、*Acetyl choline esterase (Ace)* など。

　フタホシコオロギのゲノムは大きく、解析に時間がかかるが、塩基配列データに遺伝子構造や遺伝子機能の情報、文献情報などを注釈付けする作業である「アノテーション」の作業が続いており、完成すると、より自由にフタホシコオロギの遺伝子を操作できるようになる。

3.3　コオロギの染色体

　人間も昆虫も細胞から構成されている。例外もあるが、ヒトの細胞は、その中に30億塩基対からできている総てのDNAを持っている。通常は折り畳まれているが、真っ直ぐ伸ばすと、1個の細胞のヒトDNAは全長2mにもなる。しかし、連続に繋がっているのではなく、ヒトの場合は46本に分かれている。これを染色体と呼んでいる。この内、23本は母親から、23本は父親から由来しているので、染色体数を2nと表現する。この中には、性を決定する情報を持った染色体があり、それを性染色体と呼んで、女性の染色体をX、男性の染色体をYと名付け、男性の細胞の中ではXY、女性の細胞はXXの性染色体を持っている。各細胞の中で、女性の2本のX染色体のうちの片方は不活性化されており、どちらのX染色体が不活性化されるかはランダムに決められている。

　さて、コオロギの場合に話を戻す。フタホシコオロギ（*Gryllus bimaculatus*）の染色体数2nは、2n = 28 + XX（メス）/XO（オス）である。XO（オス）のOは、染色体が無いことを示している。したがって、コオロギではXと呼ばれる一種類の性染色体のみが存在する。その染色体の構成を図3-7に示す（Yoshimura *et al.*, 2006）。染色体の番号は、大きさの順に付けるルールになっている。

フタホシコオロギの核型(Karyotype)

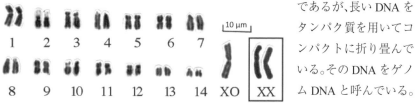

図3-7　フタホシコオロギの染色体

染色体の構造は独特であるが、長いDNAをタンパク質を用いてコンパクトに折り畳んでいる。そのDNAをゲノムDNAと呼んでいる。

（3.2・3　三戸太郎）

3.4　コオロギの性決定

　コオロギの性決定システムについて紹介する前に、まずはじめに昆虫（特にショウジョウバエ）や哺乳類の性決定システムについて触れておく必要がある。われわれヒトを含む哺乳類では精巣・卵巣に由来する性ステロイドの影響

により性が決定される。この性決定システムでは、性染色体の構成が雄性・雌性生殖巣の性分化を制御し、分化した生殖巣より分泌されるステロイドホルモンが全身に作用し、個体の性が決定される。一方、コオロギを含む昆虫やエビなどの節足動物には、性ステロイドのような性決定に関わる内分泌因子は存在せず、初期胚の段階で個々の細胞が自身の持つ性染色体構成に依存して自律的に自身の性を規定する。この仕組みを、「細胞自律的性決定システム」と呼ぶ。このような性決定システムをとる生物では、初期胚の段階で起こった性染色体の分配異常などにより、雌雄の特徴が混ざり合った性モザイク個体が生じることがある。性モザイク個体のカニやロブスターが水揚げされたり、雌雄モザイクのクワガタが見つかるとニュースとして取り上げられることもある。特にクワガタの場合は、愛好家の間では高値で取引されることもあるようだ。

　昆虫の細胞自律的性決定の仕組みについては、モデル昆虫であるショウジョウバエを材料とした遺伝学的研究を端緒に解明が進められてきた。その結果、性決定の鍵となる遺伝子として性特異的なスプライシング因子であるトランスフォーマー（*transformer*）遺伝子が見つかってきた（Bopp *et al.*, 2014）。スプライシングとは、遺伝子発現を調節する重要なステップのひとつで、遺伝子が転写されて生じた mRNA 前駆体からイントロンと呼ばれる不要な領域を取り除き、エクソンと呼ばれる残りの領域をつなぎ合わせる、真核生物に固有の細胞生物学的プロセスである（図 3-5 参照）。スプライシングによって、ひとつの遺伝子から機能の異なる複数の遺伝子産物（タンパク質）を生じさせることが可能になる。*transformer* 遺伝子は、このスプライシングを制御するタンパク質をコードするが、それ自身も性特異的なスプライシングのターゲットになる。すなわち、*transformer* 遺伝子は、自身に対する性特異的なスプライシングの結果として、メスでは機能型のスプライシング因子が、オスでは機能しないタンパク質が生じる。その結果、メスに限定して Transformer タンパク質に依存したスプライシングが起こることになる。

　ショウジョウバエ以外の昆虫種でも *transformer* 遺伝子（もしくは *transformer* 遺伝子から派生したと考えられるスプライシング因子）の性特異的な遺伝子産物が見つかってきており、*transformer* 遺伝子や性特異的なスプライシング機構に依存した性決定システムは昆虫種に広く共通のメカニズムだと考えられている（Verhulst *et al.*, 2010）。なお、*transformer* 遺伝子の性特異的スプライシングを制御する因子としては、ショウジョウバエではセックススーリーサル（*sex-lethal*）遺伝子が同定されている（Boggs, 1987）。*sex-lethal* 遺伝子

自体も性特異的なスプライシング因子であるが、この遺伝子はショウジョウバエを含むごく一部の昆虫のみが持つものであり、コオロギは *sex-lethal* 遺伝子を持っていない（Boerjan *et al.*, 2011）。性染色体の構成を細胞がどのように読み取り、*transformer* 遺伝子の性特異的なスプライシング制御に至るのか？そのプロセスについてはショウジョウバエなどの一部の昆虫を除いて明らかにされておらず、昆虫の性決定システムの多様性や基本原理を理解する上で、まだ未解明の重要な研究課題だと言えるだろう。

　細胞自律的性決定の過程では多くの遺伝子の mRNA 前駆体が Transformer タンパク質の標的になると考えられるが、ショウジョウバエを材料とした研究から、その中でも転写因子をコードする 2 つの遺伝子、フルーツレス（*fruitless*）遺伝子およびダブルセックス（*doublesex*）遺伝子が性決定において決定的な役割を果たすことが明らかにされている。ショウジョウバエでは、*fruitless* 遺伝子および *doublesex* 遺伝子の遺伝子産物に性特異的なスプライシング産物が認められる。すなわち、*fruitless* 遺伝子については雄に固有のタンパク質（Fru^M タンパク質）が存在し（Ito *et al.*, 1996）、*doublesex* 遺伝子については雌雄に固有の DsxF および DsxM タンパク質が存在する（Verhulst & van de Zande, 2015）。*fruitless* 遺伝子の性特異的なスプライシングにより雌でも短い Fruitless タンパク質が生じるが、このタンパク質は転写因子としての機能を欠損しているため、今後は議論しない。*fruitless* 遺伝子は全身のさまざまな組織・器官で発現するが、Fru^M タンパク質は神経系を構成する一部の神経細胞に限定して発現する。そのため、*fruitless* 遺伝子を介した性決定システムは、ショウジョウバエでは脳・神経回路に特化した性決定システムとして捉えられている。その一方で、*doublesex* 遺伝子の性特異的な遺伝子産物は全身的に発現するため、*doublesex* 遺伝子は脳・神経回路を含むさまざまな組織において、性差を生み出すシステムに関与すると考えていいだろう。ただし、*doublesex* 遺伝子を発現する神経細胞の数は Fru^M タンパク質を発現する神経細胞よりも圧倒的に数が少ないため、*fruitless* 遺伝子がショウジョウバエ脳の性差を生み出すシステムで中心的な役割を果たしていると言って良いだろう。*fruitless* 遺伝子・*doublesex* 遺伝子の性特異的な遺伝子産物は、それらを発現する細胞の中で性特異的な遺伝子発現制御に関与する。その結果として、細胞自律的性決定システムが実現される、というのがショウジョウバエで明らかにされた性決定システムである。

　ショウジョウバエを材料とした性決定メカニズムの解明が進むにつれて、

上で説明したショウジョウバエにおける性決定システムが、コオロギを含む
昆虫で機能しているか？という点に着目した研究が進められるようになった。
先に述べた通り、*transformer* 遺伝子を中心とした性特異的なスプライシング
制御は、その下流で動く *doublesex* 遺伝子とともに多くの昆虫で共通している
ようだ（Verhulst *et al.*, 2010）。一方、ショウジョウバエの脳・神経回路の性
決定において中心的な役割を果たす *fruitless* 遺伝子については、コオロギを
含む不完全変態昆虫ではそもそも Fru^{M} タンパク質をコードしないことから、
性決定システムに組み込まれていないことが明らかになっている（Watanabe,
2019）。このことは、*fruitless* 遺伝子を介した脳・神経回路の性決定メカニズ
ムが、ショウジョウバエを含む進化的に後発なグループで進化したことを示
唆している。実際、ミツバチなどの膜翅目昆虫では *fruitless* 遺伝子が Fru^{M} タ
ンパク質をコードせず、代わりにメスでのみ発現する Fru^{F} タンパク質をコー
ドすることが知られている（Bertossa *et al.*, 2009）。このような *fruitless* 遺伝子
の性特異的遺伝子産物の多様性は、*fruitless* 遺伝子を介した性決定システムが
比較的最近進化したことを反映しているのかもしれない。また、ショウジョ
ウバエにおいて雌雄の性差を生み出す *doublesex* 遺伝子についても、コオロ
ギに比較的近縁なゴキブリでは雄性決定因子としてのみ機能するという報告
がある（Wexler *et al.*, 2019）。昆虫の姉妹群である甲殻類に属するミジンコに
おいても、*doublesex* 遺伝子が雄性決定因子として機能するほか（Kato *et al.*,
2011）、*doublesex* 遺伝子に類似した構造を持つ DMRT ファミリーに属する遺
伝子が、動物界で広く雄性決定因子として機能することから（Kopp, 2012）、
doublesex 遺伝子はショウジョウバエを含む一部の昆虫において雄性決定因子
としての機能に加えて雌性決定因子としての機能を持つようになった、と考
えるのが妥当かもしれない。

　コオロギの性決定システムに関する研究はまだ始まったばかりであ
り、その全容を解明するまでには多くの研究が必要となるだろう。しかし、
transformer 遺伝子から *doublesex* 遺伝子へとつながる性特異的スプライシング
を介した遺伝子発現制御が、コオロギの性決定の中心的な役割を果たす、と
いう点についてはおそらく間違いがないと考えている。コオロギは形態的に
も雌雄差が明瞭であるほか、雌雄の行動も顕著に異なる。また、昆虫の中で
も比較的原始的な特徴を色濃く残す不完全変態昆虫に属することからも、昆
虫の性決定メカニズムの進化を理解する上で、非常に重要な実験モデルとな
るだろう。今後の研究のさらなる展開に期待したい。　　　（3.4　渡邊崇之）

3.5　コオロギのゲノム解析

　次世代シーケンサーなどのゲノム塩基配列の読み取り技術の飛躍的な進歩により、今では多種多様な昆虫のゲノム情報に基づいた進化研究や応用研究が可能になっている。コオロギが属するバッタ目（Orthoptera）は昆虫の中で最も繁栄しているグループの一つであり、古くから発生生物学や神経科学などの複数の科学分野の発展に貢献しているとともに、その多様な生態的ニッチから進化生態学の魅力的なターゲットにもなっている。

　昆虫の研究に限らず、あらゆる研究の過程で生まれた DNA や RNA の塩基配列は、国際塩基配列データベース（International Nucleotide Sequence Database；INSD）に登録しなければならない。受け入れ基準を満たしさえすれば、そのデータはアクセッション番号と呼ばれる「通し番号」を付けられて、一つのデータに対して一つのアクセッション番号が対応付けされるようになる。これには、世界中の研究者が DNA や RNA の塩基配列の再利用を促す目的があり、現代の生命科学分野の研究に大きく貢献している。ちなみに INSD には世界三大データベースとも言うべきデータベースが存在し、米国の National Center for Biotechnology Information（NCBI）、欧州の European Nucleotide Archive（ENA）、そして日本の DNA Data Bank of Japan（DDBJ）がこれに当たる。この三つのデータベースは相互に連携しており、研究者は自分の保有するデータをどのデータベースに登録しても、他のデータベースに共有されて世界中の研究者がそのデータを参照できるようになる。

　さて、次世代シーケンサーの発展によって、大量のデータがデータベースに登録されるようになった今、コオロギのゲノムはどれほど登録されているのだろうか。ここでは昆虫綱（Insecta）に属する生物のゲノム塩基配列情報に焦点を当てて概説する。表 3-1 は、昆虫綱におけるグループごとに何種類のゲノム塩基配列情報がデータベースに登録されているかを示している。

　2021 年 8 月現在で、昆虫綱に属する生物のゲノム塩基配列数は、1,429 件である。昆虫を変態の様式で分けると、完全変態、不完全変態、無変態で分けることができる。表 3-1 より、チョウやハチなどの完全変態昆虫と、コオロギやゴキブリなどの不完全変態昆虫の間でゲノム塩基配列の登録件数の差は歴然としている。すなわち、昆虫のゲノム塩基配列情報の約 91％が完全変態昆虫の情報である（昆虫 1,429 件のうち 1,305 件）。一方で残りの 10％以下が不完全変態昆虫のそれであり、明らかに少ない。これには、大きく理由が二

表 3-1　完全変態昆虫および不完全変態昆虫のゲノム塩基配列のアメリカ国立生物工学情報セ
ンター（National Center for Biotechnology Information：NCBI）における登録件数（2021 年 8 月時点）

目（Order）	NCBIにおける登録件数
完全変態昆虫 (1,305)	
チョウ目（Lepidoptera）	736
ハエ目（Diptera）	272
ハチ目（Hymenoptera）	210
甲虫目（Coleptera）	75
トビケラ目（Trichoptera）	8
ヘビトンボ目（Megaloptera）	1
アミメカゲロウ目（Neuroptera）	1
ノミ目（Siphonaptera）	1
ネジレバネ目（Strepsiptera）	1
シリアゲムシ目（Mecoptera）	0
ラクダムシ目（Raphidioptera）	0
不完全変態昆虫 - 多新翅類 (31)	
ナナフシ目（Phasmatodea）	13
バッタ目（Orthoptera）	7
ゴキブリ目（Blattodea）	6
カワゲラ目（Plecptera）	4
ハサミムシ目（Dermaptera）	1
シロアリモドキ目（Embioptera）	0
ガロアムシ目（Grylloblattodea）	0
カマキリ目（Mantodea）	0
マントファスマ目（Mantophasmatodea）	0
ジュズヒゲムシ目（Zoraptera）	0
不完全変態昆虫 - 多新翅類以外 (70)	
カメムシ目（Hemiptera）	60
カゲロウ目（Ephemeroptera）	4
トンボ目（Odonata）	3
アザミウマ目（Thysanoptera）	3
昆虫綱 †	1,429

† 昆虫綱は上記の目に加え、カマアシムシ目（Protura）、トビムシ目（Collembola）、コムシ目（Diplura）、
イシノミ目（Archaegnatha）、シミ目（Zygentoma）、咀顎目（Psocodea）を加えたグループを示す。

つあると考えられる。一つ目は、完全変態昆虫は古くからモデル生物である
キイロショウジョウバエ（*Drosophila melanogaster*）や研究が盛んなミツバチ
やチョウなどの昆虫が含まれていることが挙げられる。事実、1,305 件の完全
変態昆虫のゲノム塩基配列情報のうち、1,218 件はチョウ目（Lepidoptera）、ハ
エ目（Diptera）、ハチ目（Hymenoptera）である。二つ目は、完全変態昆虫の「ゲ
ノムサイズ」が概して小さいことが挙げられる。ゲノムサイズとは、その生
物が持つ DNA の塩基対数のことである。ヒトならば、30 億塩基対（3 Gbp）
である。一般に、ゲノムサイズが大きくなると、DNA 塩基配列の読み取りに

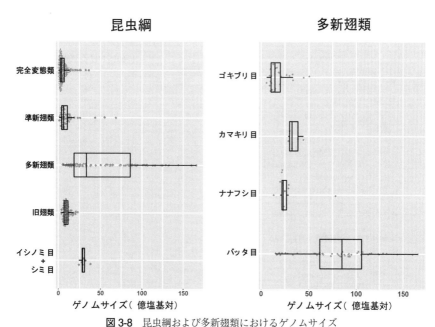

図 3-8　昆虫綱および多新翅類におけるゲノムサイズ
Animal Genome Size database（https://www.genomesize.com）よりデータを収集した（2021 年 8 月時点）。

必要なコストは大きくなる。また、データの解析に必要な計算量も膨大になる。図 3-8（左）に、昆虫のグループごとの現在判明しているゲノムサイズの分布を示した。

　完全変態昆虫のゲノムサイズはその多くは数億塩基対（数百 Mbp）となっており、ヒトの 10 分の 1 以下のゲノムサイズである。一方で、不完全変態昆虫のゲノムサイズはヒトに匹敵する大きさのゲノムサイズを持つものが多く、中には 150 億塩基対（15 Gbp）を超えるような巨大なゲノムを持つ種まで存在することがわかる。この数字は真核生物の持つゲノムサイズでもトップクラスである。このゲノムサイズの大きさに起因するシーケンスコストの高さや計算量の増大が不完全変態昆虫のゲノム解読を阻んでいた理由であると言える。

　コオロギは不完全変態・バッタ目（Orthoptera）に属するが、バッタ目のゲノム塩基配列の登録件数はわずか 7 件である。このうち、コオロギ上科に属するゲノム塩基配列は 5 件である。コオロギのゲノムサイズは昆虫の中でどれほどの大きさを持つのであろうか。コオロギが属する昆虫の大きなグループからゲノムサイズを眺めてみることとする。図 3-8（左）を見返すと、多新翅類のゲノムサイズのバリエーションが昆虫の中でもひときわ大きいことが

わかる。この多新翅類には、コオロギを含むバッタ目（Orthoptera）をはじめ
として、ゴキブリ目（Blattodea）やナナフシ目（Phasmatodea）、カマキリ目
（Mantodea）などの昆虫グループが含まれる。ちなみにこの多新翅類は、完全
変態昆虫よりも進化的に古いグループである。一方、トビムシ目（Collembola）
などの昆虫の中でも最も進化的に古いとされる無変態昆虫よりは進化的に新
しく、多新翅類は昆虫の変態という大きな謎を解く重要なグループである可
能性がある。この多新翅類の中ではバッタ目（Orthoptera）の記載種数が最も
多く、また生態的ニッチも多様性に富んでいる。さらに図 3-8（右）によれば、
バッタ目（Orthoptera）のゲノムサイズが多新翅類のゲノムサイズの中で最も
バリエーションに富んでいることもわかる。多新翅類のゲノムサイズのバリ
エーションは、バッタ目（Orthoptera）に由来する現象であったのである。さ
て、コオロギに関しては現在登録されているデータが少ないものの、おおよ
そ 15 億塩基対（1.5 Gbp）から 20 億塩基対（2.0 Gbp）である。これは、バッ
タ目（Orthoptera）の中ではやや小さい部類に入るものの、昆虫全体で考える
と十分に大きいゲノムサイズを持っていると言えるであろう。

　ここで現在データベースにゲノム情報が登録されているコオロギについて
その生物学的背景を踏まえて解説する。2021 年 8 月現在、データベースに登
録されているコオロギ上科に属する生物のゲノム塩基配列情報は 4 種であり、
登録されたものから順に *Laupala kohalensis* (Blankers, Oh, Bombarely, & Shaw,
2018)、*Teleogryllus oceanicus* (Pascoal *et al.*, 2019)、*T. occipitalis* (Kataoka *et al.*,
2020)、*Gryllus bimaculatus* (Ylla *et al.*, 2021) である。正確には *Acheta domesticus*
を加えた 5 種であったが、既報のゲノムサイズ等の情報から信頼性が高いと
は言えず、今回は除外した。

　L. kohalensis は、ゲノム塩基配列が発表された最初のコオロギであり、2018
年 6 月にアメリカ・コーネル大学の Blankers らによって発表された。*Laupala*
属に属するコオロギたちは、ハワイ諸島の一つの島につき 1 種の固有種が生
息していることで知られている。興味深いことに、雄の交尾歌と雌の歌への
嗜好性が各島の間で大きく異なっていることから、性淘汰による種分化モデ
ルの研究対象として知られている。

　ナンヨウエンマコオロギ *T. oceanicus* のゲノム塩基配列は、イギリス・ケ
ンブリッジ大学の Pascoal らによって 2019 年 12 月に発表された。本種も
Laupala 属と同様にハワイ諸島に生息している。本種の最大の特徴は、雄の個
体が適応的に鳴き声を失っていることである。この鳴き声の消失は、2003 年

にカウアイ島で初めて観察され、その後 20 世代足らず（1 年に 3〜4 世代）で急速に広がり、現在ほぼ固定化されている。この適応的な鳴き声の消失は、寄生バエの一種である *Olmia ochracea* に見つからないために起こったと考えられている。この鳴き声が消失する形質は「フラットウィング（flatwing）」と呼ばれ、鳴き声を生み出す翅の構造に異常が見られる。この形質に関連した遺伝的な変異は X 染色体と連鎖していることが明らかとなっている。

　次に解読された *T. occipitalis* のゲノム塩基配列は、早稲田大学の片岡やお茶の水女子大学の由良らからなる共同研究チームによって 2020 年 5 月に発表されている。本種は、前述の *T. oceanicus* と同じエンマコオロギ属（*Teleogryllus*）に属しており、和名をタイワンエンマコオロギと言う。本種は、アジア諸国で飼育されている食用種の一つであるとされている。世界が昆虫食を見直すきっかけを作った国連食糧農業機関（FAO）が発行した 2013 年の報告書にも食用種として記載されている。本種のゲノム塩基配列はコオロギ食用種の品種改良を加速するために解読された経緯があるが、種分化のメカニズムを研究する上で有用になりうる。タイワンエンマコオロギは中国や東南アジア諸国、日本の南西諸島など、亜熱帯性の気候の地域に生息する。一方、その近縁種であるエンマコオロギ（*T. emma*）は日本の本州を中心とした地域に生息し、エゾエンマコオロギ（*T. infernalis*）は主に北海道に生息している。弘前大学の故・正木博士は著書『昆虫の生活史と進化：コオロギはなぜ秋に鳴くか』（中公新書・1974 年）において、タイワンエンマコオロギを含む *Teleogryllus* に属する複数の種が、気候に対する生活史の適応の仕方の違いによって種分化が駆動されたとする「気候的種分化」を提唱している。タイワンエンマコオロギのゲノム塩基配列は、この気候的種分化のゲノム基盤を解明する一助になるかもしれない。

　フタホシコオロギ *G. bimaculatus* は、現在世界中で経済的に普及している主要なコオロギであり、不完全変態昆虫モデルとして発生生物学や神経科学の分野などで広く用いられている。本種のゲノム塩基配列は、アメリカ・ハーバード大学の Ylla らと徳島大学の共同研究チームによって 2021 年 6 月に発表されている。本種のゲノム情報を用いた比較ゲノム解析によって、*pickpocket* 遺伝子と呼ばれる遺伝子群がコオロギ特異的に増幅していることが明らかとなっている（3 章 3.1 参照）。この遺伝子群は、イオンチャネルをコードし、運動、神経調節、筋肉の発達に関与することが知られている。興味深いことに、前述の *L. kohalensis* のゲノム解析で明らかになった雄の交尾歌の変化に関連したゲノム

領域の中には、*pickpocket* 遺伝子群が含まれていることがわかり、コオロギの歌の生成がイオンチャネルによって制御されている可能性を示唆している。

　現在、早稲田大学やお茶の水女子大学などからなる共同研究チームは、世界中の多様なコオロギのゲノム塩基配列の解析を進めている。その一例に、アリヅカコオロギ（Myrmecophilidae）のミトコンドリアゲノムに関する研究が挙げられる。アリヅカコオロギは、アリの巣の中で生息する体長 2〜3 mm の体サイズ最小のコオロギのグループである。日本においては約 10 種類ほどのアリヅカコオロギが報告されている。興味深いことに、アリヅカコオロギはアリの同巣認識フェロモンである体表炭化水素組成比を化学的に擬態することによって、アリからの攻撃を免れていることが報告されている（Akino *et al.*, 1996）。同共同研究チームは、このアリヅカコオロギの完全長ミトコンドリアゲノム配列を解読し、体サイズの適応進化に関連する可能性のある正の自然選択部位を報告している（Sanno *et al.*, 2020）。アリヅカコオロギの他にも、東南アジアに生息し、コオロギ最大の体サイズ（5 cm 以上）を有するオオコオロギ（*Tarbinskiellus*）などのゲノム塩基配列の解析を進めており、多様な特徴の基盤となる遺伝情報を明らかにしようとしている。同共同研究チーム以外にも世界中の研究者がコオロギのゲノム解析を進めており、詳しくは参考文献（Kataoka *et al.*, 2022）を参照されたい。

　コオロギを代表とする昆虫は、2013 年に国連 FAO が発行した報告書をきっかけに、食料問題の解決に貢献する可能性がある生物として一挙に注目を浴びるようになった。アジア、ラテンアメリカ、アフリカでは先史時代からさまざまなコオロギが食されてきた。現在では、世界中で 62 種のコオロギが食用・飼料用として消費されていることが報告されている。タイでは 2 万人もの農家が毎年 7,500 トンものコオロギを生産しているという記録がある。さらに、バングラデシュでは、コオロギの中でも最大種である *Brachytrupes portentosus* が野生から採集され、地元の市場で販売されている（Hasan *et al.*, 2021）。

　近年昆虫食を中心として昆虫を用いた食料・飼料利用がにわかに叫ばれているが、コオロギのゲノム塩基配列情報はこの風潮を後押しすることは間違いないであろう。コオロギは、古くから遺伝子改変技術の適用が試みられている。2004 年にはすでにトランスポゾンの一種 *piggyBac* を用いた遺伝子導入が確立し、2012 年と 2015 年にはそれぞれ TALEN や CRISPR-Cas9 といったゲノム編集技術がコオロギに適用可能であることが証明されている。コオロギのゲノム塩基配列情報は、コオロギをヒトの食料や家畜の飼料としてより効

====== Column ======

ダーウィンの進化論

　ご存知のように、ダーウィン（Charles Robert Darwin、1809 年 2 月 12 日〜1882
年 4 月 19 日）は、「生物の進化論を最初に発表したイギリスの自然科学者である」
ことになっている。そのダーウィンは、1858 年 6 月 18 日、受け取った手紙のこと
で悩んでいた。差出人は、ウォレス（Alfred Russel Wallace）であった。ウォレス
の存在は、アーノルド・C. ブラックマン著（羽田節子・新妻昭夫訳）『ダーウィン
に消された男』（朝日新聞社 1997 年）、原著のタイトルは、「A Delicate Arrangement
- The Strange Case of Charles Darwin and Alfred Russel Wallace」を読んで知った。日
本語のタイトルは衝撃的である。

　ウォレスは、1854 年から 1862 年まで、現在のマレーシアとインドネシアを探検し、
珍しい生物などの標本を集めてイギリスに送り販売していた。1858 年、ウォレス
はボルネオ島におり、そこからダーウィン宛に手紙を書いた。その手紙の内容は、
彼がさまざまな生物を見て「進化論」にたどり着いた旨が書いてあり、それを書
いた小論文をダーウィンの力で発表して欲しいとの依頼であった。ダーウィンは
衝撃を受けた。もし依頼された論文を発表すると、ダーウィンの進化論は、1 番で
はなくなる。しかし、ダーウィンは依頼されたとおり彼の小論を友人のライエル
に送り、ライエルには、「出版するよう頼まれてはいないがウォレスが望むどんな
雑誌にでも発表すると答えるつもりです。」と言い添えた。その時ダーウィンの家
族は猩紅熱（しょうこうねつ：細菌感染症）で倒れており問題に対処する余裕は
なかった。結局、幼い子どもチャールズ・ウォーリングは病死し、ダーウィンは
取り乱していた（フリー百科事典ウィキペディア（Wikipedia））。この問題はライ
エルとフッカーの手に委ねられた。二人はダーウィンの記述を第一部（1844 年の
「エッセー」からの抜粋）と第二部（1857 年 9 月の植物学者グレイへの手紙）とし、ウォ
レスの論文を第三部とした三部構成の共同論文として 1858 年 7 月 1 日のロンドン・
リンネ学会で代読した（八杉訳、1990）。ダーウィンは息子が死亡したためその学
会には欠席した。ウォレスは協会員ではなく、かつマレー諸島への採集旅行中だっ
た。この共同発表は、ウォレスの了解を得たものではなかったが、ウォレスを共
著者として重んじると同時に、ウォレスの論文より古いダーウィンの記述を発表
することによって、ダーウィンの 1 番を確保することになった。

　ダーウィンは、全ての生物種が共通の祖先から長い時間をかけて、彼が自然選
択と呼んだプロセスを通して進化したと論じた。自然選択説は現在でも進化生物
学の基盤の一つである。しかし、現在でも米国の 40％の人々は進化論を受け入れ
ていないとの報告もあり、人間が神によって創造されたとする創造論を信じてい
る。創造論は、神（旧約聖書ではエロヒム）が天地を創造。さらに、自分をかたどっ
て男と女を創造したとする。旧約聖書で人間の祖先として記されているのはアダ
ムとイブである。

（野地澄晴）

率的・効果的に利用するための品種改良に欠かせない情報となることは疑いの余地もない。　　　　　　　　　　　　　　（3.5　片岡孝介・由良　敬）

3.6　コオロギとヒトと共通の祖先：カンブリア爆発

　コオロギとヒト、つまり昆虫とヒトは共通の先祖から進化の過程で枝分かれした。いつ頃進化して分岐したのか？　答えは「古生代カンブリア紀」であろう。今から約 5 億 4200 万年前から約 4 億 8830 万年前までの間に、カンブリア爆発と呼ばれる生物の多様化が起こる。突如として脊椎動物をはじめとする今日見られる動物界のほとんどの門（分類学上の単位）が出そろった現象である。地球上の生物を分類して分ける学問は分類学であるが、それによると、生物はまず大きく 3 つに分類される。それをドメインと呼び、真核生物ドメイン、細菌ドメイン、古細菌ドメインに分ける。ヒトは真核生物ドメインの中の動物界に属する。真核生物については、用語解説を参照していただきたい。動物界の中に、門がある。動物界の中の門の数は 35 あるが、コオロギは節足動物門（Arthropod）に属し、ヒトは脊索動物門（Chordate）に属している。他にどんな門があるか？　例えば、ウニ、ヒトデ、ナマコは棘皮動物門に属している。

　古生代カンブリア紀に戻る。5 億年以上も前に生存していた生物を知る手掛かりは、化石である。1909 年、米国の古生物学者チャールズ・ウォルコットは、ロッキー山系のカナダ側、ブリティッシュコロンビア州にかかる地域の一角にあたるバージェス山付近を馬で野外調査をしていた。移動中に、「ウォルコット夫人が乗っていた馬が山道を下る途中で足を滑らせて板石をひっくり返した」。その石を見たウォルコットは、何か化石らしいものがあることに気がついた。それは全く目新しい甲殻類の化石であった（『ワンダフル・ライフ』（グールド（渡辺 訳）, 2000）より）。その化石がどこから落ちてきたのかを探し、その化石が見つかった場所よりも 900 m 高い場所にある頁岩であることがわかる。それがバージェス頁岩であった。しかし、『ワンダフル・ライフ —バージェス頁岩と生物進化の物語』を書いたスティーヴン・ジェイ・グールドはウォルコットにより書かれたこのストーリーを信じていない。いずれにせよ、5 億年前の化石が見つかり、5 億年前の不思議な動物の姿が化石により解明された。

───────────────────────────

　メモ　5 億年とはどの程度の時間なのであろうか？　5 億年を例えば 1 年に換算してみると、人類が誕生するのは、大晦日の 21 時になる。

図 3-9　進化の連続性

例えば、オパビニアと名付けられた生物は5つの眼を持ち、海の中を縦横に動く節足動物である。そのような化石の中に、ヒトの先祖ではないかと思われるピカイヤと名付けられた生物も発見された。現在では、中華人民共和国雲南省昆明南方澄江動物群（チェンジャンどうぶつぐん）に属するミロクンミンギアと呼ばれる最古の「広義の魚類」が、われわれヒトの5億年前の姿ではと想像されている。

　コオロギの祖先もヒトの祖先も、この時代から DNA は変化しながらも、現在まで延々と遺伝子を子孫に遺伝してきたのである（図 3-9）。一度でも途絶えれば、そこで終わりである。5億年前のヒトの祖先もコオロギの祖先も、DNA に書かれた情報は非常に類似していた。5億年の進化の過程で大きく変化したものもあるが、当時の基本情報は同じように使用している。つまり、ヒトもコオロギも生物の基本は類似しているのである。そのことが、DNA の ATGC の配列を解析して実際に正しいことが証明された。

．．．

【用語解説　真核生物】
真核細胞（しんかくさいぼう）には、染色体を持つ核が存在している。一方、核を持たない細胞を原核細胞（げんかくさいぼう）と呼ぶ。真核細胞には、細胞小器官であるミトコンドリア（酸素呼吸にかかわる器官）、葉緑体（光合成にかかわる器官）などが存在する。真核細胞でできた生物を真核生物、原核細胞でできた生物を原核生物と呼ぶ。

．．．

3.7　ヒトもコオロギも生物の基本原理は同じ！

　地球上にはさまざまな生物が存在している。最も繁栄しているのはヒトであると信じているが、実は、最も繁栄しているのは、昆虫かもしれない。地球上の至るところに昆虫は生息している。その種の数は 100 万種とも言われ、まだ発見されてないものもあるらしい。

　ヒトを含め、多様な生物が存在するが、どの生物にも共通な特徴がある。それを生物の普遍性と呼んでいる。先に述べたように、遺伝を担う物質は普

遍的である。生物の機能を担っているのは、筋肉や神経などであるが、それを担っている主な物質はタンパク質である。タンパク質は20種類のアミノ酸で構成されており、遺伝情報とアミノ酸の対応は、ほとんどの生物で同じである。これも生物の普遍性の一つである。さらに、驚くことに、昆虫とヒトは、姿・形は非常に異なるが、形作りの基本原理は同じなのである。神経や脳の機能、体内時計、免疫機能など、基本原理は同じであり、普遍的なのである。このことについては、後ほど少し詳しく紹介したい。

　繰り返し強調しているが、ヒトと昆虫の基本原理が同じであれば、その基本原理を見つけるためには、昆虫を使用して研究することが、発見への近道になる。実際、ショウジョウバエの研究がそれを証明している。昆虫は、ヒトよりも単純な構造をしており、小さく扱いやすい。例えば、脳であるが、ヒトの脳は非常に発達しており、複雑であるが、昆虫の脳は小さく、比較的単純な機能を持っている。水波は昆虫の脳を「微小脳」と呼んでいる。脳の基本を知る

Column

寿命と心臓の鼓動との関係

　動物の基本的なメカニズムは同じであるという観点から、本川達雄著の『ゾウの時間ネズミの時間』で述べられている寿命について紹介しておく。生物の「時間」とは何か？　例えば寿命である。動物毎に寿命は異なる。ゾウの生物の時間は長く、ネズミの時間は短い。日本人の平均寿命は男性約81歳、女性約87歳であるが、犬は10〜20歳である。他に、大人になるまでの時間、心臓が打つ間隔などである。この「時間」は体重と関係があり、「時間」は体重の1/4乗に比例する。体重が10倍になると、時間は1.8倍に長くなる。すると、哺乳動物では、ネズミの鼓動は速く、寿命も短い、一方ゾウの鼓動は遅く、寿命も長い。そこで寿命を心臓の鼓動の間隔時間で割ると、一生の間に何回鼓動するかを計算できる。計算結果は、ゾウは一生の間に心臓は20億回打つことになった。ネズミも20億回であった。ヒトを含め、多くの哺乳類の動物は同じなのかもしれない。私は、これを総量規制と呼んでいる。

　コオロギの時間はかなり速いが、本川教授によると、「小さい動物では、体内で起こるよろずの現象のテンポが速いのだから、物理的な寿命は短いが、一生を生き切った感覚は、存外ゾウもネズミ（コオロギ）も変わらないのではないか。」と（本川, 1992）。いずれにしても、動物は共通な法則に従って生きている。それが、生命の普遍性なのであろう。コオロギを知ることは、ヒトを知ることに繋がる。

（野地澄晴）

ためには、まず昆虫の脳を研究することが、答えに速く到達できるであろう。

　生物の場合、基本的な機能は普遍的であるが、一方で形態や生態は多種多様である。この多様性をどのように獲得し、それが現在の地球の環境とどのように関わってきたのか、われわれはまだ知らないことばかりである。相反する普遍性と多様性を理解することにより、生物とは何か？ヒトとは何か？という問いに答えることができるのである。それにコオロギは貢献できる。

　遺伝子に関する歴史は、『遺伝子』（シッダール・ムカジー著（田中 文訳、仲野 徹監修）早川書房（2018））に詳しく紹介されている。　（3.6・7　野地澄晴）

=== Column ===

ヒトとショウジョウバエの遺伝子は似ている

　病気は遺伝することがある。ご自身の祖先の中で、もし病気により亡くなられた方がおられる場合は、その原因を知っておくことは重要である。最近では、遺伝子の検査により遺伝病が発症する可能性についても情報が得られる。ヒトの遺伝病の中で、単一の遺伝子の異常が原因の病気は、単一遺伝子疾患群と呼ばれ、およそ2％の人が生涯のいずれかの時期で単一遺伝子疾患に罹患しているという報告もある。また、複数の遺伝子異常が原因の病気は、多因子遺伝疾患と呼ばれ、多くの疾患の原因は複数の遺伝子が関与している。ヒトの疾患に関わる遺伝子は、ショウジョウバエやコオロギの遺伝子にも存在している。ショウジョウバエについて、研究が進んでいるので、紹介する。

　ヒトの疾患に関わる遺伝子として知られている 289 遺伝子のうち、61％となる 177 の相同遺伝子をショウジョウバエは持っている（Rubin, 2000）。また、一つの遺伝子が原因の疾患のデータベースである Online Mendelian Inheritance in Man（OMIM）に記載されている 929 のヒト疾患遺伝子に対応するショウジョウバエ相同遺伝子が714あり、77％の相同性を持つ（Reiter *et al.*, 2001）。2014 年、ショウジョウバエ遺伝子とヒト遺伝子について、生存に必須な遺伝子ほど相同性が高いことが示された。この論文では、化学変異誘発剤を用いて遺伝子にランダムに変異を導入し、一つの遺伝子の変異によって致死となるショウジョウバエの遺伝子を見つけた。その結果165 個の遺伝子が見つかり、対応するヒトの遺伝子は 153 個であった（Yamamoto *et al.*, 2014）。つまり、疾患に関わる遺伝子や生存に必要な遺伝子は、ヒトとハエの間で共通であることがわかった。ハエはパーキンソン病やハンチントン病などのヒト疾患の病態メカニズムを解明するためのモデルとしても注目されている。コオロギも同じ程度ヒトの病気の原因遺伝子を持っていると予想している（8.8 を参照）。繰り返すが、「コオロギとヒトは、基本的なメカニズムは同じである」が本書の視点である。　　（野地澄晴）

第4章　コオロギはどのように作られるかⅠ　卵から孵化まで

序　コオロギの初期発生

　ヒトも1個の受精卵から成長して、大人になる。母親の胎内で細胞分裂を繰り返し、魚のような形からしだいに、ヒトらしくなる。このような過程を発生過程と呼ぶ。自分自身が、ある意味自動的に出来上がってくるのである。実に不思議である。いったい、どのようにして、そんなことが可能なのであろうか？　その答えは、まだ不明な点も多いが、かなり解明されてきた。驚くべきことに、ヒトの発生過程と昆虫の発生過程では共通の仕組みが働いていることがわかった。

　コオロギも1個の卵から成虫のコオロギになる。成虫になったコオロギの構造を紹介する（図4-1）。図に示すように、コオロギは、主に頭部、胸部、腹部から構成されている。それぞれは体節という構造により構成されている。

　コオロギが、卵からどのようにコオロギになるのかについて紹介する。1個の卵は基本的に1個の細胞である。1個の細胞が細胞分裂を繰り返して、コオロギに成長する。その過程を「発生」と呼んでいる。ヒトも同じであるが、ヒトの場合は、その発生は母親の子宮の中で生じるので、実際にその過程を見ることはできない。一方、コオロギの卵は簡単に発生過程を観察することができる。コオロギについて研究しているのは、日本の徳島大学のグループである。その研究成果を紹介する。

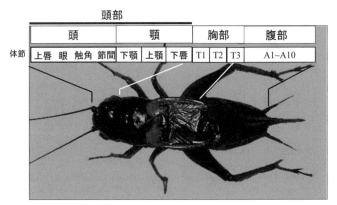

図4-1　成虫のフタホシコオロギ（*Gryllus bimaculatus*（Two-spotted cricket））の体の構造（頭部、胸部、腹部から構成されており、各部は、体節により構成されている）

4.1　コオロギの初期発生過程

　進化の過程で、海に生息していた昆虫の祖先は、やがて4億4300万年前のシルル紀に陸上に進出した。コオロギの祖先は、3億5000万年前の石炭紀に誕生したのではないかと推測している。暖かい地域で、コオロギの祖先はコオロギになり、やがて北上した。それが、日本の本州のコオロギであり、例えばエンマコオロギである。日本に上陸したコオロギの問題は、寒い冬をどう乗り切るかであった。その解決法が、秋に産卵し、地中で卵のまま冬を乗り切って、春になると孵化して幼虫になる、であった。年に1度しか産卵しない。

　ところが、暖い場所に生息するコオロギは、その必要がないので、一年中産卵して増え続ける。その代表的な種が、フタホシコオロギである。図4-2に示すように、卵から13日後に孵化する。

　1個の卵から孵化までは卵の中の出来事である。それを模式的に書いたものが、図4-2である。

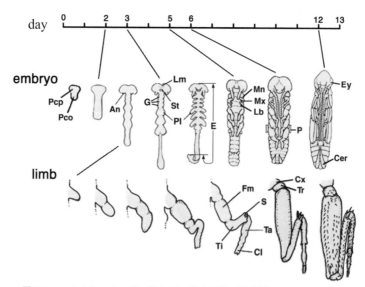

図4-2　フタホシコオロギの胚と脚の発生過程の模式図（Niwa *et al.*, 2000）
Pcp: protocephalon（原頭）、Pco: protocorm（原体）、An: antenna（触角）、G: gnathos（顎）、Lm: labium（上唇）、St: stomodium（口陥）、Pl: prothorax（前胸節）、Mn: mandible（上顎）、Mx: maxilla（下顎）、Lb: labrum（下唇）、P: pleuropodium（側脚）、Ey: eye（眼）、Cer:cercus（尾葉）、Fm: femur（腿節）、Ti: tibia（脛節）、S: tibial spur（脛節の棘）、Ta: tarsus（跗節）、Cl: claw（爪）、Cx: coxa（基節）、Tr: trochanter（転節）

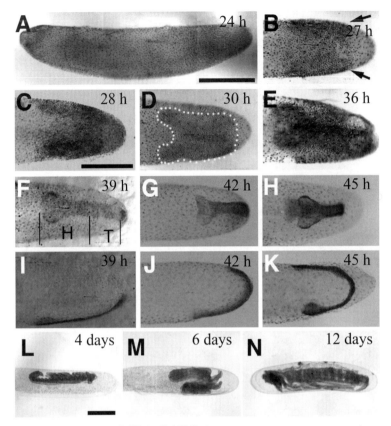

図 4-3　コオロギの初期胚の発生過程（Miyawaki *et al.*, 2004; Mito & Noji, 2009）
A:　産卵後 24 時間の受精卵の全体像（左が頭部、右が尾部、上が背側、下が腹側）。B: 27
時間後、卵の尾部側を背側から観察、矢印で示すように、左右に核が集合してくる。C: 28
時間後、左右に集合した胚が中央で繋がる。D: 30 時間後、一つの胚になる（点線）。E: 36
時間後、頭部が形成される。F, I: 39 時間後、頭部と尾部が明確になる。G, J: 42 時間後、後
部側に伸び、腹部体節が形成される。H, K: 45 時間後、腹部体節がほぼ完成する。L: 4 日後、口、
脚などが形成される。M: 6 日後、胚が反転して、前後が入れ替わる。N: 12 日後、ほぼ胚が
完成し、孵化の準備を行う。　※スケール（横棒）の長さの目安：A, L–N: 0.7 mm、B–K: 0.5 mm

　0 から始まる番号は、発生開始後の日数である。卵にはすでに頭部側と尾
部側の方向性が決まっている。図 4-3（口絵(2)参照）に示すように、受精後、
27 時間後には細胞がまず左右に別々に集合。その後に、中央で合体し、小さ
な胚体を作る。頭部側と尾部側が形成され、その間に体の構造が形成されて
ゆく（Mito & Noji, 2009）。胚は卵の中で回転しながら成長する。
　図 4-2 の下は、脚のでき方を示している。ヒトの手の発生と類似しており、
体側に肢芽と呼ばれる突起が形成される。その突起が次第に伸長し、最終

図4-4　産卵後、5日目のフタホシ
コオロギの胚(電子顕微鏡の写真)

的には脚が形成される。図4-4の写真は、2005年に開催された第12回の神戸の理化学研究所の会議の要旨集の表紙である。表紙の左の写真は、丹羽尚博士が撮った発生5日目のコオロギ胚の電子顕微鏡写真である。卵の中で体の構造がほぼできあがっており、頭部に眼と触角が形成され、その下にある手のような突起は、将来顎などの口の器官になる。進化の過程で脚から変形したものである。その下が胸部で3対の脚が形成されている。その下は腹部で最後に、気流を感じる尾葉の原基が形成されている。

4.2　コオロギとショウジョウバエの形を制御する遺伝子群

　コオロギの発生のメカニズムはショウジョウバエの胚発生のメカニズムと異なるが、コオロギの発生のメカニズムがより祖先的であり、ショウジョウバエの発生のメカニズムはより進化したメカニズムである。よく解明されているショウジョウバの発生(図4-5左)について説明し、次にコオロギの発生(図4-5右)について説明する。

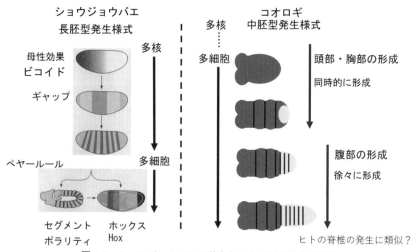

図4-5　ショウジョウバエの発生とコオロギの発生の比較

　ハエの形作りを制御している初期遺伝子を見つけたのが、ニュスライン-フォルハルトとヴィーシャウスであった。彼女らは、ひとつの卵細胞から複雑な成体がどのようにできるのか？　その時に、どのような遺伝子が関与するのか？について、1970 年代、ショウジョウバエを用いて研究をスタートした。きっかけは、スイスのゲーリングの研究室での出会いだった。その研究の方法は、発生に関係するあらゆる変異を持つショウジョウバエを解析すること

= Column =

ハイデルベルクでの出会い

　1996 年 6 月、筆者は、ドイツのハイデルベルクで開催された国際会議「肢の発生に関する EMBO ワークショップ」に招待された。昆虫の脚や翅の研究者から脊椎動物の四肢の研究者が世界中から招待され、一堂に会して議論する場であった。私は、その時は、ニワトリの翼の発生についてとコオロギの脚の発生に関する研究成果を発表した。ハイデルベルグには、1964 年に設立された欧州分子生物学機構（EMBO）があり、そこでは 1,800 人を超える優秀な生命科学者が研究をしている。設置の目的は、生命科学の研究を促進し、科学者間の国際交流を可能にすることである。この研究機構はハイデルベルグの町の山の上にあり、さまざまな国際会議などが開催される。会議場と宿舎は少し離れていた。

　私は 1 日目のセッションで発表し、会議の終了後、一人で山道を宿舎に向かってとぼとぼと歩いていた。すると、車が私の横で止まり、「乗れ」と言ってくれた。車に乗って驚いた。一人は、1995 年にショウジョウバエのノーベル医学・生理学賞受賞者のヴィーシャウス博士。彼は、ニュスライン-フォルハルト博士とショウジョウバエの遺伝の研究からノーベル賞を受賞したモーガンの弟子であったルイス博士と共に、「初期胚発生における遺伝的制御に関する発見」が評価されてノーベル賞を受賞した。現代発生学の幕を開けた一人である。もう一人は、後で紹介する「ハエの作り方」「勾配モデル」の著者ピーター・ローレンス博士であった。さらに、有名なショウジョウバエの研究者で、会議の主催者であるステファン・コーエン博士も同乗していた。ハエの研究の大御所たちであった。宿舎に着いて、チェックインの手続きをする間に、記念にサインをもらった（図 4-6）。　　　　（野地澄晴）

図 4-6　記念のサイン（エリック・ヴィーシャウス博士、ピーター・ローレンス博士、ステファン・コーエン博士）

であった。約2万6千個の変異を見つけ、それを解析して発生におけるルールを見つけたのである。ほぼ総ての発生に関する変異を解析したと考えられ、飽和的変異解析と呼ばれている。そのルールを、図4-5左に示している。この発見により、ヒトの胚発生過程を含む生物の形作りの普遍性の一端が解明された。そのことが評価され、ノーベル医学生理学賞が、ショウジョウバエの発生の研究成果に授与された。しかし、ショウジョウバエ以外の祖先型の昆虫は、異なった発生様式をとっている。最も大きな相違は、ショウジョウバエの発生では、胚の形成が長い胚の中で細分化されるように進むが、コオロギの場合は、頭部・胸部形成され、後部が伸びながら全体の胚が形成される。ショウジョウバエの発生様式を長胚型、コオロギのそれを中胚型と呼ぶ。頭部が形成されてから後部の伸長がスタートする様式は、短胚型と呼ばれている。胚発生に使用されている遺伝子群はほぼ同じであるが、遺伝子発現のタイミングはかなり異なる。ヒトの発生は、短胚型であり、頭部が形成されて後部に伸長する。

　受精卵は最初に、軸を決める。立体の形は、X・Y・Zの3軸で決めることができるが、生物の身体を表現する3軸は、頭尾（前後）軸、背腹軸、左右軸と表す。受精卵の中で、最初に決められるのは、この3軸である。それぞ

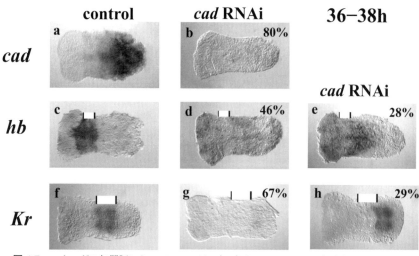

図4-7　コオロギの初期胚において、コーダル（cad）は、ハンチバック（hb）とクリュッペル（Kr）の発現をコーダルタンパク質濃度に依存して発現調節している（Shinmyo et al., 2005）
初期胚では、コーダルは、胚の後部に発現し、前側に向けて濃度勾配を形成している。ハンチバックは、顎の形成領域に発現している。クリュッペルは、胸部の形成領域に発現している。この発現領域は、コーダルのRNAiによって発現領域が消失するか、後部にシフトする。この後部シフトは、コーダルタンパク質の濃度がRNAiにより減少したためと推測している。％はRNAiで得られた表現型を示した胚の割合。control: 対照実験（p135参照）。

れの軸について説明する。

■ **頭尾（前後）軸の決定**：ショウジョウバエの発生初期に働く遺伝子の変異により生じる変異体にビコイドと名付けられたものがある。意味は2つの尾である。この変異体では頭部が形成されない。したがって、この遺伝子の正常な機能は頭を作ることである。このビコイドと名付けられた遺伝子が働きタンパク質を作ると濃度が高いところが頭になり、低いところが尾になる。ショウジョウバエの初期胚発生では細胞分裂のない核分裂が起きる。多くの核が細胞の外周に並ぶ。細胞質分裂を伴わない核分裂を9回行って、512個の核を持つ多核（シンシチウム）胞胚となっている。通常の細胞は、各細胞に一つの核があるが、多核の場合は、各核の細胞膜がまだ形成されていないので、ビコイドタンパク質は頭から尾に向かって、濃度勾配を形成する。それが図に示されている左から右への勾配である。ビコイドの様なタンパク質は形原（モルフォゲン）といわれる。形原は、第2章（2.3）で紹介したように、ウォルパートが提唱した。逆に、尾側で濃度が高いナノス・タンパク質も作られ、尾から頭の方

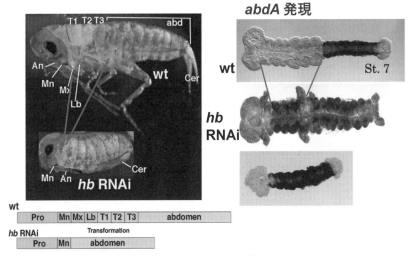

図4-8　ハンチバック（*hb*）のRNAiの効果（Mito *et al.*, 2005）
左上の写真は、ほぼ形態形成が完了した正常な胚、左下の写真は、RNAiの結果で、腹部は形成されているが、胸部の形成が異常になっている。右上の写真は、正常な胚の腹部のマーカーであるアブドミナルA（*abdA*）の発現パターンである。右中の写真は、*hb*のRNAiにより得られた胚の*abdA*の発現パターンで、胸部に*abdA*の発現があり、*hb*の発現量に依存して、胸部が腹部に変化している可能性がある。右下の写真は、*hb*のRNAiにより得られた胚の*abdA*の発現パターンで、顎、胸部が欠失し、頭部から直ぐに腹部が形成されている。左下の図は、正常な形態と*hb*のRNAiの表現型を図にしたものである。Pro: 原頭域、An: 触角、Mn: 下顎、Mx: 上顎、Lb: 下唇、abdomen: 腹部。

向に濃度勾配が形成される。この濃度に応じて、次の発生段階が決まる。これらの遺伝子の mRNA は母親の中で卵を作る時に仕込まれており、母性効果遺伝子と呼ばれている。つまり、母性効果遺伝子により、ショウジョウバエの卵母細胞は、卵のどこが頭部側になるのか決定されている。実際は、頭部側に局在したビコイド（*bicoid*）mRNA により決定される。ビコイドとハンチバック（*hunchback*；*hb*）はショウジョウバエ胚の前部（頭と胸）のパターンに最重要な母性効果遺伝子である。ナノス（*nanos*）とコーダル（*caudal*；*cad*）は胚の後部の決定に重要な母性効果遺伝子である。

　コオロギの前後軸の決定は、まだ不明な点が多い。ゲノムの中にビコイド遺伝子に相当するものが無いので、頭部の決定については不明であるが、尾部はコーダル遺伝子が機能している（8 章参照）。Cad は、ショウジョウバエと異なり、ハンチバック遺伝子やクリュッペル（*Krüppel*；*Kr*）遺伝子の発現を制御している（図 4-7）。コオロギの *hb* 遺伝子の RNAi の表現型を図 4-8 に示す。強い表現型では、顎と胸部が欠損しており、頭に腹部が結合した胚になる。

■ **背腹軸形成**：ショウジョウバエの遺伝子変異で腹側が背側になった受精卵がある。それをドーサル（*dorsal*, 背側）と名付けた。この遺伝子の正常な機能は、腹側を作ることである。ドーサルタンパク質は母性遺伝子産物であり、腹側の形成に必要な遺伝子を活性化させ、背側を形成する遺伝子の働きを抑制する。背腹軸に沿ったドーサルの濃度勾配が位置情報となる。次に、背側でデカペンタプレジック（Dpp）タンパク質が作られ、逆に腹側ではシュペッツレ（Spätzle；Spz）タンパク質が作られる。このタンパク質の受容体は、トル（Toll）である。後ほど、第 6 章の自然免疫の章にも関連する。ここでは腹の形態形成に関与する（図 4-9）。コオロギの背腹軸の決定については、まだ研究が進展していない。

■ **体の分節化が始まる**：最初にギャップ遺伝子群がはたらき、胚は先節、頭部、胸部、腹部、尾節の 5 つに領域が決まる。ギャップ遺伝子は母系遺伝子タンパク質の濃度勾配によって発現調節を受けるので、図 4-5 左の中心のバンドのように発現する。ギャップ遺伝子タンパク質も濃度勾配を形成する。クリュッペル（*Kr*）変異体は胸節が形成されない。したがって、クリュッペルは胸節の形成に関与するギャップ遺伝子である。ギャップ遺伝子は、ペアルール遺伝子の発現を調節するタンパク質を発現する。

■ **体節の細分化**：ギャップ遺伝子タンパク質の濃度に応じて、さまざま

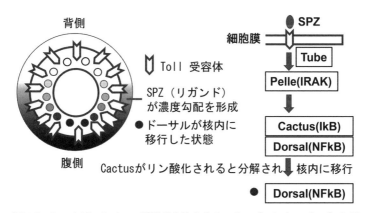

図 4-9　ショウジョウバエの背腹軸を決定するメカニズムにトル（Toll）シグ
　　ナル経路が関与している（右図のカッコ内は対応するヒトのタンパク質）
左図：トル受容体が細胞膜に発現している。卵細胞膜（Perivitelline membrane）と細胞
膜の間にトル受容体のリガンドであるシュペッツレ（SPZ）が背腹軸に沿った濃度勾配
を形成している。この濃度勾配に応じて、転写因子であるドーサルタンパク質が腹側
の核に移行する。右図：SPZ がトル受容体に結合すると、細胞内にシグナルが伝達さ
れる。ドーサルタンパク質はカクタスに結合しているが、シグナルが入るとカクタス
が分解され、ドーサルタンパク質は核内に移行する。Tube: 細胞質タンパク質、Pelle:
セリン・スレオニンリン酸化酵素。（Belvin *et al.*, 1996）

なペアルール遺伝子が、図 4-5 左のように、7 本のストライプとして発現
する。奇数番目の「擬体節」（パラセグメント）で発現するペアルール遺
伝子と、偶数番目のパラセグメントで発現するペアルール遺伝子がある、
胚は 14 本の領域に区画化される。ペアルール遺伝子であるフシタラズ
（*fushi tarazu*；*ftz*）は、バーバラ・ワキモト（現ワシントン大学・教授）よっ
て発見され、命名された。*ftz* 変異体では、一つおきの体節を欠失するの
で「節足らず」と名付けられた。このときまでに、胚の細胞化は完了し
ており、以降、細胞間シグナル伝達を介した細胞分化が起きる。

　コオロギのペアルール遺伝子として、イーブンスキップ（*even-skipped*；
eve）遺伝子に着目した。その発現パターンはペアルールの発現を示したが、発
現のタイミングは、前側形成と後部伸長で異なる発現をしていた（図 4-10）。

■ **体節の完成**：ペアルール遺伝子タンパク質は、図 4-5 に示すセグメン
トポラリティー遺伝子の発現を調節し、14 個のパラセグメント（擬体節）
をさらに細分化する。典型的なセグメントポラリティー遺伝子の発現パ
ターンを図 4-11 に示す。例えば、エングレイルド（*engrailed*；*En*）は、
細胞 4 に発現するセグメントポラリティー遺伝子である。その変異体では、
それぞれの体節の後端が前端の鏡像に置き換わる。つまり、各体節の後

前側の体節形成
頭部・胸部形成

後部の体節形成
後部伸長

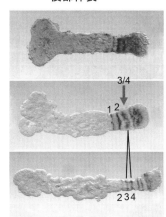

図 4-10　コオロギのイーブンスキップト（*even-skipped*；*eve*）の相同遺伝子の発現パターン
ショウジョウバエの発生において、ペアルール遺伝子であるイーブンスキップト（*eve*）の相同遺
伝子がコオロギにも存在する。ショウジョウバエでは、*eve*遺伝子は偶数番の体節形成に関与して
いる。しかし、コオロギでは異なる。その発現パターンを示す。左図：頭部・胸部の体節形成には、
最初、1と2-3、4-5が発現し、それが分離する発現パターンとなる。腹部体節には、腹部の伸長
に従い発現パターンが形成される。ショウジョウバエのような単純なルールの発現パターンは観
察されなかった。（Mito *et al.*, 2007）

端を作る遺伝子である。*En*を発現する細胞は細胞から細胞へのシグナル
タンパク質、ヘッジホッグ（Hedgehog；Hh）を産生する。Hhは遠くま
で行くことはなく、*En*を発現する細胞に隣接した細胞を薄い縞状に活性
化させる。*En*を発現する細胞の左側の細胞だけが、その受容体タンパク
質であるパッチト（Patched）を発現し、Hhに反応することができる（図
4-11左）。活性化したパッチト受容体を持つ細胞はウイングレス（Wingless；

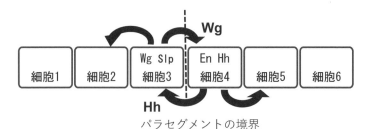

図 4-11　WgおよびHhシグナルによる細胞間結合を持つ6つの細胞を含むストライプ
これらの細胞には1から6までの番号が付けられており、細胞3は擬体節の境界線（点線）のすぐ前
にある細胞、細胞4は境界線のすぐ後にある細胞を示している。*sloppy paired*（*slp*）遺伝子は、*wg*遺
伝子と重なって発現している。一方、他の細胞はその番号に従って前後軸に沿って直線的に配置され
ている。本文で説明するように複雑な相互作用により、体節に極性が生じる（Sanchez *et al.*, 2008）。

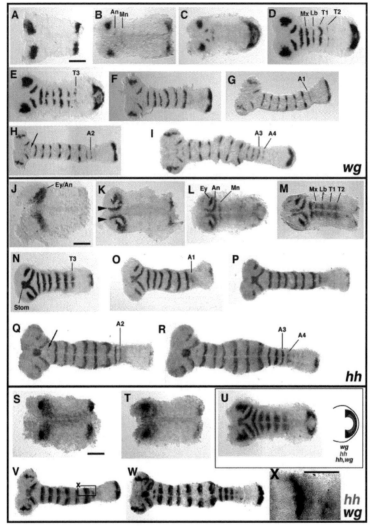

図 4-12A　コオロギの発生初期におけるウイングレス（*wg*）とヘッジホッグ（*hh*）の発現パターン（口絵(3)と p82 を参照）（Miyawaki *et al.*, 2004）

(A–I) 30 (A)、33 (B)、34 (C)、36 (D)、38 (E)、40 (F)、42 (G)、44 (H)、48 (I) の産卵後の時間における *wg* の発現パターン。(J–R) 30 (J)、33 (K)、34 (L)、36 (M)、38 (N)、40 (O)、42 (P)、45 (Q)、47 (R) の産卵後の時間における *hh* の発現パターン。(K) の矢頭は前向きの気孔を示す。(H) と (Q) の矢印は、それぞれ *wg* と *hh* の縞模様を示す。*wg* も *hh* も、この段階で前頭骨と下顎骨の間に新たに発現する。(S–W) *hh*（灰色）と *wg*（黒）の二重染色。(S) *wg* は前頭部と後頭部の両方に発現しているが、*hh* は 30 時間後には前頭部にのみ発現している。(T) *hh* は 32 時間後には後方領域で発現し始める。(U、V) *wg* は 36 (U) および 42 時間（産卵後）(V) で各 *hh* 発現領域の前側で発現している。(U、右) 最後尾の領域での 2 つの遺伝子の発現パターンの模式図。*hh*（灰色）は *wg* の発現ドメイン（黒）の内側で発現し、後方領域（黒）では *wg* と重なっている。(W) 47 時間後の時。(X) V の T3 ストライプの高倍率画像。すべての図で前方は左。スケールバー。(A–W) は 0.2 mm、(X) は 10 μm。

Wg）タンパク質（図4-11の細胞3）を作る。Wgタンパク質は細胞外モルフォゲン（形原）として作用し、細胞表面の受容体、フリズルド（Frizzled）を濃度に応じて活性化し、隣接した列の細胞のパターンを決める。Wgはまた、細胞性胞胚が作られた後の En の発現を安定化させるため En 発現

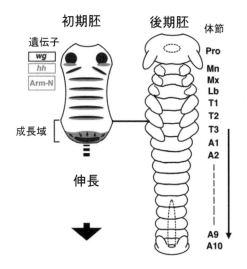

図4-12B　ウイングレス（wg）とヘッジホッグ（hh）の初期の発現パターン、後部成長域における核局在化アルマジロ（Arm-N）との関係、およびコオロギ胚の後期の体節を模式的に示す（Miyawaki et al., 2004）

コオロギ胚では、Wnt/Wg シグナル伝達経路が、顎／胸部（T1 および T2）領域における分節極性の確立と、後方の順次分節化に関与している可能性がある。胚の初期段階では、Mn、Mx、Lb、T1、T2 体節（セグメント）を含む前部領域が形成され、一方、後部には Wg/Arm シグナルが活性化している成長領域があり、Arm タンパク質は核に局在する。後方の分節形成では、分節時計が関与している可能性がある。

図4-12C　フタホシコオロギの胚発生初期における細胞動態

（A–H）緑色の蛍光を発するタンパク質（eGFP）を持つトランスジェニックコオロギ（図14-4参照）の胚の発生過程の記録である。是非、論文にアクセスして動画でみていただきたい。（A）産卵後4時間20分の画像（産卵後（AEL）：この時点を0時間として示す）。核が見られないが、これはおそらく卵黄の内部の深すぎるために蛍光顕微鏡で検出できないためである。（B–D）白い点は、初期有糸分裂サイクルの時間帯におけるエネルギド（核と周りの細胞質）で、その細胞内の位置を現した画像。（E–H）各時点における胚盤期初期から中期段階でのエネルギドまたは細胞の分布。（I–K）トランスジェニックコオロギの卵の表面における細胞の分布。（I）40分 AEL では、細胞質は卵表面に網目状に分布している。（J）卵の周辺にエネルギドが出現すると（11時間40分 AEL）、ネット状の細胞質は劇的に減少した。（K）胚形成中期（19時間 AEL）の細胞質はほとんどなくなっていたが、フィラメント状の細い細胞質が細胞間に残っていた。（L と M）胚葉中期の細胞の高倍率画像。多くの糸状体を持つ細胞同士が、薄い細胞質を介してつながっている。（N–Q）印をつけた細胞の軌跡。白い矢印は、印をつけたエネルギド細胞または細胞の軌跡を示し、細胞の移動距離は矢印の長さで示す。17時間 AEL。（R–U）細胞化時期の決定。ローダミン結合デキストラン（10,000kDa、赤色）色素を、各発生段階の eGFP 発現卵に注入した。細胞化が生じる前は、核と色素が局所的に同じ場所に見えるが、細胞化が生じると色素は、細胞内に入らないので、核と色素が局所的に集まることはない。この方法により細胞化の時期が決定できる。7時間のインキュベーション後、蛍光を観察し、注入部位周辺のエネルギドがローダミン色素を取り込んだかどうかを調べた。各パネルの卵は、色素注入後の7時間インキュベーション後のものである。各パネルには、注入時刻と観察時刻（1時間：AEL）が示されている。（R–T）14時間 AEL 以前に色素を注入した卵では、eGFP を発現する全てのエネルギドが注入部位の周囲に色素が局所的に集合（黄色に着色）している。しかし、注入時間が遅くなると、総ての eGFP を発現するエネルギドと色素が局所的に集合している領域は小さくなっている。（U）16時間 AEL に色素を注入した卵では、局所的な集合が観察されなかった。矢印は、注入時に卵から漏れた色素の塊を示す。これらの結果から、産卵後14～15時間で細胞化が生じていることがわかる。（V と W）0分（V）と 410分（W）における卵の異なる領域での細胞の相対位置の変化は、線によって示されている（Nakamura ら, 2010, 論文のサイトにアクセスすると動画を見ることができる）。【図は次ページ】

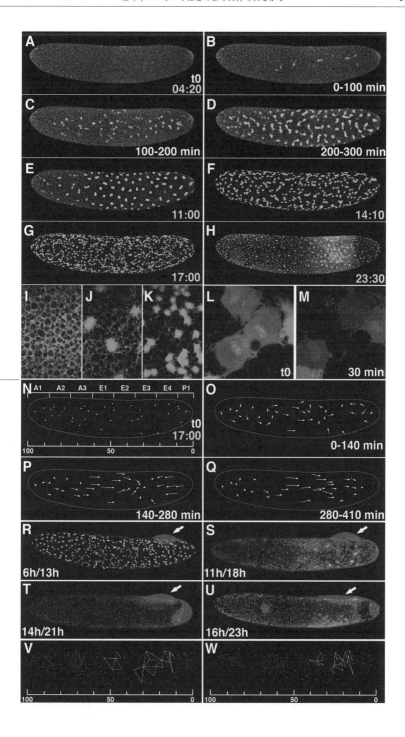

細胞でも作用、Hh と Wg の相互のシグナリングが各体節の境界を安定にする（Sanchez *et al.*, 2008）。Wg タンパク質には変態する時に、翅を形成する機能もあり、*wingless* の変異体の一部の表現型には「翅がない」ためにその名がつけられた。

　コオロギのセグメントポラリティー遺伝子の発現は、基本的にはショウジョウバエと同じである。hh と wg の発現パターンを図4-12A（口絵(3)参照）に示す。コオロギの Wg シグナル伝達経路にあるアルマジロ（*arm*）遺伝子の RNAi の表現型は腹部の体節が欠損した胚になることから、Wg が胚の後部伸長に関与しているなど、ショウジョウバエの Wg と異なる機能がある（図4-12B）。

■ **各体節に特徴をつける**：ニュスライン-フォルハルトとヴィーシャウスはショウジョウバエの胚で、どのようにして体節が決まるのか解明した。各体節には特徴のある構造がある。例えば、触角は頭節に、脚や翅は胸部体節にある。それを決めているのがホメオティック遺伝子である。ギャップ遺伝子とペアルール遺伝子が協調的にホメオティック遺伝子の発現を調節する。ホメオティック遺伝子について、4.3 で説明する。

■ **初期発生過程での核と細胞の動き**：図4-5 に示したように、コオロギの初期発生過程はショウジョウバエの過程と非常に異なる。遺伝子操作により蛍光たんぱく質でコオロギの細胞質をラベルし、初期発生過程を動画で撮影したところ、核や細胞が非常にダイナミックに移動して胚が形成されることがわかった。図4-12C（口絵(4)参照）にその静止画を示した。動画は感動的な映像である（Nakamura *et al.*, 2010）。

4.3　体節に特徴を付けるホメオティック遺伝子群

1915 年、モーガンの弟子でコロンビア大学のハエ部屋でショウジョウバエの研究をしていたブリッジェス博士（Calvin Bridges）は、奇妙なハエを発見する。そのハエの翅がトンボの翅ようになっていた（図4-13、口絵(7)を参照）。

　奇妙なハエをよく観察すると、翅は2番目の胸部体節に作られ、隣接している3番目の胸部体節からは通常は1対の平均棍（Haltere）が作られるのだが、3番目の胸部体節が2番目の胸部体節に変化していることがわかった。そこでこの変異体をウルトラバイソラックス（*Ultrabithorax*；*Ubx*）と名付けた。この変異体は、その後、ルイス博士が詳細に研究し、遺伝子の解析が行われた。

　その説明をする前に、もう一つの有名なホメオティック変異であるアンテ

Credit: Nicolas Gompel, PhD

図4-13　*Hox* 遺伝子の役割を示す典型的な例として、右下の 4 枚翅のショウジョ
　　　　ウバエが有名である（口絵(7)を参照；左上は野生型）
ハエの体の真ん中にある胸部は 3 つの部分に分かれている。第 2 節には 2 枚の大きな翅
が形成される。第 3 節には通常一対の小さな球状の後翅が形成される。後翅（平均棍）は、
ジャイロスコープのように飛行中にバランスをとり、昆虫が安定して飛ぶのを助ける。
第 3 節から *Hox* 遺伝子の *Ultrabithorax* の発現を取り除くと、第 3 胸部は第 2 胸部とは
ぼ同じ胸部に変化し、合計 4 枚の翅を持つ。この写真は Nicolas Gompel 博士（ルートヴィ
ヒ・マクシミリアン大学ミュンヘン（通称ミュンヘン大学）の理学部教授）に提供していた
だいた。特殊な写真撮影法により、華麗な写真を撮っている。

ナペディア（*Antennapedia*；*Antp*）を紹介する。これは、脚の形成に関わる遺
伝子である。この遺伝子が働かなくなると、2 番目の脚が触角になる。一方、
この遺伝子が触角のできる場所で働くと、そこに脚ができる（図4-14）。
　このように、平均棍が翅に、触角が脚に変化するような変異など、ある器
官が別の器官になる変異は自然界で古くから観察されており、1894 年にベイ
トソンは「ホメオーシス」と名付けた。このホメオティック変異は単一の遺

伝子の変異により生じ
る。脚が形成されるため
には、多くの遺伝子が働
くことが必要であり、な
ぜ単一の遺伝子の変異で
触角が脚に変わるのか？
疑問であった。この疑問
を解決するために、親分
遺伝子の存在を想定し
た。つまり、例えば脚を
作る親分遺伝子があり、

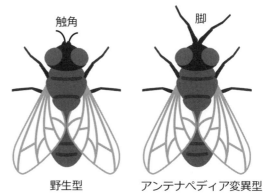

触角　　　　　　　　脚

野生型　　　　　　アンテナペディア変異型

図4-14　アンテナペディア変異（模式図）

その親分遺伝子が脚を作る命令を発すると、脚を作るのに必要な遺伝子が働き、脚ができると考える。触角には触角を作る親分遺伝子があり、眼には眼を作る親分遺伝子がある。

　ショウジョウバエでは心臓を作る親分遺伝子が知られており、その遺伝子の名前は"ブリキ男"と名付けられている。その遺伝子が欠損するとハートが無くなるので、オズの魔法使いの物語で、ハートのない男の名前が"ブリキ男"だったことに由来している。

　親分遺伝子が正常な場所で働かず、触角ができる所で脚を作る親分遺伝子が働いたために、アンテナペディアのショウジョウバエができたと考えられる。

　ホメオティック遺伝子の機能を解明したのはルイス博士（1918〜2004）である。彼は、ホメオティック遺伝子の研究により、ヴィーシャウス博士とニュスライン-フォルハルト博士と共に、1995年のノーベル生理学・医学賞を受賞した。彼は77歳だった。ルイスは、1942年にモーガンからの伝統でハエの研究には歴史があるカリフォルニア工科大学から博士号の学位を得た。モーガンは1904年から1928年までコロンビア大学教授であり、その後カリフォルニア工科大学に異動し、そこで終身研究した。ルイス博士は第2次世界大戦中、米国空軍に入隊した。戦後、1946年にカリフォルニア工科大学に講師として着任。1956年には生物学の教授に、1966年にはトーマス・ハント・モーガン生物学教授職に就任し、1988年の退職まで勤めた。彼のショウジョウバエに関する研究のほとんどは、カリフォルニア工科大学で行われた。ルイス博士は体節の特殊化を制御しているホメオティック遺伝子に注目した。これらの遺伝子はどんな器官がどの体節に作られるかを決定する。ルイス博士はショウジョウバエの翅や脚や触角がどこでいつ形成されるかに興味を持った。彼が最初に研究したのはウルトラバイソラックス（*Ubx*）であった。Ubx タンパク質は第3胸部体節で翅の遺伝子の発現を抑制している。その抑制を止めると、1対の翅が生える。ショウジョウバエの祖先は現在のミツバチやスズメバチのように2対の翅を持っていたと考えられ、*Ubx* は第3胸部体節で2番目の1対の翅を形成しないように進化したのであろう。図4-15は、ルイス博

メモ "ノーベル賞"の通知の電話がぐっすり眠っていたエリック・ヴィーシャウスを起こした。ノーベル賞委員会は眠たげな声のヴィーシャウスがメッセージを理解できていないと考え、彼らは彼の友人、クリスティアーネ・ニュスライン-フォルハルトらにヴィーシャウスに電話して、事の重大さを理解させるように依頼した。

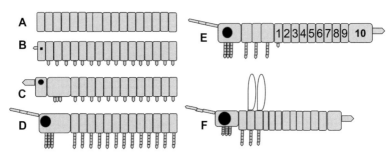

図4-15　コオロギの進化過程の予想図（ルイス博士のノーベル賞講演などから筆者らが模式化した）
A: 体節が単純に繋がったものから出発する。一つのホメオボックス遺伝子で制御されていた。B: *Hox*遺伝子の重複と多様化により、頭部の体節に眼と触角が形成され、他の体節には、脚の原型が形成される。C: 頭部の体節が顎の機能を持つようになる。D: 脚が形成され、頭部が発達する。E: 胸部が発達し、腹部の脚が消失する。F: 翅が形成される。ホメオボックス（*Hox*）遺伝子の多様性が体節の特徴を決定し、形態進化に繋がる。

士のノーベル賞講演で示したハエの進化過程を模式的に記載した。多数の体節からなる生物から現在のショウジョウバエに進化するためには、ホメオボックス遺伝子の重複と多様化が必要であった。

　ルイス博士は、ホメオティック遺伝子の発現により、どの体節からどの特定の器官や組織が作られるかが決められていることを発見した。このような親分遺伝子を調べてみると、図4-16の様に、DNA上に並んでいることが解

<hr>

Column

下宿のハエ

　「昔は」と言っても50年くらい前の話ではあるが、ハエが、家の部屋の中を飛んでいるのは珍しいことではなかった。ちょっと油断すると食料にハエが集ってくる時代であった。ある日、福井大学工学部の大学生だった筆者は、4畳半一間の下宿にいた。部屋の中を1匹のハエが飛んでいた。私はその飛んでいるウサンくさいハエを見ていて、突然疑問が生じた。「なぜ、このハエは優雅に飛べるのであろうか？」。ハエは1対の大きな翅と1対の平均棍と呼ばれるジャイロスコープを持っている。トンボは2対の大きな翅を持っているが、ハエは後ろ側の翅が小さくなり、気流などを感じて飛行を制御するための器官になっている。この飛んでいるハエを見て、私は感動し、これからの工学は生物に学ばなければならないと思った。筆者の運命は、ハエとコオロギによって決定されてきた。

（野地澄晴）

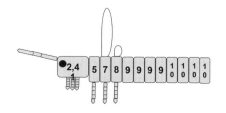

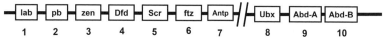

図4-16　ショウジョウバエの体節（上）とホメオボックス遺伝子クラスター（下）との関係

明された。遺伝子の番号と遺伝子が働く場所が同じ番号で示されている。左から右へと親分遺伝子が並び、その順序でハエの頭から腹部末端まで遺伝子が働いている。ホメオティック遺伝子は染色体上にクラスターを形成している。アンテナペディア複合体（*ANT-C*）の5つの遺伝子は、ラビアル（*labial*；*lab*）、プロボシピディア（*proboscipedia*；*pb*）、デフォームド（*Deformed*；*Dfd*）、セックスコムズレデュースト（*Sex combsreduced*；*Scr*）、アンテナペディア（*Antp*）である。発現位置の順番で染色体に並んでおり、頭と胸の体節の分化を制御する。*lab* と *Dfd* タンパク質は頭部体節で発現して頭部の特徴を決定する遺伝子を活性化する。*Scr* と *Antp* は胸部体節を特徴付ける（Argiropoulos, 2003）。ゼン（*zen*）とフシタラズ（*ftz*）は、体節形成に直接的には関係していない。第3染色体の右腕にあるバイソラックス複合体（*BX-C*）には *Ubx* と腹部A（*Abd-A*）および腹部B（*Abd-B*）が含まれる。これらの遺伝子は、胸および腹の体節の分化を制御するが、胚での発現位置の順番で染色体に並んでいる。

　無定形性の卵が、体節内の位置によって特徴付けされた細胞からなる胚に変化するまでの全ての工程はわずか数時間で行われる。（序〜4.3　三戸太郎）

4.4　形態形成に普遍的に必要な遺伝子・ホメオボックス遺伝子の発見

　2000年、ゲーリング博士は京都賞を受賞した。1983年、ホメオティック遺伝子であるアンテナペディアの遺伝子配列と日本でとりわけ著名なフシタラズという遺伝子は体節の数を制御する遺伝子として、それぞれ別々に報告されていた。ゲーリング博士は、これら遺伝子に共通の配列があることを偶然発見する。その配列は、180塩基対からなる DNA 配列である。この配列を「ホメオボックス」と名付けた。

　動物が正常な形態形成遺伝子を発現して、全体を完成させるには、「ホメオ
ティック遺伝子」の働きが不可欠である。全てのホメオティック遺伝子は、
ホメオボックスと呼ばれる 180 塩基対の保存された領域を共有している。こ
の領域は 60 個のアミノ酸をコードし、60 個のアミノ酸は、ホメオボックス
タンパク質の DNA 結合部位を構成している。この構造により、他の多くの遺
伝子に共通して存在する DNA のプロモーターおよびエンハンサー領域に結合
し、体節に体の部分を作らせる遺伝子を活性化する。

　生物の形を支配する遺伝子であるホメオボックス遺伝子は、動物界、植物
界を問わず、ヒトを含む生物種に受け継がれており、発生・分化の要ともい
うべき生物共通の遺伝子である。

　このホメオボックスの研究で、最も衝撃的だったのは、このハエで発見さ
れたホメオボックスクラスターが、マウスやヒトのゲノムの中に同じように
存在していることであった。その世紀の大発見に関与した日本人が黒岩厚博
士（名古屋大学大学院理学研究科）である。彼は 1981 年～84 年スイス連邦、
バーゼル大学バイオセンター、ゲーリング博士（W.J.Gehring）の下へ留学し
た。黒岩が留学する前の 1975 年に、ノーベル賞受賞者のニュスライン-ホル
ハルトとウイシャウスはゲーリングのラボで出会うことになる。その出会い
が、ノーベル賞のきっかけになっている。1983 年、ゲーリングと黒岩を含む

━━━━ Column ━━━━

東大寺大仏殿の蝶

　奈良県奈良市の東大寺大仏殿の本尊である仏像は、聖武天皇の願いで 745 年
に製作がはじまり、752 年に完成した。高さが約 15 メートルもある。一般に奈
良の大仏として知られる。2000 年、ゲー
リング博士は、観光で奈良の大仏を訪れ
た。大仏の前には青銅でできたハスの花
の彫刻と 4 匹のチョウが据えられてい
る（図 4-17）。そのうち、2 匹のチョウは
脚が 8 本あることにゲーリング博士は
気づき、「これは明らかに、第一腹部体
節が、肢のある胸部体節に転換するホ
メオティック変異である。」と指摘した
（Gehring *et al.*, 2002）。　　（野地澄晴）

図 4-17　東大寺大仏殿の 8 本脚の蝶
（口絵(6)参照）

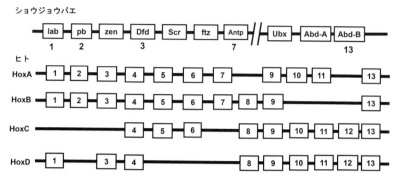

図4-18　ショウジョウバエのホメオボックス(*Hox*)遺伝子クラスターとヒトの
*Hox*クラスターとの比較

ヒトの場合は、全ゲノム重複が2回あり、クラスターが4つある。それぞれの*Hox*遺伝子はショウジョウバエの*Hox*遺伝子に相同性が高いものもある。昆虫とヒトも含め、多くの生物が*Hox*遺伝子により形態形成されていることに進化の連続性を読み取ることができ、驚きの発見であった。4つのクラスターと13種類の箱、まさにトランプのカードの不規則4または9並べゲームのようである。

　共同研究者は、ホメオティック遺伝子に特徴的なDNAセグメントであるホメオボックス（Hox）を発見した。しかも、驚くべきことに、それは節足動物とその祖先だけに存在するのではなく、人間を含む脊椎動物にも存在した。哺乳動物も*Hox*遺伝子と呼ばれるホメオティック遺伝子を持っている。哺乳類には昆虫のような体節はないが、それに相当する区分があるように思われる。マウスやヒトの*Hox*遺伝子群は、ハエと同様に染色体上に並んでおり、その順序とマウス胚での前後軸上の発現位置には明確な相関関係がある。*Hox*遺伝子はショウジョウバエで機能しているホメオティック遺伝子とほとんど同様に哺乳類の細胞の分化を制御している。

　名古屋大学の黒岩研究室に伺った時、彼の教授室の壁にはトランプのカードが台紙に並べて貼られていた。つまり、♦、♥、♣、♠の4種類について、それぞれエースからキングまでの13枚が並べられていた。「先生はトランプに興味があるのですか？」「これが、ホメオボックス遺伝子に対応するのです。」マウスやヒトの場合は、ゲノム上にホメオボックスが並んでいる場所が4つある。ホメオボックス遺伝子の数は最大13個である（図4-18）。偶然にも、この並びはトランプのカードと同じなのである。

　コオロギもヒトもハエで発見されたこのホメオボックス遺伝子を持っている。それは、地球上の生物の形を作る基本のメカニズムは同じであることを意味している。まさに、ノーベル賞に値する仕事であった。　（4.4　野地澄晴）

4.5　コオロギの初期発生とホメオボックス遺伝子クラスター

　昆虫の初期発生形式は、主に 3 つに分類されている。受精卵の中で最初に形成される胚の長さが異なるので、短胚型、中胚型、長胚型と区別されている。ショウジョウバエは、長い胚が一挙にできるので長胚型である。一方、短胚型は短い胚が形成され、それが次第に伸びる発生形式である。コオロギはその中間の発生形式の中胚型である。この発生形式の違いが、ホメオボックス遺伝子クラスターにも見られる。ショウジョウバエは、コオロギよりも進化した昆虫である。コオロギのゲノムの解析の結果、図 4-19 のようなホメオボックス遺伝子クラスターを同定している。

　ショウジョウバエのホメオボックス遺伝子クラスターとコオロギのものを比較すると、最も異なっているのは、*Hox3* のところである。ショウジョウバエでは、この間にゼンとビコイドが入っている。ビコイドはショウジョウバエの発生の非常に初期に働く遺伝子であるが、コオロギのゲノムには存在しない。前述したように発生初期はコオロギとショウジョウバエは様式が異なっているので、そのことを反映していると考えている。

　特に衝撃であったのは GFP が発現するトランスジェニック・コオロギを用いたて、世界初となるコオロギの胚形成過程の動画を取得した時であった（14章 14.3、口絵(4)参照））。動画から、発生初期に細胞の活発な移動による形態形成過程が存在することと体の左と右が独立に形成された後で融合されることがわかった。ヒトでも顔は左右融合で形成されているのであるが、このよ

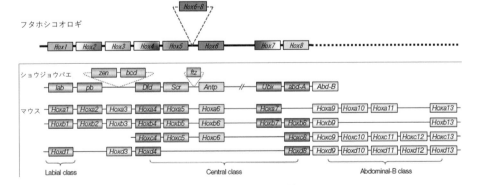

図 4-19　コオロギのホメオボックス遺伝子クラスター
伊藤武彦教授（東京工業大学）らとの共同研究に基づく。ショウジョウバエとマウスのクラスターは Michaut *et al.*（2011）を改変。

うな研究から次第に気がついたことは、ショウジョウバエは特殊な進化をした特殊な生物であり、決して昆虫の代表ではないことである。昆虫は多様性に富み、ショウジョウバエでの知見が全て他の昆虫に当てはまる訳ではない。ただし、基本は同じである。　　　　　　　　　　（4.5　三戸太郎・宮脇克行）

4.6　コオロギの複眼の形成と Pax6（パックス6）遺伝子

コオロギの進化を紹介したところで、「カンブリア爆発」が生じたことを3章3.6で紹介した。なぜ、そのような進化の大爆発が起きたのか長年の謎だった。2006年、オックスフォード大学のアンドリュー・パーカー博士執筆の本の日本語翻訳版『眼の誕生 ― カンブリア紀大進化の謎を解く』が出版された。パーカーは1998年に「光スイッチ説」を発表した。その話を本人に講演していただくために、2008年、第41回の日本発生生物学会に彼を招待した。その大会は野地教授（当時）が大会長として徳島で開催された。この大会から学会の国際化を推進するために、発表は全面的に英語化することにした。当時は日本人が英語で発表し、ほぼ日本人どうしが英語で質問して答えることに違和感があったが、10年以上を経ると違和感がなくなり、当たり前のように英語の学会になっている。イギリス英語を話すパーカー博士の講演は期待していた「光スイッチ説」の話ではなく、生物が持っている光の装置をヒトの世界にも取り込む話であった。ここでは、「光スイッチ説」について簡単に紹介する。最初に眼を持った生物は、5億4千3百万年前に存在した原始三葉虫である。三葉虫とは何なのか。まさに昆虫と同じ節足動物であり、脚が12対ある翅のないコオロギのような外骨格の海の生物である。視覚を持った三葉虫と持たない動物では、戦う前から勝負は決まっている。眼を持った動物は目隠しをした相手と戦うようなものなので、圧勝できる。しかし、三葉虫は絶滅する。なぜであろうか？

ホメオボックス遺伝子を発見したゲーリングらは、眼を作る親分遺伝子 *Pax6*（パックス6）を発見した（Halder *et al.*, 1995）。この遺伝子をショウジョウバエの脚で働くようにすると、脚に眼ができる（図4-20）。*Pax6* は眼と鼻が欠損するマウスの *Small eye*、虹彩を欠くヒトの *Aniridia* の原因遺伝子である。ショウジョウバエの眼が形成されない変異体の原因遺伝子 *eyeless* は *Pax6*（パックス6）の相同遺伝子である。ショウジョウバエの翅や脚で *eyeless*、*Pax6* のいずれを異所性に触角、翅、脚の原基で発現させても複眼が異所性に形成された（図4-20）。このことから、*Pax6* は種を越えて保存された、眼の形成の

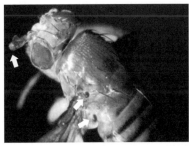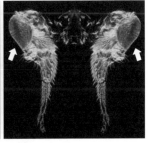

図 4-20　眼を、翅、触角、脚に作る
左図：眼の親分遺伝子のアイレス（*eyeless*）遺伝子を強制的にショウジョウバエの触角、翅に発現
させると、眼が形成される。右図：眼の別の親分遺伝子のツインオブアイレス（*twin of eyeless*）
を脚に強制発現すると、眼が形成される（矢印）。（Gehring, 2004, Fig.2 を許可を得て掲載）.

マスター制御遺伝子（親分遺伝子）であると考えられる。1999 年、ゲーリン
グらは、多くの動物が *Pax6* に似た遺伝子を持っているので、全ての眼の由
来は共通であると考えた。米国の国立衛生研究所（NIH）の国立眼研究所の
Kozmik 博士らは、ゲーリングらが発見した眼を作る親分遺伝子 *Pax6* につい
て、クラゲの眼を誘導する *PaxB*（パックス B）と比較している（Kozmik *et
al.*, 2003）。当然、三葉虫の眼も Pax6 に関係しているはずである。では、その
Pax6 はどこから由来しているのであろうか？　もちろん、誰も答えを知らな
いが、ゲーリングの予想は、「光を感じる単細胞生物に由来している」である
（Gehring, 2014）。つまり、祖先の眼の無い動物が光を感じる単細胞生物を自分
の中に取り込み、それを眼にしたと考えるのである。それは、あまりにも奇
想天外であると思うかもしれないが、実は、ヒトが呼吸からエネルギーを得
るための細胞小器官であるミトコンドリアの由来は細菌である。つまり、わ
れわれの祖先の細胞は、酸素を使用してエネルギーを獲得している細菌を取
り入れたのである。植物の光合成をする装置である葉緑体も同様に、光合成
をしている細菌を取り込んだので、現在の植物がある。同じことが、眼でも
生じたのかもしれない。ゲーリングらはさらに、ロシアの人形「マトリョー
シカ・モデル」を提案している。小さな人形が少し大きな人形の中に入り、
さらにそれが少し大きな人形の中に入り…という過程を想定している。つま
り、眼の基本を持った細菌が、少し大きな細菌に取り込まれ、それがさらに
大きな動物に取り込まれ、それがさらに大きな動物に取り込まれたと考える
のである。このユニークな仮説を提案したゲーリング博士は、2014 年交通事
故で亡くなった（Mlodzik & Halder, 2014）。この仮説を証明するのが、現在の
研究者へ残された宿題である。

　ゲーリングの仮説が正しければ、原始の眼は、三葉虫だけでなく、他の動物にも同様に取り込まれていたと想像できる。やがて、眼を持つ動物だけが、進化し生き残ったのであろうが、眼を持ち多様に進化した動物たちの中では、三葉虫は生き残れなかったのかもしれない。コオロギの祖先は生き残って、現在に至っている。当時、徳島大学在職の筆者（大内）は研究室の学生と共にコオロギの眼の研究を行った（Takagi *et al.*, 2012）。コオロギの研究において、最も強力な武器は、後に説明する RNA 干渉法（8章参照）が簡単に利用できることである。実際に、コオロギの *Pax6*（パックス6）遺伝子が眼の形成に必要かどうかを RNA 干渉法で簡単に調べることができる。特に、発生の初期を観察するのであれば、メスの体内に、*Pax6* の活性を抑える2本鎖 RNA を注入しておくと、そのメスが産む卵は、*Pax6* の活性が抑制された個体に育つ。眼が形成されているかどうかは、外観から簡単に判断できる。しかし、コオロギの場合、2つある *Pax6* 相同遺伝子（*eyeless*（*ey*）と *twin of eyeless*（*toy*））の RNA 干渉法では眼が無くならなかった（Ohuchi *et al.*, 2017）。RNA 干渉法では *ey*、*toy* の mRNA が残存していたからかもしれない。一方、*Pax6* 相同遺伝子の子分とされる *eyes absent* 遺伝子の RNA 干渉法では、眼がない、あるいは眼が小さいコオロギができた。コオロギではまだ実現していないが、ショウジョウバエと同様に脚に眼を作ることができるだろうか。

4.7　*Pax*（パックス）遺伝子群とヒトの病気との関係

　まず、Pax（パックスと読む）の名前の由来から紹介する。遺伝子 DNA の ATGC の配列において、タンパク質をコードしている部分は、3つの塩基の並びでアミノ酸と対応している。この対応をコドンという。例えば、AAA であればリシンというアミノ酸に対応している。遺伝子によっては、祖先の遺伝子が同じであれば、特徴的な塩基配列を持っている。その配列を四角で囲み、それを箱（ボックス（box））と呼ぶ。ホメオボックスはホメオティック遺伝子に特徴的な配列なので、そのような名前が付けられた。Hox と略す。ショウジョウバエのペアード（*paired*；*prd*）遺伝子に特徴的な塩基配列をペアードボックス略して Pax と呼ぶ。この部分は3つの α-ヘリックスより成る DNA 結合ドメインをコードしている。*Pax* を持つ遺伝子群は、脊椎動物では9種類が同定されており *Pax1*～*Pax9* と呼ばれる。*Pax* 遺伝子群にはホメオドメインを持つものと持たないものがある。

　Pax 遺伝子群はヒトとマウスで遺伝病の原因遺伝子として同定されたもの

が多い（表 4-1 参照）。ショウジョウバエの発生初期に利用されていたPax系の遺伝子は、各動物の進化に伴い、多くの機能を担うように多様化してきたことがわかる。生物は、既存の遺伝子を少しずつ変化させ、使い回して進化してきたのである。

（4.6・7　大内淑代）

4.8　コオロギの脚の形成と進化

コオロギの脚の形成過程を紹介する前に、ヒトの四肢の形成過程について、簡単に紹介しておく。なぜ四肢の発生なのか？については、2 章 2.4 を参照していただきたい。ヒトなどの脊椎動物の四肢は、ヒトの祖先である魚のヒレから進化を遂げたと推定されている。四肢は最初、肢芽と呼ばれる小突起として観察され、この肢芽が発生に伴って遠位に伸長し、最終的に先端に指のパターンが形成される。不完全変態類であるコオロギの脚の形成過程を図 4-21 に示しているが、脊椎動物の四肢の形成に類似している。

コオロギの脚の初期形成に関わる遺伝子の発現のパターンと、比較のために、ショウジョウバエの脚の発生を図 4-21 に示す。ショウジョウバエの脚は、成虫原基から形成されるため、原基における発現パターンを示している。すると、さまざまな遺伝子が脚の領域特異的に発現することで、複雑な節構造を細かく規定していくことがわかる（Inoue *et al*., 2002）。

コオロギの脚形成に関わる各遺伝子が、どのような機能を持っているかを

表 4-1　ヒトの *Pax* 遺伝子は、遺伝病の原因遺伝子としても知られている

遺伝子名	関わる発生現象	関係する病気 *
Pax1	脊椎の発生、体節形成	二分脊椎症、耳顔頚部症候群（OFC 2 型）
Pax2	腎臓、視神経の発生	腎コロボーマ症候群、巣状分節性糸球体硬化症（7 型）
Pax3	神経、筋、耳、顔面の発生、色素形成	Waardenburg 症候群（1 型、3 型） 横紋筋肉腫（2 型）、神経管閉鎖障害、頭蓋顔面 - 難聴 - 手症候群
Pax4	膵ランゲルハンス島 β 細胞	糖尿病性ケトアシドーシス、若年発症成人型糖尿病（MODY 9 型）、2 型糖尿病
Pax5	神経、B リンパ球の分化	
Pax6	眼、顔面、中枢神経、膵臓	無虹彩症、白内障、若年性緑内障、Peters アノマリー、常染色体顕性角膜炎、両側視神経低形成、コロボーマ、WAGR 症候群
Pax7	筋発生	横紋筋肉腫（2 型）
Pax8	甲状腺	先天性甲状腺機能低下症（CHNG 2 型)
Pax9	骨格の発生、歯の発生	無歯症（永久歯先天性欠如）（STHAG 3 型）

* 出典：MGI（http://www.informatics.jax.org/）、OMIM（https://www.ncbi.nlm.nih.gov/omim）

解明する方法として、8章で紹介する RNA 干渉（RNAi）法がある。この手法
で、発生中の胚に対してさまざまな遺伝子の機能を抑制し、形成される脚の
形態を観察することが通常の方法であるが、脚の形成時に発現する遺伝子は、
別の臓器の形成にも機能を持つ場合があるため、脚だけに変異が観測できる
ことが少ないという技術的な問題がある。そこで、コオロギ幼虫の脚は、切
断しても、再生することを利用して、幼虫の時期で脚の形成に関わる遺伝子
の役割を調べる方法を採用した（Ishimaru *et al.*, 2015）。図 4-22 に示すように、
脚の再生時にダックスフンド（*dachshund*；*dac*）の RNAi を行うと、再生した
脛節の長さが短くなり、それに対応してその先の跗節も短くなる現象が生じ
た。この遺伝子名は、脚が短い犬であるダックスフンドから名付けられてい

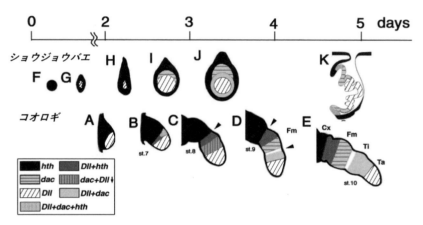

図 4-21　脚の形成　脚の節形成とディスタルレス（*Dll*）、ダックスフント（*dac*）、ホモソラック
ス（*hth*）遺伝子の発現パターンの関係

ショウジョウバエ（上）の脚成虫原基とコオロギ（下）の脚の発現パターンの比較。フタホシコオロギ
（A–E）の遺伝子の発現パターンを、ショウジョウバエ（F–K）のそれと比較している（産卵後 0–5 日）。
コオロギの肢芽の一次細分化では、肢芽を近位（*hth*、黒）と遠位（*Dll*、斜線）の領域に分け（A）、その後、
Dll と *hth* の発現の重なる領域が形成される（B、薄い黒）。*Dll* と *hth* の発現が重なる領域は、第 1 分
節境界の形態形成に先行し（C、矢印）、コオロギ脚の発生段階を通じて維持される（D、E）。*dac* の発
現ドメインは、最初は *Dll* と *hth* の発現ドメインの一部と重なり（B、薄い黒）、その後、*Dll* の発現低
下に伴ってリング状のドメインが現れ（C、灰色）、その後、2 つのドメインに分離する（D）。一方の発
現領域は、推定上の脛節では *Dll* 領域と重なり（D、白色）、もう一方のドメインは推定上の腿節で *Dll*
ではなく *dac* を発現する（D、灰色）。脚の主要節が確立した後（E）、肢芽は近位順に *hth*（黒）、*hth/Dll*（薄
い黒）、*dac*（灰色）、*dac/Dll*（白色）、*Dll*（斜線）の 5 つの発現ドメインに分けられる。ショウジョウバエ
では、脚の原基における *Dll* の発現は、胚発生の第 15 ステージで検出することができる（G）。2 齢後
半から 3 齢前半では（H）、*Dll* は中央部に発現している。*dac* の発現開始に続いて、脚円板は 3 つの個
別の遺伝子発現領域で定義される（I）。ショウジョウバエの 3 齢前半の原基（I）で観察された、遠位（*Dll*；
斜線）/中間（*Dac*；灰色）/近位（*Hth*；黒）の 3 つのドメインの特徴的なパターンは、コオロギの脚の発
達中には現れない。3 齢後期の円板（J）では、*Dll*（斜線）と *Dac*（灰色）の発現が広い領域（白色）で重なっ
ている。第 3 齢幼虫後期の段階（K）では、*Dll* 発現の近位リングが斜線で示されており、3 つのタンパ
ク質が重なり合っており、腿節近位部と転節部の領域に対応している。完全に分割された脚（E、K）
における後のパターンは、コオロギとショウジョウバエの間で類似している。（Inoue *et al.*, 2002）

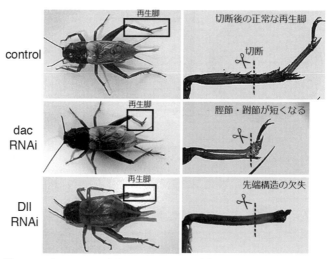

図 4-22　ダックスフンドとディスタルレス遺伝子の RNAi により、再生
した脚に異常が生じる（Ishimaru *et al.*, 2015）

るので、遺伝子名のとおり、脚が短くなる。このことから、コオロギにおいて、*dac* は少なくとも脛節や跗節の長さを決める役割があることがわかった。一方、ディスタルレス（*Distal-less*；*Dll*）については、再生した脛節の長さはほぼ再生するが、棘や、その先の跗節が正常に形成されないことがわかった。遺伝子名のとおり、先端（distal）の構造が欠失した。このような方法で遺伝子の機能を同定することができるのである（Ishimaru *et al.*, 2015）。

　一方、コオロギより進化した完全変態類のハエや蝶などの脚は、「成虫原基」から形成される。この成虫原基を紹介する。完全変態類の場合、幼虫と成虫の形態は著しく異なっており、脚の形態は幼虫と成虫で大きく異なり、翅は外部から全く認められない。この幼虫が全く異なった形態の成虫になるのは、蛹の中での出来事に秘密がある。成虫に必要な脚や翅を幼虫の体内で準備しておき、蛹の中で変身するのである。その準備している器官を「成虫原基」と呼ぶ。成虫原基は、折り畳みの傘のように、長い脚や平面的な翅を折り畳んで成長させ、蛹の中で幼虫の形から成虫の形へ変化させる。夏の朝、羽化のため蛹から出てきた蝶の翅は縮まっている。その翅の翅脈に体液が送り込まれると、折り畳まれていた翅が一気に開き、蝶の翅になる。変態が完成する感動の瞬間となる。この変態の仕組みは、既に建物などの建設に取り入れられており、インフレータブル（膨張可能な）構造と呼ばれている。

　脚の形成もこの方式を使用している。図 4-23 に、脚が形成される様子を模

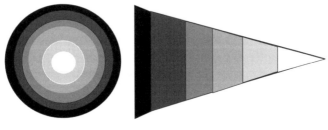

成虫原基　　　　　　　　　　　伸長した形

図 4-23　ショウジョウバエの成虫脚の形成過程のモデル
幼虫の中で成虫原基が同心円状に形成される。外の円から基節、転節、腿節、脛節、
跗節、爪。変態すると3次元の脚になる。

式的に示した。興味深いことに、井上淑子博士研究員らの研究により、脚の形
成に関わる遺伝子群とその発現パターンは、完全変態類のショウジョウバエの
成虫原基と不完全変態類のコオロギの脚で、ほぼ同じであることが解明された。
（図4-21）（Inoue *et al.*, 2002）。したがって、既知の遺伝子からタンパク質を作
るタイミングを制御している DNA 領域（シス調節領域と呼ぶ）が変化したこ
とにより、脚の形態形成の様式が変化したと考えられる。ショウジョウバエは
昆虫の中でも最も進化した種であり、コオロギのような昆虫から進化したと考
えられている。前述したように、ショウジョウバエの発生過程については多く
の研究があり、ビコイドから始まりギャップ遺伝子、ペアルール遺伝子、ホメ
オティック遺伝子などの発現により、初期の形態形成が生じることがわかって
いる。当然、コオロギもほぼ同様に発生すると考えていたが、かなり異なって
いる。それにしても、形態形成の巧妙さは自然にできたとは思えないのだが、
その進化のプロセスをさらに解明しなければならない。　　　（4.8　石丸善康）

Column

In situ hybridization

　生物学の研究で、遺伝子がどこの組織や細胞で発現しているのか？を実際の
組織などで知ることが、重要である。目的のタンパク質を抗体で検出する方法
もあるが、抗体を作製するのは時間とお金がかかる。そのため、目的遺伝子の
mRNA の存在場所を調べる方法が開発された。それが、in situ hybridization 法で
ある。mRNA を検出するには、アンチセンスの RNA を DIG と呼ばれるラベル
剤でラベルし、ハイブリ後に DIG 抗体で検出する方法がある。最近は、さらに
技術が発展しており、10x Genomics 社が発現している遺伝子を網羅的に調べる
方法を開発している。　　　　　　　　　　　　　　　　　　　　　（野地澄晴）

第5章　コオロギはどのように作られるかⅡ　幼虫‑変態‑成虫

序　コオロギ幼虫の成長：ホルモンによる制御

　ヒトの成長は、さまざまなホルモン（例えば、成長ホルモンや男性ホルモン、女性ホルモンなど）により制御されている。昆虫にも、糖尿病に関係するインスリンや性ホルモンに似たステロイドホルモンなど、ヒトと共通なホルモンが存在しており、ヒトと同様な現象がコオロギでも生じている。ここにも生物の普遍性がある。

　コオロギは、卵の中で一つの細胞から小さなコオロギができあがる。準備が完了すると孵化し、コオロギの幼虫になる(口絵(1)参照)。幼虫は、すでに小さな成虫の外見をしており、蝶の幼虫のようなイモムシやケムシではない。蝶の場合は、蛹を経て翅のある姿に劇的な変身をとげる。このような昆虫は完全変態の昆虫と呼ばれている。一方、コオロギは不完全変態の昆虫と呼ばれている。ヒトは、子供から蛹を経ずに成人になるので、不完全変態の動物である。

　また昆虫は、硬いクチクラで覆われており、それを外骨格という。外骨格の場合は、それを脱がないと成長できないので、脱皮を行う。フタホシコオロギの場合は、8回目の脱皮後に成虫になる(口絵(1)参照)。成虫とは、基本的に次の世代を残すための準備ができた状態のことを意味する。

5.1　脱皮・変態に関係する前胸腺刺激ホルモン（Prothoracicotropic hormone（PTTH））

　日本は1903年から1969年までの67年間、絹の原料となるカイコの繭の生産高は世界一であった。当初、生糸の質と量は海外と比較して劣っており、それを改良するために大学に蚕糸学を専門とした高等教育機関が設置された(伴野, 2018)。現在の東京農工大学、京都工芸繊維大学、信州大学繊維学部などである。そこで、カイコの品種改良などが行われた。2018年現在、約1900のカイコの品種が保存されている。このような歴史的背景のもとで、日本ではカイコに関する多くの研究が行われてきている。昆虫の脱皮・変態を誘導する脱皮ホルモンを合成する組織は、脳ではなく昆虫の胸部に存在し、その組織は前胸腺と名付けられている。このホルモンの合成は、脳からのホルモンにより調節されており、その名前は、前胸腺刺激ホルモンと呼ばれている。このホルモンを略して、PTTH（prothoracicotropic hormone）と呼ぶ。1940年

代に京都大学の動物発生学講座の市川衛教授は、脳で作られる PTTH が、前胸腺を刺激して脱皮ホルモンであるエクジソンを放出させるという研究成果を得ていた。しかし、第 2 次世界大戦直後、1947 年、当時の昆虫ホルモン学界の大御所ウィリアムス博士（Carroll M. Williams, ハーバード大学）に発表の段階で遅れをとり、無念の涙をのんだ。そのため、その構造決定を是が非でもわが手でという悲願を持っていた。その志を継いだのが、市川研究室の助手の石崎宏矩博士であった。石崎の父は竹内栖鳳門下の琳派の流れをくむ画人であり、画家か研究者か迷った結果の決断であった（石崎, 1995）。

　1960 年頃、このようなホルモンが脳で作られているのはわかっていたが、どのような物質なのか全く解明されていなかった。PTTH の構造を決定したのは、1973 年に名古屋大学に異動していた石崎宏矩教授と東京大学の田村三郎教授の後を継いだ鈴木昭憲教授と共同研究者らであった（Kataoka *et al.*, 1991）。その構造決定は、達成するのに 30 年かかった。なにしろ脳内のホルモンは微量（一匹のカイコに含まれるホルモンは、わずか数ナノグラム）であり、PTTH の構造を決定するために、年間 1000 万頭、延 3000 万頭以上のカイコを使用した（東京農工大学ホームページ）。当時、絹の生産をするために、農家でカイコは大量に飼育されていたから試料の入手が可能であった。石崎らは、前橋の蚕種会社から大量にもらい受けた交尾後の雄蛾をダンボールにつめ、いったん製菓会社の倉庫で冷凍し、農閑期に農家の主婦を雇ってカイコの頭を切り取って集め、そこから精製した（石崎, 1995）。最終的に 2 種類のホルモンを単離した。PTTH は分子量 2 万 2000 のペプチドで、脊椎動物の初期発生の誘導にかかわる重要な物質である成長因子と祖先を共有していた

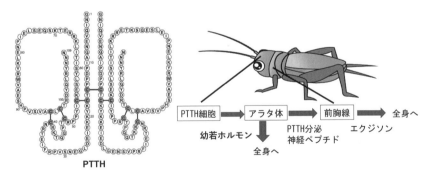

図 5-1　前胸腺刺激ホルモン（prothoracicotropic hormone；PTTH）（左）とその作用メカニズム（右）
PTTH は、光周期などの外部環境や栄養状態など内部の状態に依存して脳で作られ、アラタ体から分泌され、前胸腺に作用し、前胸腺から脱皮ホルモンのエクジソンが分泌される。一方、アラタ体からは幼若ホルモンが分泌される。PTTH の構造は許可を得て掲載（Ishizaki & Suzuki, 1994）。

（図 5-1）（Noguti *et al.*, 1995）。もう一つは、カイコの学名ボンビックス・モリにちなんで新たにボンビキシンと命名した分子量 4000 のタンパク質であり、脊椎動物のインスリンのタンパク質と高い相同性を持っていた。

　最近の研究から昆虫の脱皮ホルモン合成を制御するメカニズム（図 5-1）は、従来考えられていたよりもずっと複雑で、PTTH 以外にもさまざまな前胸腺制御因子によって精密に脱皮のタイミングが制御されていることが明らかになりつつある。現在のところ、カイコでは少なくとも 5 個の神経ペプチドが前胸腺での後述する脱皮ホルモンの合成を制御することが報告されているが、それ以外にも脱皮ホルモンの合成の制御に関わる神経ペプチドが複数存在すると推測されている。こうした複雑なメカニズムの全容を解明するためには、前胸腺に作用する神経ペプチドを全て同定することが必要である。

5.2　脱皮のタイミングや回数は 2 つのホルモンにより制御されている

　脱皮のタイミングや回数は、幼若ホルモン（juvenile hormone（JH））と脱皮ホルモン（エクジソンと活性型エクジステロイド：20E）により制御されている。これらの化学構造を図 5-2 に示す。

　なぜこのような化合物を使用するのか不明であるが、これらは脊椎動物に対してホルモン活性を示さない昆虫特有のホルモンである。そのことを利用して、類似化合物は、殺虫剤として利用されている。

　幼虫の体内で、この両ホルモンが作用すると、幼虫から幼虫への脱皮が行われる。成虫になる場合には、最後の幼虫脱皮後に、幼虫状態を維持する幼若ホルモンが分泌されなくなると、成虫へと変態する。実は、このホルモンの関係は、完全変態の昆虫も同じで、幼若ホルモンが出ない場合は、幼虫から蛹になる（Dubrovsky, 2005）。実際、人為的に両方のホルモンを作用させる

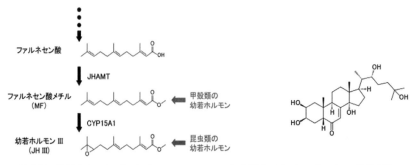

図 5-2　幼若ホルモン（JH）（Miyakawa H. e., 2013）と脱皮ホルモン（20E）の化学構造

と、過剰に脱皮を繰り返す。その結果、巨大サイズの成虫へと劇的に変化する。逆に、人為的に幼若ホルモンを無くすと、脱皮数が減少し、早熟で変態し、体サイズが小さい成虫となる。後に紹介するが、コオロギの場合もそれを実際に観察することができる。

幼若ホルモンは頭部にあるアラタ体と呼ばれる分泌器官で合成後、分泌され、変態や性成熟などの生理現象の調節に関わる重要なホルモンである。これらのホルモンの研究には、長い長い歴史がある。1934 年、幼若ホルモンを最初に発見したのはウィグルスワース（Vincent Wigglesworth）である。彼は、カメムシ目昆虫であるサシガメの一種を用いた実験により、幼虫が成虫へ変態するための体液因子として幼若ホルモンの存在を示した。サシガメには吸血性のものがあり、シャーガス病の原因となるクルーズトリパノソーマという寄生虫のキャリアなので、研究されていたと推測している。しかし、このようなホルモンの研究の中心にはカイコがいる。

カイコは絹を産生する昆虫で、シルクロードで知られているように、古くから重要な昆虫であった。カイコは人により家畜化され、野性のカイコ蛾（クワコ）とは異なった昆虫になっている。5 千から 6 千年前の中国において、人は野生のカイコを経験的に家畜化したのであろう。日本にカイコが入ってきたのは弥生時代らしい。1862 年には日本の輸出品の 86％が生糸関連の製品になるまでに成長した。日本は国をあげて養蚕に力を入れ、品種改良などを積極的に支援した。その結果、優良な絹糸を開発でき、世界の市場に挑戦することができた。このような開発過程で、カイコが脱皮し、蛹に対応する繭を作る過程を観察し、交配により新品種を開発する過程で、カイコの生物学も飛躍的に発展した。その一つが、繭の形成を支配するホルモンの研究であった。

（1）幼若ホルモン（JH）

幼若ホルモンは、米国のハーバード大学のウィリアムス博士（Carroll M. Williams）によって 1956 年に北米産ヤママユガのオス蛾の腹部から抽出された（Williams, 1958）。腹部？と違和感を覚えた読者は鋭い。そもそも幼若ホルモンは頭部のアラタ体に存在するはずである。実は、ヤママユガのオス蛾は、アラタ体から産生された幼若ホルモンを腹部に貯めるのであるが、その理由は不明である。メスは貯めない。ウィリアムスらは、通常は微量のホルモンを精製するのに多量の昆虫を必要とするが、ヤママユガのオス蛾の腹部から、比較的簡単に幼若ホルモンを精製できた。ウィリアムスらは、幼若ホルモン

を用いて小さな蛾と巨大な蛾を作った。その後、1967年、ウィスコンシン大学（University of Wisconsin）のローラー博士（Herbert Röller）らは、蛾の一種であるセクロピアサンより幼若ホルモンⅠの構造を決定し、他の動物にみられないセスキテルペノイド系構造であることを初めて明らかにした（Röller *et al.*, 1967）。一方、エビ・カニ・ミジンコなどの甲殻類では、幼若ホルモンⅢの前駆体であるファルネセン酸メチル（Methyl farnesoate；MF）（図5-2）を幼若ホルモンとして使用している（Laufer *et al.*, 1993）。しかし、基本的なメカニズムは同じである（Miyakawa *et al.*, 2013）。

　このホルモンは全身の細胞に行き届くが、幼若ホルモンと結合できる受容体を持っている細胞がホルモンの標的細胞となる。1998年、コロラド州立大学のウィルソン博士（Thomas G. Wilson）らにより、basic helix–loop–helix (bHLH)-PAS ファミリーに属するメット（Methoprene-tolerant；Met）が単離され、2011年にチェコ科学アカデミーの生物学センターのジンドラ博士（Marek Jindra、Biology Centre CAS）らによって幼若ホルモンの受容体であることが示された。Met が幼若ホルモンと結合すると、細胞の核に入り、ステロイド受容体共活性化因子（Steroid receptor coactivator；SRC）というタンパク質と結合してヘテロ二量体を形成し、直接 DNA 上の幼若ホルモン応答配列（JH response element；JHRE）に結合して遺伝子の発現を調節する（図5-3）（Zhang *et al.*, 2011）。このような受容体を核内受容体と呼んでおり、ヒトの性ホルモンなどもこのような核内受容体を介して、例えば男性ホルモンであれば、男性を特徴付ける遺伝子を発現する。

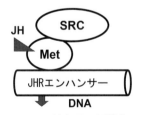

Kr-h1遺伝子の活性化

図5-3　幼若ホルモン（JH）の作用メカニズム
JH は幼虫が成虫や蛹に変態することを抑制している。JH はその受容体（Met）に結合し、核内に移行するとステロイド受容体共活性化因子（steroid receptor coactivator；SRC）とヘテロ二量体を形成し、標的遺伝子（例えば、クリュッペル相同体1；*Kr-hl*）のエンハンサーに結合し、その遺伝子の転写を促進する。

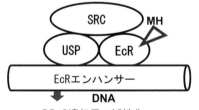

BR-C遺伝子の活性化

図5-4　脱皮ホルモン（moulting hormone；MH）の作用メカニズム
脱皮ホルモン（活性型エクジソン（20E））は、その受容体（ecdysone receptor；EcR）に結合してウルトラスピラクル（Ultraspiracle；USP）とヘテロ二量体を形成し、核内に移行すると SRC と三量体を形成して、ブロード複合体（Broad-complex；Br）などの遺伝子の転写を促進し、脱皮に導く。

　2009年に、農業生物資源研究所の篠田徹郎博士は、トリボリウムという昆虫のクリュッペル相同体1（*Krüppel homolog 1*；*Kr-h1*）遺伝子が、幼虫の形態を維持するために必須な因子の一つであることを発見した（Minakuchi *et al.* 2009）。幼若ホルモン（JH）は、その受容体メットを介してクリュッペル相同体1の発現を誘導することで、幼虫から蛹への変態を抑制している。

　幼虫から幼虫の脱皮を繰り返す成長期では、幼若ホルモンが高濃度で存在している。一方、終齢幼虫になると、幼若ホルモンが消失し、完全変態の昆虫では蛹になり、不完全変態の昆虫では成虫に変態する。幼若ホルモンがないと、クリュッペル相同体1の発現が顕著に低下することで変態が誘発される。

　一方、エビ・カニ・ミジンコなどの甲殻類では、幼若ホルモン（JH Ⅲ）の前駆体であるファルネセン酸メチル（Methyl farnesoate；MF）（図5-3）を幼若ホルモンとして使用している（Laufer *et al.*, 1993）。しかし、基本的なメカニズムは同じである（Miyakawa *et al.*, 2013）。

(2) 脱皮ホルモン（活性型エクジソン；20E）

　1937年頃のイギリスやフランスで、カイコの頭部のアラタ体において、幼若ホルモンが合成・分泌され、繭の形成に関与していることが発見された。カイコの幼虫において、アラタ体を外科的に除去すれば、通常よりも早期に繭を作ることが発見されている。日本でも研究が進展し、1939〜1941年に室賀兵左衛門博士と福田宗一博士により、幼若ホルモンが前胸腺に作用し、そこから脱皮ホルモンが出て、脱皮が生じることを発見した。脱皮ホルモンの構造を決めたのは、ドイツのブテナント博士（Adolf Butenandt）とカールソン博士（Peter Karlson）（1954）である。彼らはホルモンを抽出するため、日本からカイコの繭500 kgを輸入し、各種有機溶媒を用いて、最終的に250 mgの結晶を得た。このホルモンは脱皮（ecdyse）を誘導するところからエクジソン（Ecdysone）と命名された。

　エクジソンは、前胸腺から分泌された後、やはり体内に行き渡る。標的細胞に到達すると水酸化と呼ばれる化学修飾を受けて、活性型の脱皮ホルモン（活性型エクジソン；20-Hydroxyecdysone；20E）になる。このホルモンも核内受容体を介して、脱皮に関する遺伝子の発現を制御する。これらのホルモン作用の研究は、ショウジョウバエ、カイコや蝶などの完全変態の昆虫で盛んに行われてきた。同様なホルモンによる調節は、フタホシコオロギなどの不完全変態の昆虫でも同じである。昆虫の進化の過程では、不完全変態類から

完全変態類に進化したと考えられている。

活性型エクジソン（20E）は、エクジソン受容体（ecdysone receptor：EcR）と結合した後、ウルトラスピラクル（ultraspiracle：USP）と結合してヘテロ二量体を形成する。これを 20E/EcR/USP 複合体と呼ぶ。この複合体が核内に移行した後、SRC と三量体を形成して標的遺伝子のプロモーター領域にあるエクジソン応答配列（ecdysone response element：EcRE）に結合し、標的遺伝子群を活性化する（図 5-4）。標的遺伝子は、後に説明するブロード複合体（*Broad-Complex*：*Br*）や E93（*Ecdysone-induced protein 93F*）などのエクジソンに関係する遺伝子である。　　　　　　　　　　（序〜5.2　野地澄晴）

5.3　コオロギの変態のメカニズム：幼虫から成虫への遷移

大発見は予期せぬ時にやってくる。例えば、抗生物質の発見である。最初の抗生物質は 1929 年、イギリスのフレミング博士（Alexander Fleming）によって偶然発見された。ブドウ球菌を培養した寒天培地を廃棄するために、流しにしばらく置いていた。それを処理しようと、シャーレの中を見ると、アオカビが生えていた。カビが生えるまで置いておくとは‥、通常、このようなシャーレは早急に処理しなければならない。ところが、アオカビのまわりにはブドウ球菌が生えていないことに気づいた。アオカビの 1 種 *Penicillium notatum* が入り込んでいたのだ。それを見たフレミングは、瞬時にその意味を理解する：アオカビがブドウ球菌を殺す物質を分泌している。つまり、抗生物質の発見である。これがペニシリンの発見のキッカケだが、この抗生物質の発見前には、結核は死にいたる感染症として恐れられ多数の犠牲者を出していた。この抗生物質の投与により、結核は治る病気となり死亡者は激減した。このような偶然の発見をセレンディピティと呼ぶ。多くの大発見はセレディピティによる。

2016 年、筆者（石丸）は、2 回のセレンディピティを経験した。これは幸運ではなく、努力の結果である。1 回目の大発見は、筆者がまだ大学院生だった 1998 年のことである。偶然、身体の左右を決める転写制御の遺伝子 *Pitx2* を世界で初めて発見し、Cell 誌に発表した（Yoshioka *et al.*, 1998）。

2 回目のセレンディピティは、コオロギの脚の再生研究を行っている時に生じた。この脚の再生の研究については、6 章で紹介するが、再生をコントロールしている物質を探す実験を行っていた。その物質の候補は、TGFβ（Transforming growth factor β）スーパーファミリーと呼ばれるタンパク質の集団であった（表 5-1）。そのファミリーは多くのメンバーで構成されており、

表 5-1　TGFβ スーパーファミリー

TGFβ ファミリー	BMP ファミリー	GDF ファミリー	Activin ファミリー	AMH	昆虫の因子
TGFβ1	BMP1	GDF1	Inhibinα	AMH	dpp
TGFβ2	BMP2	GDF2	InhibinβA/Activin		Gbb
TGFβ3	BMP3	GDF3	InhibinβB/Activin		Screw
	BMP4	GDF4	InhibinβC		Maverick
	BMP5	GDF5	InhibinβE		
	BMP6	GDF6/BMP13	Nordal		Myo/GDF8
	BMP7	GDF7/BMP12			Actibinb
	BMP8A	GDF8/Myostatin	Lefty1		Dawdle
	BMP8B	GDF9	Lefty2		
	BMP9	GDF9b/BMP15			
	BMP10	GDF10/BMP3b			
BMP15		GDF11			
		GDF15			

TGFβ；Transforming Growth Factor-β：トランスフォーミング増殖因子
BMPs；Bone Morphogenetic Proteins：骨形成タンパク質
GDF；Growth differentiation factors：成長分化因子
Activin：アクチビン、Inhibin：インヒビン、Nordal：ノーダル、Lefty：レフティー
AMH（anti-Müllerian hormone：抗ミュラー管ホルモン）
dpp；decapentaplegic, Gbb；Glass-bottom boat, Myo；Myoglianin：マイオグリアニン
引用：Hinck *et al.*, 2016; Upadhyay *et al.*, 2022

ヒトにおいても重要な役割を担っている。例えば、昭和薬科大学の伊東進教授は、TGFβ ファミリーと疾患との関係を研究している（伊東, 2020）。彼は、研究室のミッションを次のように書いている。「TGFβ は、多彩な機能を持つサイトカインで、その生理作用は細胞増殖、細胞死、細胞分化、免疫調節、細胞運動等多岐に及んでいます。そのため、TGFβ ファミリーシグナルに関与する分子の遺伝子異常は、さまざまな疾患を引き起こします。私達は、TGFβ シグナルの異常により引き起こされる疾患の分子メカニズムを解明することで、くすりの開発を通じて人間社会に少しでも貢献できるよう、日夜頑張っています。」

　昆虫の TGFβ ファミリーは、ヒトほど多くはなく、7～9 種類のファミリー分子から構成されている。どの種類が再生に関係しているか不明なので、筆者の取った戦略は、「総て調べてみる」であった。調べる方法は、8 章で紹介する RNAi 法を用いて、遺伝子の働きを抑制する手法であった。この方法はコオロギにおいては奇跡的に勘弁な方法で、研究動物としてコオロギの価値を 100 倍程度向上させた方法である。この実験を行っている時に、筆者は奇妙な現象に出会った。表 5-1 に示した TGFβ ファミリーの一つである GDF8/マイオスタチン（Myostatin）に相当するコオロギの因子を抑制して、脚を切って再生への影響を観察していた。

　この GDF8/ マイオスタチンは、非常にユニークな性質を持ったタンパク質で、野地研究室でマウスを用いてその機能の研究を行っていた。マイオスタチンは、1997 年にリー博士（Se-Jin Lee）と同研究室のマックフェロン博士（Alexandra C. McPherron）らによって発見された（McPherron *et al.*, 1997）。リーらは、当時 TGFβ ファミリーの新規のメンバーを探す目的で、遺伝情報だけに基づき、DNA 断片を増幅する PCR 法を用いて、遺伝子の探索を行った。その結果、8 番目に単離された新規遺伝子を、*GDF8*（成長分化因子 8）と名付けていた。単に遺伝子情報に基づき遺伝子を単離したため、TGFβ ファミリーに属すること以外の情報は全く不明であった。そこで、リー博士は、マウスの *GDF8* 遺伝子をノックアウト（遺伝子を働かないように操作）してみた。例えば、4 章で紹介した *Pax6* 遺伝子の場合、その遺伝子をノックアウトすると、眼が無くなるか小さくなるので、眼の形成に関係していることがわかった。通常、このような実験の場合、多くの遺伝子はファミリーを形成し、表 5-1 に示すように似たような遺伝子が存在するので、機能の補完が生じ、明確な変化が見られないことが多い。しかし、*GDF8* のノックアウトマウスの場合、幸運なことに、そのマウスを見た瞬間に何が生じているかわかった。そのマウスは筋肉がボディービルダーのようにマッチョであった。*GDF8* は筋肉の形成を抑制する働きを持っていて、それが無くなると、筋肉が増加するのである。それで、マイオスタチンと名付けられた。ヒトの場合、マイオスタチンは主に骨格筋で合成され、骨格筋の増殖を抑制するが、血中のマイオスタチン濃度が低下すると、筋肉量が増加して、体脂肪が減少する。逆に、濃度が上昇すると、筋肉量が減少する。ヒトにおいても高齢者における筋肉量の減少（サルコペニア）に関わっていることが報告されている（Yarasheski *et al.*, 2002）。また、血中マイオスタチン濃度は有酸素運動によって低下すること、運動不足なるとインスリンが働かなくなり、糖尿病になることにも関わっていることが示唆されている（Hittel *et al.*, 2010）。

　ショウジョウバエにもマイオスタチンと相同なタンパク質がある。それは、1999 年に米国のマウント・サイナイ医学校のフラシュ博士（Manfred Frasch）の研究室で発見され、マイオグリアニン（*Myoglianin*）と名付けられた（Lo & Frashch, 1999）。これは、マイオスタチン / GDF8）とその近縁関係である *GDF11* にも似ていた。しかし、その作用については解明されていなかった。その後、マイオグリアニンは、発生の初期から成虫になるまで、非常に重要な役割を担っていることが報告された。例えば、筋肉から産生されるマイオグリ

アニンは、ハエの寿命を延ばすことが報告されている（Demontis *et al.*, 2014）。

コオロギに戻ろう。コオロギのマイオグリアニンの働きを RNAi 法により抑制し、再生への効果を調べた時に、コオロギが変態せず、成虫にならないで脱皮を継続していることに気が付いた。以前に紹介したように、歴史的には変態と幼若ホルモンの研究はカイコを用いて精力的に行われていた。しかし、幼若ホルモンとマイオグリアニンの関係については全く情報がなかった。大発見の予感があった。

5.4 幼若ホルモンの生合成に関わる TGF-β シグナルの機能

幼若ホルモン JH は幼虫から蛹または成虫への変態を抑制する作用を持つホルモンで、昆虫にとって最も重要なホルモンの一つである。前述したように、外部からの処理によって、幼若ホルモンの活性が継続して作用すると、幼虫は成虫にならずに過剰に脱皮を繰り返し、最終的に巨大サイズの成虫へと劇的に変化する（図 5-5）。一方、幼若ホルモンの作用を阻害すると、成虫になるまでの脱皮数が減少し、体のサイズが小さい成虫となる。これを早熟変態と呼んでいる。

幼若ホルモンを活性化するため、その生合成経路の最終ステップでは、幼若ホルモン酸メチル基転移酵素（juvenile hormone acid methyltransferase；JHAMT）とエポキシダーゼ（Cytochrome P450:CYP15A1）が働いている。これらの酵素は、2003 年にカイコで篠田徹郎博士（当時、独立行政法人農業技術研究機構野菜茶業研究所）らにより初めて同定された（Shinoda & Itoyama, 2003）。この酵素がないと幼若ホルモンは活性化されない。カイコでは、*JHAMT* が脳後方にある内分泌腺の一つであるアラタ体で継続して発現していて、活性型の幼若ホルモンを合成している。蛹や成虫になる前の終齢幼虫では、この酵素量が著しく減少するために幼若ホルモンの合成が停止し、その結果、変態が誘導される。したがって、*JHAMT* 遺伝子の発現を抑えることが、昆虫の変態に必須なスイッチとなる。しかし、終齢幼虫で、なぜこの遺伝子の発現が抑制されるかは、これまで全く謎のままで、その分子メカニズムを解

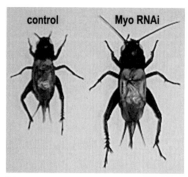

図 5-5 マイオグリアニンの RNAi により、幼虫の過剰脱皮が生じて大きなコオロギになる（右）

明することは、昆虫の変態制御を理解する上で極めて重要な課題であった。

　2011 年、完全変態類のショウジョウバエを用いた研究で、TGF-β スーパー ファミリーに属するデカペンタプレジック（*Decapentaplegic*；*Dpp*）のシグナ ル経路が、神経伝達物質であるグルタメイトにより刺激され、*JHAMT* 遺伝子 の発現に関与することが報告された（Huang *et al.*, 2011）。一方、筆者らもコ オロギ幼虫の頭部およびアラタ体で、*Dpp* が継続的に発現していることを発 見した（図 5-6A）。

　そこで、Dpp シグナルが *JHAMT* の発現に影響するのか調べるために、 Dpp のシグナル伝達因子としてマザーズアゲンストデカペンタプレジック （*Mothers against dpp*；*mad*）が関与していることが知られていたので、コオロ ギの若齢（3 齢または 5 齢）幼虫で、*mad* の機能を RNAi により抑制してみた。 すると、本来は終齢（8 齢）幼虫から成虫に変態するはずが、6 齢幼虫から早 熟変態して、体サイズが小さい成虫となった（図 5-6B）。これらの RNAi 個体 では、*JHAMT* の発現量が減少していて、幼若ホルモンの濃度も著しく低下し ていた。さらに、シグナル経路のリガンド（*Dpp* と *Glass bottom boat*；*Gbb*） およびタイプ I 受容体（*Thickveins*；*Tkv*）の RNAi 解析でも同様に、*JHAMT* 発現と幼若ホルモン量が減少するために、早熟変態を引き起こした。

　これらのことから、幼虫の成長段階である若齢期では、Dpp/Gbb シグナル が *JHAMT* の継続的な発現を引き起こすことで、幼若ホルモンの合成スイッチ が ON となり、早熟的な変態が起こらないようにしていることが明らかとなっ た（図 5-6D）（Ishimaru *et al.*, 2016）。

　さらに、先に紹介したように、脊椎動物のマイオスタチン / GDF8 / GDF11 に相同であるマイオグリアニン（*Myoglianin*；*Myo*）が、コオロギの変態に重 要な役割を果たしていることを発見した。

　アラタ体におけるマイオグリアニン遺伝子の発現は、幼虫の各齢期で上昇 と下降を繰り返しながら、成虫直前の終齢幼虫で発現のピークを向える（図 5-6A）。この発現変動は、JHAMT の発現でも見られる。3 齢幼虫で行ったマ イオグリアニンシグナル経路（リガンド "*Myo*"、タイプ I 受容体 "*Baboon*； *Babo*"、伝達因子 "*Smox*"）の 3 齢幼虫で RNAi 解析では、過剰な幼虫脱皮が 繰り返され、若齢幼虫の形質を長期間維持した（本来 3 齢→ 4 齢→ 5 齢の脱 皮に対し、3(1) 齢→ 3(2) 齢→ 3(3) 齢→ 4(1) 齢→ 4(2) 齢→ 4(3) 齢→ 5 齢の過剰 脱皮）。一方、5 齢幼虫で RNAi を行った場合、6 齢幼虫まで脱皮するが、そ れ以降は脱皮しないで（5(1) 齢→ 5(2) 齢→ 6 齢で脱皮終結）、若齢幼虫のまま

に留まり、成虫に変態できなかった（図 5-6C）。この RNAi 個体の過剰脱皮と
幼虫形質の維持は、*JHAMT* 発現と幼若ホルモン量の顕著な増加によって生じ
た結果であった。つまり、*JHAMT* 発現を誘導し、幼若ホルモンの合成スイッ
チを ON にして変態を抑制する Dpp/Gbb シグナルに対して、マイオグリアニ

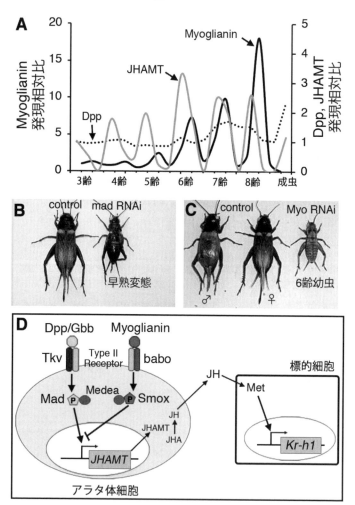

図 5-6　Dpp/Gbb およびマイオグリアニン（Myoglianin；Myo）シグナルがフタホシコオ
ロギの JHAMT の発現制御と変態に及ぼす影響
A: コオロギ頭部における Myo、Dpp、JHAMT 遺伝子の継時的な発現変動。黒色曲線は Myo、点曲
線は Dpp、灰色曲線は JHAMT の発現を示す。B: 右側が早熟変態した *mad* RNAi の成虫個体（メス）。
左側は正常なコオロギ成虫（メス）。C: 右端が過剰脱皮した *myo* RNAi の 6 齢幼虫。左端（♂；オス）
と中央（♀；メス）は同時期の正常なコオロギ成虫。D: アラタ体細胞において JHAMT の発現制御
に関与する Dpp/Gbb および Myoglianin シグナル経路の模式図。Medea は受容体の刺激依存性に特
異型 Smad（Mad もしくは Smox）と複合体を作る共有型 Smad である。　　　（Ishimaru *et al.*, 2016）

ンのシグナルが、合成スイッチを OFF に抑制すると、変態が誘導される。コオロギが成虫に変態するかを決めるオンとオフ両方の仕組みを明らかにした（図 5-6D）（Ishimaru *et al.*, 2016）。

　マイオグリアニンのシグナル経路による *JHAMT* の発現抑制のメカニズムは、他の不完全変態昆虫であるゴキブリや、完全変態昆虫のタバコスズメガとトリボリウムでも共通であることが近年報告された（Kamsoi & Bellés, 2019; He *et al.*, 2020）。さらに、マイオグリアニンの機能は幼若ホルモンだけでなく、前胸腺において脱皮ホルモンの生合成の制御にも関与することが示唆されている（Kamsoi & Bellés, 2019）。2020 年、筆者はマイオグリアニン遺伝子のノックアウトコオロギの系統作製に成功しており、今後さらなる解析を進めることでマイオグリアニン・シグナル経路が制御するエクジソン生合成と脱皮の詳細な分子機構の解明を目指している。

5.5　昆虫変態に関わる分子メカニズムの進化

　ブロード複合体（*Br*）遺伝子は、ショウジョウバエやカイコの蛹への変態に必須の遺伝子である。終齢幼虫の後期（前蛹と呼ぶ）で一過的に生じるブロード複合体遺伝子の発現は、蛹の形成に不可欠であるが、逆に、蛹でそのブロード複合体遺伝子の発現が抑制されると、蛹から成体への適切な移行が可能となる（Suzuki *et al.*, 2008）。一方、蛹の時期を持たないカメムシやゴキブリにおいては、ブロード複合体遺伝子が、胚期および幼虫期を通して継続的に発現しており、終齢幼虫になりその発現が消失すると成虫に変態する。また、Prpsqueak（Psq）モチーフを含む helix-turn-helix（HTH）転写因子をコードする *E93*（*Ecdysone-induced protein 93F*）遺伝子は、脱皮ホルモンの 20E シグナルの下流で機能する遺伝子として同定された（Ureña *et al.*, 2014）。ゴキブリの終齢幼虫やトリボリウム、ショウジョウバエの蛹で *E93* が枯渇すると、成虫への変態が阻害されることから、E93 は成虫化決定因子として機能し、さらにクリュッペル相同体 1 と E93 は相互に抑制し合っている。

　スペインのバルセロナに昆虫を研究している研究者がいる。一人は、ベレ博士（Xavier Bellés）である。彼は、ゴキブリを用いて変態の研究を行っている。彼とサントス（Carolina G. Santos）は、上述の幼若ホルモンと脱皮ホルモンの下流遺伝子が関わる「MEKRE93（Met-Kr-h1-E93）経路」を提唱し、昆虫種間でこの経路は高度に保存されている（Bellés & Santos, 2014）。幼若ホルモンは、その受容体 Met を介してクリュッペル相同体 1（*Kr-h1*）の発現を誘導し、

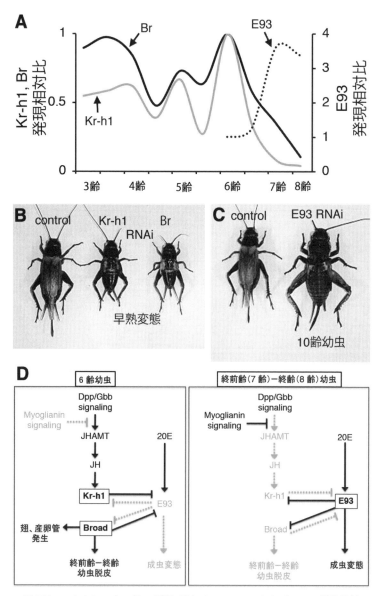

図 5-7　フタホシコオロギの変態に関わる *Kr-h1*、*Br* および *E93* の機能解析
A: コオロギにおける *Kr-h1*、*Br*、*E93* 遺伝子の継時的な発現変動。灰色曲線は *Kr-h1*、黒色曲線は *Br*、点曲線は *E93* の発現を示す。B: 早熟変態した *Kr-h1*（中央）と *Br*（右端）RNAi の成虫個体（メス）。左端は正常なコオロギ成虫（メス）。C: 右側が過剰脱皮した *E93* RNAi の 10 齢幼虫（メス）。左側は正常な成虫（メス）。D: コオロギの変態を制御する分子メカニズムの模式図。灰色はその遺伝子と経路が機能しないことを、黒色は機能していることを表す。
(Ishimaru *et al.*, 2016)

クリュッペル相同体1が E93 の発現を抑制することにより、成虫変態を抑制している。この MEKRE93 経路は、ゴキブリからハエに至るまで、さまざまな昆虫種で成体の形態形成のオンとオフを切り替える幼若ホルモンの作用の中心であると考えられる。

　筆者（石丸）らは、コオロギについてクリュッペル相同体1、ブロード複合体 Br と E93 の機能解析を行った。コオロギは、孵化後7回の幼虫脱皮を経て、終齢（8齢）幼虫から成虫へと変態する。クリュッペル相同体1とブロード複合体は6齢幼虫で発現量のピーク値を示した後、終前齢（7齢）で著しく発現が減少する（図 5-7A）。一方、E93 は終前齢で発現ピークを迎える（図 5-7A）。

　そこで、クリュッペル相同体1またはブロード複合体の RNAi を5齢幼虫で行った結果、本来発現しない6齢幼虫において E93 の発現が早期に誘導され、6齢から早熟変態を引き起こし、体サイズも矮小化された（5齢→6齢→成虫の早熟変態）（図 5-7B）。一方、E93 の RNAi では、終前齢で減少するはずのクリュッペル相同体1とブロード複合体の発現が、高いまま維持されており、成虫への変態が抑制され、幼虫の過剰脱皮を繰り返して巨大化した（8齢→9齢→10齢→11齢の幼虫過剰脱皮）（図 5-7C）。したがって、クリュッペル相同体1とブロード複合体が、E93 の発現を抑制することで、6齢から終前齢—終齢への正常な幼虫脱皮が可能となり、逆に、終前齢—終齢幼虫では、E93 がクリュッペル相同体1とブロード複合体の発現を抑制することが成虫化に必須であることが明らかとなった（図 5-7D）（Ishimaru et al., 2019）。

　この研究により、完全変態で働くクリュッペル相同体1、ブロード複合体、

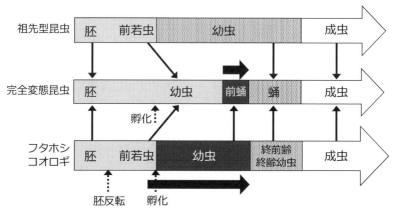

図 5-8　祖先型昆虫、完全変態昆虫、フタホシコオロギにおけるステージ対応の仮説（石丸ほか, 2019）。

E93 による 2 段階（「終齢幼虫→蛹」と「蛹→成虫」）の抑制的な相互機能が、不完全変態でも同様に 2 段階（「若齢幼虫→終前齢—終齢幼虫」と「終齢幼虫→成虫」）で働いていることが明らかになった。筆者らは、この進化的に保存された分子メカニズムの作用する時期にもとづき、不完全変態昆虫の終前齢 - 終齢幼虫期が蛹の時期に相当するという新たな仮説をコオロギで提唱した（図 5-8）。

　このように、変態のプロセスは完全変態昆虫と不完全変態昆虫で大きく異なっているにも関わらず、そのプロセスを制御する分子メカニズムはよく保存されていることがわかってきた。それならば、不完全変態型から完全変態型への遷移においては、どのように分子メカニズムが進化したのであろうか。この謎を解明する鍵は、蛹形成に必須のブロード複合体 *Br* 遺伝子と考えられる。実際、完全変態昆虫と不完全変態昆虫を比較してブロード複合体は全く異なる発現様式を示している（図 5-8、太い矢印）。さらに、ブロード複合体にはアイソフォームが複数存在することが報告されており、進化的背景を考慮した昆虫の系統樹に従ってアイソフォームの数も異なっている（ほとんどの完全変態類は 4 つ、一部の完全変態類は 5 つ、不完全変態類コオロギ、ゴキブリ、カミキリは 6 つのアイソフォームが存在）。これらの知見は、蛹の起源解明の手がかりとなるであろう。今後さらに解析を進めれば、ブロード複合体の遺伝子進化がもたらす蛹の形成と進化の謎を解明できるものと期待される。　　　　　　　　　　　　　　　　　　　（5.3〜5　石丸善康）

5.6 「ヒトの不完全変態」の制御について

　フタホシコオロギを用いた徳島大学の最近の研究から、変態をコントロールするために必須である幼若ホルモンの生合成制御に、2 つの TGF-β シグナル経路が関与していることが解明された。そのキーになる因子は、デカペンタプレジック（*Dpp*）とマイオグリアニン（*Myo*）であり、それぞれ変態の抑制と誘導に働いている。これらのタンパク質因子は、それぞれ脊椎動物の骨を誘導するタンパク質である骨誘導因子 BMP と筋肉の形成を抑制するマイオスタチンと近縁関係にあり、相同因子と呼んでいる。ヒトに存在するこれらの因子は、ヒトの変態に関係しているのではないだろうか。

　ヒトも昆虫と同様に変態して成人になる。「変態になる人」の話ではなく、「ヒトの変態」とは、生物的に成人になることを意味する。昆虫の場合は脱皮という過程があるので、成虫になる過程が不連続である。一方、ヒトは脱皮しないので、成人になったかどうか明確には判らないが、例えば身長や体重の増加曲

線を見ると、通常、明らかに18歳頃で成長は止まる。その時が、骨と筋肉の成長が止まり、ヒトが変態し成人になった時と定義できる。どのようにして成長を止めているのであろうか？　コオロギの成虫化を決める因子がヒトにも存在するので、そのヒトの因子はヒトの変態に関与していると予想される。

　昆虫の変態を抑制しているのは *Dpp* で、これに対応するヒトの遺伝子は骨を誘導する因子 *BMP* であり、骨の成長を促進している。一方、昆虫で変態を誘導するのはマイオグリアニンで、ヒトのマイオグリアニンはマイオスタチンであり、この因子が作用すると筋肉の形成が抑制される。これらの因子やそのファミリー因子の生体内での作用は多様かつ複雑で、ヒトの変態にどのように関係しているかはまだ明確になっていない（岸上・三品, 2002）。

　最近、GDF11/BMP11 が、若返りを可能にするかもしれないという論文が発表されている。その研究は、1950年代後半から1960年代にかけて行われた並体結合（parabiosis）と呼ばれる実験結果に基づいている。例えば、若いネズミと年寄りのネズミの血液を入れ換えて老化への影響をみるグロテスクな実験である。このような実験を年齢が異なる並体結合（heterochronic parabiosis）と呼ぶ。その結果は、極端に表現すれば、年寄りのネズミは若返り、寿命が延びるのである。つまり、若いネズミの血液中には、若返らせ、寿命を延長させうる因子が存在することを意味する。さらに、カロリー制限を実施したネズミは、食事を自由にしたネズミより老化が進まないことが知られているが、並体結合実験から、食事を自由にしたネズミの老化が進まなくなったので、やはり血液中に若返りに必要な因子があると推測された。このような結果は、多く報告されており、若い動物の血液に含まれる何らかの成分が、若返りを可能にすることは事実である。もしそのような物質を発見すれば、若返りの薬、つまりヒト幼若ホルモンの開発にも繋がるであろう。実は、既にこのような老化を促進あるいは抑制する因子として、さまざまな物質が報告されている（Frazer, 2014; 新村, 2016）。例えば、カチンパルディ博士（Lida Katsimpardi）らによると、*GDF11 / BMP11* はその一つである（Katsimpardi *et al.*, 2014）。したがって、昆虫もヒトも *Dpp / BMP* とマイオグリアニン（*Myo*）/ マイオスタチン / *GDF11* が「変態」をコントロールしているのかもしれない。変態しなければ、何時までも若さを保つことが可能となる。つまり、不老を意味する。

（5.6　野地澄晴）

第6章　コオロギの切断された脚の再生メカニズム
─ 自然免疫が関係 ─

序　コオロギの切断された脚は再生する

　ヒトの体は、多くの部分が一定期間毎に、作り変えられている。古くなった家の一部を新品に作り直すように、ヒトの体も作り変えられている。つまり、再生されている。例えば、皮膚が約1ヵ月、血液は約3ヵ月、硬い骨でさえ約10年で再構築されると言われている。どのように新しいものができるのであろうか？　その中心を担っているのが、「幹細胞」である。どのような細胞でも作り出すことのできる「幹細胞」を「多能性幹細胞」（Pluripotent Stem Cell）と呼ぶ。このような細胞を人工的に作製できる方法を発見したのが、京都大学の山中伸弥教授である。そのような細胞を「人工的に誘導された多能性幹細胞」つまりiPS細胞と名付けた。山中教授はこの功績により、2012年ノーベル医学・生理学賞を受賞した。同時受賞したのは、ガードン博士（Sir John Bertrand Gurdon）であった。ガードン博士は、カエルの体の細胞の核を、無核の未受精卵に移植すると、その細胞が受精卵の状態になることを発見した。極端な表現をすれば、若返る方法を発見したのである。これらの研究結果は、ヒトの再生の研究に結び付き、また、若返ることができることを証明したのである。

　iPS細胞などの多能性幹細胞から、組織幹細胞を作ることができる。例えば、皮膚の細胞は皮膚幹細胞から新しく作られるので、皮膚の再生が可能である。現在、この組織幹細胞を用いた皮膚や毛髪などの再生医療や加齢を予防するための治療などが注目されている。しかし、その再生のメカニズムは実は良く解明されていない。そのメカニズムが解明されると、臓器などを含めてさまざまな再生医療が可能になり、多くの患者が救われることになる。つまり、電気製品などで、古くなった部品や、故障した部品を取り換えて再生するように、ヒトでもそれを可能にする医療、それが再生医療である。

　われわれの身体において、皮膚などの再生の現象は常時生じているが、例えば、交通事故などで腕や下肢を失うと再生することはない。ところが、イモリやサンショウウオという動物は、脚や心臓が切られても再生する能力を持っている。コオロギの幼虫も脚が切られても再生する（口絵(8)参照）。脚の再生が生じる前に、一度幹細胞の状態に戻らないと新規の組織を形成するこ

とができない。

　2014 年、神戸市の理化学研究所において、刺激惹起性多能性獲得（STAP）
細胞を発見したと報告されたが、結局捏造であったと結論されている。一連
の事件で、笹井芳樹博士が亡くなられた。彼は、発生生物学で重要な発見を
次々していたし、他の分野の発展にも貢献していたので、非常に残念であり、
彼の冥福を心から祈る。実は「STAP 細胞はある」かもしれない。コオロギの
脚の再生に限らず再生現象においては、再生の初期は幹細胞の集合体である
再生芽が形成される。この再生芽はどのようにして形成されるのであろうか？
2 つの説があり、（1）分化した細胞が、幹細胞に脱分化（若返り）し再生芽を
形成する。（2）脚には至る所に幹細胞が存在しており、その細胞が傷口に集
まって再生芽となる。もし（1）であれば、まさに STAP 細胞が形成されてい
ることになる。いずれにしても、コオロギの脚の再生芽ができる初期過程には、
免疫系の細胞であるマクロファージが関与していることを、岡山大学の板東
哲哉博士らが発見した（6.6 参照）。この現象を解明することにより、どちら
の説が正しいか判明するであろう。

　いずれの場合でも、幹細胞により再生芽が形成される。その再生芽の形成
メカニズムを解明することにより、再生を人工的に誘導することが可能にな
る。コオロギの脚の再生のメカニズムが解明されたとして、それはヒトに応
用できるのであろうか。本書では、これまでも強調してきたように、生物の
基本原理は、昆虫からヒトに至るまで共通である。つまり昆虫はヒトのモデ
ルになり得るのである。本書では、これまでに、身体が形成される原理、体
内時計の原理、脳の機能の原理、例えば記憶や行動についても原理は同じあ
ることを示してきた。再生の原理も同じである。コオロギで解明できたことは、
他の生物にも利用できる。

6.1　昆虫の脚の再生

　昆虫の脚の再生に関する研究は、主にゴキブリを用いて、1930 年代から
1985 年頃まで、ドイツ、フランス、イギリスで研究されていた。私（野地）
がそのことを知ったのは、1982 年にハンス・マインハルトが執筆した本：『生
物のパターン形成のモデル』（図 6-1 参照）を読んだ時であった（Meinhardt,
1982）。この本が、結果的に私の人生を変えた。この本の著者のマインハルト
博士は、当時、ドイツのマックス・プランク研究所の教授で、理論生物学者
であった。彼とは 20 年後の 2002 年にお会いすることができた。名古屋で「生

図6-1　名古屋城にてハンス・マインハルト博士（人物右）と筆者、右はマインハルト博士の著書（野地澄晴原図）

物における形態形成およびパターン形成」と題する国際研究集会が開催され、彼も私もそこに招待された。その時に、名古屋城を案内した（図6-1）。彼に、「あなたの本を読んで、人生が変わりました。」と言ったところ、彼の返事は、「あの本を書くのに、苦労した。」であった。

　この本で私が興味を持ったのが、「発生と再生」だった。ヒトも一個の受精卵から発生し、形ができるが、その形ができるメカニズムを理論的に解明することを試みた本であった。再生は、発生過程を部分的に繰りかえすことであり、それを理論的に解明することを試みたことに興味があった。

　ゴキブリの脚の再生の研究は、古典的な研究であったが、多くの貴重な情報が得られており、特に重複脚の研究に興味があった。1965年に報告された実験は、2章図2-6に示した。ゴキブリを2匹用意し、（1）3番目の左右の脚の同じ部分を切断する。（2）黒色の左の切断した脚を、切断した右脚の基部に繋ぐ。すると、（3）繋いだ部位から2本の過剰な脚が形成される。この現象を研究していた研究者の名前がボーンだったので「ボーンの3脚」とも呼ばれていた（Bohn, 1965）。昆虫だから、このような奇妙な現象が生じるのだと思うかもしれないが、足が再生する脊椎動物のイモリを用いて同様な実験を行っても同様に3本の足が形成される（Bryant & Iten, 1976）（図6-2参照）。

　この現象をどのように説明するのか？　当時、2つのモデル：極座標モデルと境界モデルが提唱されていた。極座標モデルはブライアント博士夫妻とフレンチ博士が提案し（French *et al.*, 1976）、境界モデルはマインハルトが提唱した。

　1995年、ピッツバーグ大学のキャンベル（Gerard Campbell）とコロンビア大学のトムリンソン（Andrew Tommlinson）は、昆虫の脚ができるメカニズムについて、総説を発表した（Tomlinson & Campbell, 1995）。彼らは、マインハルトが理論的に予言したメカニズム（境界モデル）とそれに関する物質を、ショ

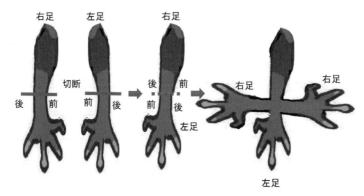

図 6-2　イモリにおける重複脚の形成

昆虫において、左右の脚を同じ場所で切断し、右脚の基部に左脚の先端を移植すると、3 脚になることを第 2 章の図 2-6、2-7 で示した。この現象は、脚を再生できる脊椎動物のイモリでも同様な現象が観察される（Bryant & Iten, 1976）。その様子を模式的に示した。この事実は、再生のメカニズムが基本的に同様であることを示唆している。昆虫の脚の再生メカニズムの解明は、ヒトの臓器再生にも繋がる研究になるであろう。

ウジョウバエの研究から同定し、ゴキブリでも同様であるとの予想であった。そのモデルを簡単に紹介する。

　この境界モデルのポイントは、最初に脚を作るメカニズムに関係している。昆虫の脚は、3 対であるが、それぞれ胸部の体節に一対の脚が形成される。体節の中で脚ができる位置を決めるために、一点を決めなくてはならない。その一点を決める方法として、まず頭部側（前側）と尾部側（後側）に体節を

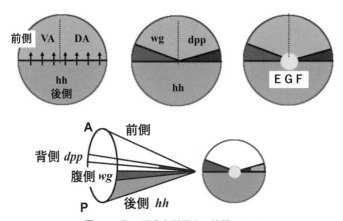

図 6-3　脚の形成を説明する境界モデル

wg と *dpp* が重なる点が脚の先端になる（詳細は本文参照）。P：後部、VA：前部腹側、DA：前部背側、*hh*：ヘッジホッグ、*wg*：ウイングレス、*dpp*：デカペンタプレジック、EGF：上皮細胞成長因子。

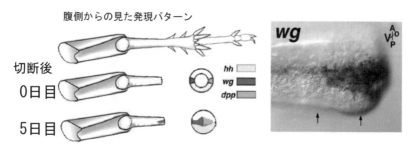

図6-4　コオロギの脚の再生にヘッジホッグ（hh）、ウイングレス（wg）、dpp が関与している *hh* は後部、*wg* は腹側先端、*dpp* は背側先端に発現する。この様な発現パターンは、本文で紹介しているように、マインハルトにより予想されていた。それを実際にコオロギで証明した。右図は、in situ hybridization によりウイングレス（wg）遺伝子が、切断された部位の腹側に発現していることを示している。

　分け、次に前側を真ん中から腹側の前側（VA）と背側の前側（DV）の二つに分けるのである（図6-3）。3つの領域が重なった中央に脚ができる。これが境界モデルである。

　後部側に発現したヘッジホッグ（*hh*）は、前側の細胞に作用し、前後の境界の腹側にはウイングレス（*wg*）と名付けられた遺伝子、背側には、デカペンタプレジック（*dpp*）と名付けられた遺伝子が発現し、*wg* と *dpp* の両方が作用する細胞に、「脚を作れ」との指令（上皮細胞成長因子（EGF））が細胞に届き、細胞は増殖し、体節に脚が一対できる。

　「ボーンの3脚」の実験はゴキブリを用いて行った実験だったが、筆者らはその実験をコオロギを用いて再現し、遺伝子発現を解明した。コオロギの脚を切断した部位におけるウイングレスと *dpp* 遺伝子の発現を調べると、図6-4に示すように脚の腹側にウイングレス、背側に *dpp* が発現している。1982年にマインハルトが提唱した境界モデルが正しいことを20年後の2002年に筆者らが証明した（Mito *et al.*, 2002）。　　　　　（序〜6.1　野地澄晴・三戸太郎）

6.2　脚の位置情報について

　脚の再生の研究から、形態形成における位置情報の概念が生まれた。コオロギの脚は、基節、転節、腿節、脛節、跗節で構成されており、それぞれの長さの比は固有に決まっている。その節の長さの比がどのように決定されているか、詳細のメカニズムは不明である。脚の形態には多様性があり、例えば、マレーシア産のテナガコガネ（*Cheirotonus gestroi*）（図6-5）は、前脚が異常に長いが、その節の構成は同じで、その長さの比は多少変化している。沖縄

にも同じ属のヤンバルテナガ
コガネが棲息している。

　各節には、位置情報が存在
することが、ゴキブリの脚
の移植実験から示唆された
（French, 1980）。その実験を
コオロギで再現した。コオロ
ギの幼虫の脚の脛節の基部か
ら先端に向けて、説明の都合
上、1から9までの番地を便
宜的につける（図6-6）。この
番地の分子メカニズムについ

図6-5　テナガコガネ：前脚が異常に長いが、節の構成はコオロギと同じ（野地澄晴原図）

ては、後ほど紹介する。3番目の脚（T3）の脛節の番地4と5の間で切断し、同じコオロギ幼虫の2番目の脚（T2）の8と9の間で切断し、先端をT3脚に移植する。太さが異なるので、T3脚に切断したT2脚を差し込むことができる。すると、番地の4と9の不連続な場所に再生が生じ、5678と挿入（インターカレション）が生じる。次に少し変な組み合わせ実験を行ってみる。T3の8と9の間で切断し、T2の3と4の間で切断した先端を移植してみる。すると逆向きの挿入765が生じる。一方、腿節と脛節を同じ番地で切断して繋いでも再生は生じない。これらの挿入再生の実験から各脚の節には、同じ位置情

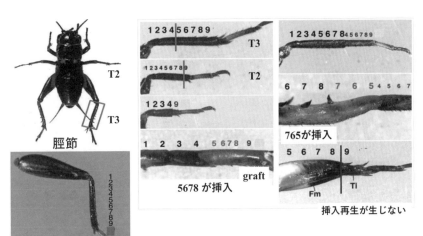

図6-6　脚の挿入再生の実験から、各脚の節に位置情報が存在することが示唆された（詳細説明は本文参照）

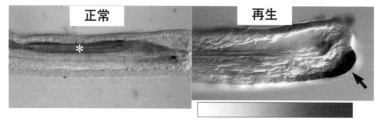

図 6-7　切断された脚の wg の発現パターン

左：正常（＊は気管で非特異的な染色が生じている。）、腹側には wg が発現していない。
右：再生、右が切断された部位。腹側に wg が先端から基部の方向に発現強度に勾配がある。

報の決定メカニズムが存在していることが示唆された。ゴキブリの脚の移植
実験から円周方向にも位置情報があることが示唆されている。

　挿入再生の実験において、遺伝子の発現パターンはどのようになっている
のであろうか？　切断された脚のウイングレス（wg）の発現パターンを、右が
切断位置で、前側から観察すると、図 6-7 の右図の様に、先端から基部の方向に wg の発現が弱くなっている。

　この wg の発現パターンが、挿入再生の場合にどのように変化するかを調べた（Nakamura *et al.*, 2007）。

　その結果を図 6-8 に示す。hh と wg の発現は、再生部位の先端から基部の方向に発現することがわかった。再生は基部側から細胞が増殖することになる。

　再生部位での遺伝子発現の方向：先端から基部を確認するために、逆挿入再生実験を行った。その結果を図 6-9 に示す。

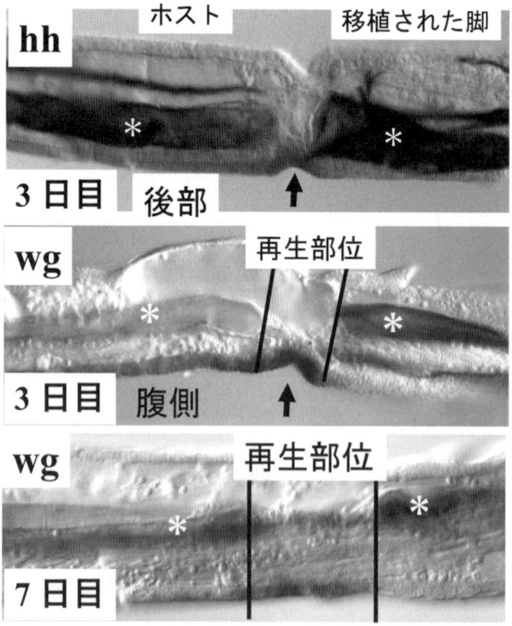

図 6-8　挿入再生部位におけるヘッジホッグ（hh）とウイングレス（wg）の発現パターン

上：挿入後、3 日目の挿入部位の hh の発現パターン（矢印）。
＊は気管（非特異的な染色）中：wg の発現パターン（矢印）。
ホストは挿入される側である。

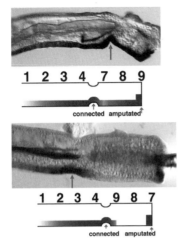
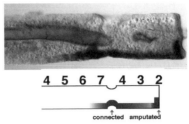

図 6-9　逆挿入再生における wg の遺伝子発現パターン

位置情報を便宜上 1 〜 9 の数字で表すと数字が 9 が先端で 1 が基部となる。挿入部において数字の大きい方から小さい方に wg の発現が誘導される。いずれも実験の便宜上右端は切断したとにより wg が発現している。connected（結合部位）、amputated（切断部位）。

順挿入再生（1234, 789）の場合は、ホストも移植された脚にも *wg* が発現しているが、逆挿入再生（1234, 987）の場合は、987 の部位に *wg* の発現が抑制されている。しかし、挿入再生（4567, 432）の場合は、432 の部位にも *wg* 発現の発現している。これらの発現は、後に紹介する位置情報の方向性と関係しており、それを担う分子であるファット・ダクサスの発現と関係していると推定される。　　　　　　　　　（6.2　野地澄晴・板東哲哉・大内淑代）

6.3　位置情報の実体分子ファット・ダクサスと脚の長さを決めるメカニズム

ヒトの腕は、医学的には上肢と呼び、胴体側から上腕、前腕、手で構成され、関節を介して繋がっている。足の方は、下肢と呼ばれ、大腿、下腿、足でできている。それぞれの長さは、個人により多少は異なるが、だいたい同じ比率になっている。私の場合は、上腕：前腕：手の比、1.6：1.2：1。大腿：下腿の比、1：1。身長は、両腕を広げた長さとほぼ同じである。自分の身長や指の長さも自分の意思に関係なく、遺伝情報で決められている。また、肩から指先までの位置情報により、それぞれの腕の形態が異なっている。どのようにして、位置情報と形態が決定されているのか詳細には解明されていない。コオロギの脚についても同様である。しかし、徳島大学のグループは、そのヒントをコオロギの脚の再生の研究から得た。

　コオロギの脚を切断すると、切断されて残った脚はどこで切断されたのか、

つまり切断された位置を知り、失われた部分のみを正確に再生する。どのように して、位置を知り、長さを含め、正確に再生するのであろうか？

　直感的には、脚の位置情報を決めている分子があるはずであると推測した。 その分子の候補として着目したのが、カドヘリンと呼ばれる分子で、中でも ファットとダクサスという分子であった。それは、ショウジョウバエの翅の 極性に関する上村匡教授（京都大学）の研究からヒントを得た（Uemura & Shimada, 2003）。

　ファット、ダクサスとはどのような分子なのかについて、少し紹介する。 ヒトの体は約 37 兆個の細胞で構成されている。組織を構成する細胞は細胞同 士が接着している。細胞間には接着剤の役割を担う分子があり、その一つが カドヘリン（cadherin）である。それを最初に発見したのは竹市雅俊博士（理 化学研究所・客員主管研究員）である。1969 年、竹市は京都大学理学部の岡 田節人教授の研究室に助手（現在の助教）として着任。岡田研究室で、細胞 同士の接着にはカルシウムイオンが必要であることを発見した。その後、米 国のボルチモアにあるカーネギー研究所に留学（竹市, 2007）。留学先の研究 室で、培養細胞を使って細胞接着の実験を行うと、奇妙なことが起きた。京 都大学では、細胞をタンパク質分解酵素であるトリプシンで処理してバラバ ラにしてカルシウムを加えると細胞は再集合するという現象が観察されてい たが、カーネギー研究所で同じ実験を行っても、細胞は再集合しない。その 原因は、2 つの研究室で使っているトリプシンを溶かしている緩衝液の組成の 違いだった。カーネギー研究所で使用したトリプシン液には、カルシウムイ オンやマグネシウムイオンの作用を打ち消す薬剤である EDTA（エチレンジ アミン四酢酸塩：金属イオンと結合する）が含まれており、一方、京大のト リプシン液には EDTA が含まれていなかった。

　竹市は京都大学の岡田研に戻り、カルシウムが存在すると細胞が接着する 分子を見つけるために、細胞間接着を阻害する抗体の作製を試みた。竹市 は、まず、細胞接着を阻害できるポリクローナル抗体を作製し、その抗体を 用いて 125 kDa の分子を同定した。その分子を、calcium（カルシウム）と adherence（接着）を結合して "cadherin"（カドヘリン）と命名した（Yoshida & Takeichi, 1982）。カドヘリンには、上皮細胞に特異的な E-カドヘリン（"E" は上皮 Epithelium の "E"）、神経細胞には N-カドヘリン（"N" は神経 Neuron の "N"）がある。カドヘリンは同じカドヘリン同士、つまり E-カドヘリンは E- カドヘリン、N-カドヘリンは N-カドヘリンのみと結合する結合特異性があ

図 6-10　プロトカドヘリンのファット（Fat）とダクサス（Dachsous）の構造

ることを発見。現在は、100 種類以上見つかっている。コオロギの脚の再生に
関係しているファットとダクサスはこの 100 種類のカドヘリンの 2 つである。
これらは進化的に古いタイプのカドヘリンなので、プロトカドヘリンと呼ば
れている（図 6-10）。

　この 2 つのカドヘリンは脚の細胞と細胞を接着しているのである。岡田節
人―竹市雅俊の研究室の流れを汲む京都大学大学院・生命科学研究科の上村
匡教授らは、カドヘリンの研究を引き継いでいる。ショウジョウバエの翅の
形成において、細胞の極性（細胞の形にも方向性がある）があるが、その極
性を制御しているのが、ファット（Fat；Ft）とダクサス（Dachsous；Ds）で
あることを報告した（Harumoto *et al.*, 2010）。

　ショウジョウバエにおいて、この分子に着目した研究者が、第 4 章で紹
介したピーター・ローレンス（P.A. Lawrence）であった。彼は、この分子が
位置情報を担っている可能性を示唆した。ショウジョウバエを用いた研究か

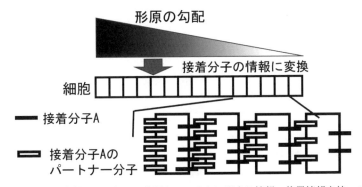

図 6-11　細胞は、身体の中でどこに位置しているかに関する情報、位置情報を持っている
脚の細胞も均一な細胞群で形成されているのではなく、個々の細胞で位置に応じて機能が異なっている。
また、ここの細胞自身も極性を持っており、それを細胞極性と呼ぶ。細胞の極性と位置情報を担う物質
が細胞表面にあると、ローレンス（P. Lawrence）らは考えた。そのモデルとして、形原の濃度勾配に依存
して、各細胞は位置情報を獲得し、それを接着分子 A の濃度に反映させると考えた。その接着分子に
はパートナー分子がありそれと結合することにより細胞が極性と位置情報を獲得するモデルである。

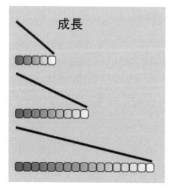
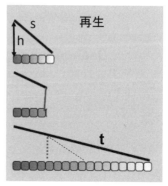

図 6-12　脚の長さを決める勾配モデル
左は成長する場合、右は再生の場合の勾配モデル。脚を切断した場合は、急激な勾配が形
成されたことになる。S：勾配（勾配に依存して細部が増殖）、h：脚の長さを決めるパラメー
ター、t：脚の長さを決める勾配の閾値。

ら、細胞間の接着は図 6-11 のように、表面の白と黒の太線で象徴される接着
分子が存在し、その細胞が持っている数が位置情報になっていると仮定した

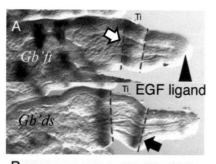

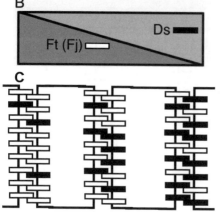

（Lawrence & Casal, 2018）。この
黒い太線と白い太線がファット
とダクサスと仮定すると、ショ
ウジョウバエの実験結果を合理
的に説明できる。
　さらに、この傾きが脚の節の
長さを決める、つまり脚が伸び
るとこの傾きが次第に小さくな

**図 6-13　コオロギの脚発生過程での
ファット（ft）とダクサス（ds）の発現パ
ターン（A）とそれから推測される脚の節
における Ft と Ds の関係を示す（B）**
ft と ds は、例えば脛節（Ti）の先端側と基部側
の間で、ft は基部側から先端方向に発現強度
の勾配があり、逆に ds は，先端側から基部方
向に逆の勾配を形成している。この濃度勾配
が細胞の位置情報を決定している。濃度勾配
は線形でなくても、位置情報として機能する
ことは理論的に証明されている。ここで、コ
オロギの ft 遺伝子を Gb'ft と表現している。
この Ft と Ds の関係を（C）に示している。ロー
レンスらの説が正しいモデルであることが示
唆された。

り、ある一定の傾き以下になると、脚の成長が止まると仮定した。このモデ
ルを、勾配モデル（Steepness Model）と名付けた（図6-12）（Lawrence *et al.*,
1972）。このモデルでは、脚の基部から先端に向かって、何らかの線形の勾配
S が形成されると仮定する。脚が形成された直後では、脚の長さは短く、勾配
が大きい。脚が成長すると勾配は小さくなり、その勾配が閾値 t より小さくな
ると、成長が停止するモデルである。このモデルで再生の現象を説明すると
図6-12 の右図のようになる。非常に単純なモデルである。筆者らは、九州大
学数理科部門の吉田寛博士と共同研究し、実際にファット・ダクサスモデル
の数値シュミレーションを行ったところ、特に線形の勾配でなくても同様な
現象が生じることが示唆された（Yoshida *et al.*, 2014）。

　この勾配モデルで想定されている勾配が位置情報であり、分子としてプロ
トカドヘリンが想定された。そのモデル（図6-13）をローレンスは発表した
（Lawrence *et al.*, 2008）。

　筆者（当時は徳島大学）らは、ローレンスらとは独立に、コオロギのファッ
トとダクサスの機能を調べる研究をした。特に、ショウジョウバエの幼虫に
は脚が無いので、脚再生の研究はコオロギを用いることに大きな有用性があっ
た。さらに、遺伝子の機能解析に、RNA 干渉法を用いることができた。RNA
干渉法については、第8章で紹介する。ノックダウンは、完全に遺伝子の機
能を抑えるノックアウトとは異なるが、類似の結果が得られる。RNA 干渉法

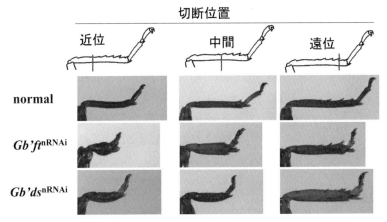

図6-14　ファット（*Gb'ft*）とダクサス（*Gb'ds*）の幼虫の RNAi（nRNAi）による脚再生の変化
近位で切断した場合に明確であるが、再生は切断により残った部分内で生じる。そのため、切断し
た脛節が短くなる。再生する細胞（再生芽）が位置情報のギャップに応答できないと考えられる（*Gb*
はコオロギの遺伝子を表す）。

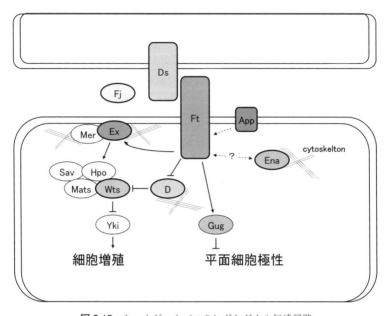

図 6-15　ショウジョウバエのヒポシグナル伝達経路
ファット―ダクサスのシグナルにより、細胞の増殖と極性が複雑に制御されてい
る。Approximated(App), Dachs(D), Dachsous(Ds), Enabled(Ena), Expanded(Ex), Fat(Ft),
Four-jointed(Fj), Grunge(Gug), Hippo(Hpo), Mob as tumor suppressor(Mats), Merlin(Mer),
Salvador(Sav), Warts(Wts), Yorkie(Yki)

により、ファットまたはダクサスの機能を特異的にほとんどなくすことがで
きる。その時に、どの様な現象が生じるかを観察することにより、それぞれ
の機能を知ることができる。脚が再生する時に、ファットの機能が無くなると、
再生した脚が太く短くなることがわかった（図 6-14 を参照）。フタホシコオ
ロギの遺伝子であることを示す場合は、遺伝子名の前に *Gb'* をつけて表示し
ている。

　この現象は、ショウジョウバエのファット遺伝子の変異と類似しており、
脚が太くなることから、「ファット（太い）」という遺伝子名が付けられていた。
プロトカドヘリンであるファットとダクサスによるシグナルは、ヒポ（Hippo）
シグナル伝達経路（図 6-15）を介していることを証明するため、シグナル伝
達経路の因子の遺伝子を RNAi で機能解析をした。その結果を図 6-16 に示す。
結果の定量的な解析は非常に困難であるが、定性的には、再生脚は異常に再
生しており、これらの因子が再生に関与していると結論した。驚いたことに、
Gb'ex（イクスパンディッド、*Expanded*；*Ex*）と *Gb'mer*（マーリン、*Merlin*；

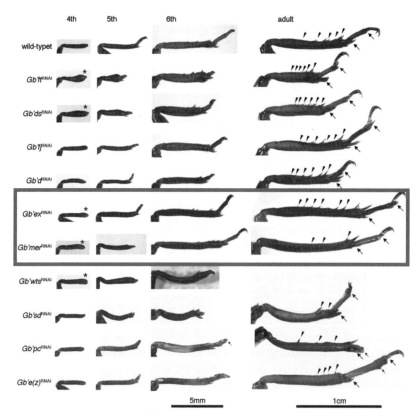

図 6-16　ヒポシグナル経路に関与する因子の RNA 干渉（RNAi）による変化
図に示す因子の RNAi の結果、強弱はあるが、切断脚は正常に再生しない。驚いたことに、
Gb'ex（Expanded）と *Gb'mer*（Merlin）は RNA 干渉の場合、切断された脛節は長くなる。
これらの因子は、細胞増殖の接触阻害に関係していることが知られている。

Mer）の RNAi においては、ファット・ダクサスの RNAi の場合は短くなる再
生脚が、長くなったのである。何事もアクセルとブレーキで制御されているが、
形態形成も同様であろう。*Ex* と *Mer* は、機能として脚の伸長にブレーキをか
ける役割をしているが、その機能が抑制されると伸びると考えられる。細胞
をシャーレで培養すると、細胞が増殖しシャーレの底面を覆うようになる。
このような状態をコンフルエント（confluent）と呼ぶが、この状態になると、
細胞の増殖が阻害される場合がある。この阻害を接触阻害（contact inhibition）
と呼んでいるが、この現象に *Ex* と *Mer* が関与している。ガン細胞の場合は、
接触阻害が生じない。脚の成長や再生においても細胞の接触により、*Ex* と
Mer が関与し、細胞増殖が制御されていることが示唆される。

　脚を移植する実験である挿入再生についても、ファット・ダクサスが位置情報を担っているのであれば、RNAiにより異常が生じると予想された。実際の実験結果を図6-17に示す。予想どおり、ファットとダクサスのRNAiによって、順方向も逆方向も挿入再生は生じなかった。これらのことから、ファットとダクサスが位置情報を担う分子であることが示唆された。

　これらの結果から、脚の再生のメカニズムに新規な勾配モデルを提案した（図6-18）（Bando *et al.*, 2011）。図6-18の説明を以下に記載する。

　A：正常な脛節の成長：位置価（positional value; PV）は1から9の数字で任意に示している。Ds-Ftの勾配を現す三角形は、Ds-Ft勾配（steepness）モデルである。Ds-Ft勾配のスカラー値は、最遠位の値であるPV=9で最小となる。各点での勾配は、各細胞間の差として測定され、脚の遠近（PD）軸に沿ったサイズと相関している。勾配の傾きがある閾値を下回ると成長が止まる。B：正常な再生。脛節のPV=3で切断した後（左側、脛節の切り株を黒色で示す）、Ds-Ftシグナル伝達経路を介して再生芽細胞が位置の不一致を検出し（PV、3/9）、急勾配のDs-Ft勾配が形成され、位置の連続性が再び確立されるまで（灰色、PV=4-8）、失われた部分が付加的に成長する（エピモルフィック様再生）。既存の切り株（黒）は、元の位置情報と節の長さの情報を保持し成長する（PV=1-3）。C：再生しない：既存の切り株が欠損部を修復せずに成長し、元の位置情報と脛節の長さの情報を持つ（PVは1-3）。*Gb'arm*の再生RNAi（regeneration-dependent RNAi；rdRNAi）で脚に観察された表現型である（Nakamura *et al.*, 2007）。D：*Gb'ft*、*Gb'ds*、*Gb'd* rdRNAiによる近位部切断後の残った部分のみの再生（モルファラキシス様再生（morphallaxis-like regeneration）と呼ぶ）。PD軸に沿った再生芽細胞の増殖が抑制されて付加的な再生は起こらないが、残った脛節部分でリモデリング（再構築）が生じる。位置の値は新しい脛節と隣接する節の境界に依存して再確立されるが、その際、最終的な脛節の長さに関する情報（アロメトリックス情報）は失われる。点線で示された正常なDs-Ft勾配は、切断面のPVを最遠位のPV、すなわちDs-Ft勾配の最小値にリセットするように、同じ勾配で下に移動する。*Gb'ft*に対するRNAiによって引き起こされた短足のサイズは、このモデルと一致している。E：*Gb'ft*、*Gb'ds*、*Gb'd* RNAiの幼虫が遠位部を切断した後、モルファラキシスのような再生をしている。*Gb'ft* RNAiの脚のサイズが切断部位に依存することは、モルファラキシス様再生についてのこれまでの解釈と一致する（図6-18D）。F：*Gb'ex*のRNAiにより得られた脚の「長い」表現型。この

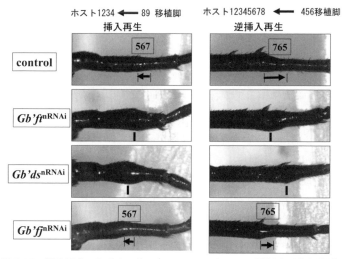

ホスト1234 ←― 89 移植脚　　　ホスト12345678 ←― 456移植脚

挿入再生　　　　　　　　　　逆挿入再生

図 6-17　挿入再生における *ft* と ds の nRNAi において、順挿入再生も逆挿入再生も生じない。しかし、*four-jointed (fj)* の nRNAi では順も逆再生も生じた。

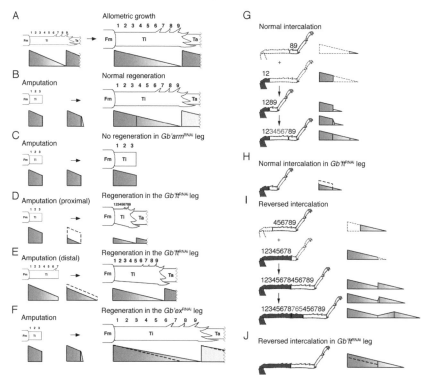

図 6-18　脚再生のためのファット (Ft)・ダクサス (Ds) 勾配モデルの模式図
（図の説明は本文を参照）

場合、Ds-Ft 勾配の成長停止の閾値が、点線で示した通常の閾値よりも低くな
り、長い脚が形成されることになる。G−J：挿入移植の場合、正常な挿入再
生の接合部には急勾配、逆の挿入再生の接合部には逆急勾配が存在すると考
えられる。直線的な勾配の傾きが既存のものと同じになったときに、挿入部
の成長が止まると考えられる。G：正常な挿入再生。遠位の移植片が近位の
ホストに移植されると、欠落した部分を修復するために、挿入再生が起こる
（PVs:34567）。移植後、接合部には急峻な Ds-Ft の勾配が形成される。移植片
の細胞は、既存の勾配を回復するために増殖する。H：*Gb'ft* RNAi された脚の
場合、接合部の成長は起こらず、移植された脛節は短くなる。D に示すように、
Ds-Ft の勾配は、移植された脛節の最遠位の位置が最小の値となるような連続
的な勾配になるように、同じ勾配で下に移動すると考えられる。I：逆挿入再
生（Reverse intercalary regeneration）。近位で切断された移植片が遠位で切断さ
れた宿主に移植されると、位置的な連続性を維持するために、逆の節間再生
が起こる（PVs:765）。移植後、接合部には急勾配の逆 Ds-Ft 勾配が形成される。
宿主の細胞は、既存の傾斜を DP 方向に戻すために増殖する。J：*Gb'ft* RNAi
が導入された脚の場合、挿入成長は起こらないが、移植された脛節は長くなる。
D と E に示したように、点線で示した通常の Ds-Ft 勾配は、同じ傾きで上に
移動し、移植された脛節の最遠位が最小の値となる連続的な勾配を作ること
になる。このように、脚の再生時に観察された RNAi の表現型は、再生のた
めの Ds-Ft 勾配モデルにより統一的に説明できる。　　　（6.3　板東哲哉）

6.4　ファット・ダクサスモデル：ヒトへの応用がカギ

　前節のコオロギ脚の再生に関する研究成果を、岡崎市の基礎生物学研究所
で開催された国際会議において 2008 年 11 月に発表した。その会議には、第 3
章に紹介したケンブリッジ大学のエイカム博士も出席していた。彼は筆者ら
の研究成果を評価し、ピーター・ローレンス博士に報告してくれた。すると、
ローレンスからメールをいただいた。その時に初めてローレンスがファット・
ダクサスによる位置情報を決めているとする論文を 2008 年 12 月に発表して
いたことを知った。ローレンスの論文がネイチャー誌に掲載されていたので、
「論文を投稿しても、ネイチャー誌は掲載してくれない。」と愚痴をメールす
ると、「当然だ。私の論文を引用していないからだ。」と返事が来た。脚再生
の実験結果を、彼が提唱してきた「勾配モデル」に基づいて説明した。結局、
筆者らの論文は 2009 年に発生生物学の専門誌「Development（発生）」に掲載

された（Bando *et al.*, 2009）。生物の形態形成には必ず位置情報が必要である。その具体的な例を示した本研究の成果は非常に重要である。しかし、コオロギを用いた研究は、残念ながらあまり注目されていない。山中教授の iPS 細胞の研究も、マウスの実験結果が発表された時はあまり注目されなかったが、ヒトの iPS 細胞の研究成果が発表された時に非常に注目された。この再生の研究が注目されるためには、ヒトの再生に同様なことが生じていることを示す必要がある。　　　　　　　　　　　　　　　（6.4　板東哲哉・野地澄晴）

6.5　コオロギの免疫とヒトの免疫の関係

　コオロギも免疫機能を持っている。当然、ハエも持っている。そのハエの免疫の研究からノーベル医学生理学賞が生まれている。「新型コロナウイルスに感染しないように、免疫力を上げる必要がある」などと言われているが、ヒトの免疫には2種類ある。自然免疫と獲得免疫である。自然免疫とは、ウイルスや細菌などに感染すると、食細胞と名付けられた免疫細胞がウイルスや細菌などを食べることにより、感染しても通常重症にならない。一方、獲得免疫とは、抗体を用いた免疫で、自然免疫に比べると、応答までにかかる時間は長く、数日かかる。抗体を作るのに関係する細胞は、主に T 細胞や B 細胞といったリンパ球。自然免疫と獲得免疫は繋がっており、連携して免疫力を上げている。

　昆虫の場合は、自然免疫系を持っているが、獲得免疫系は存在していない。実際、自然免疫系は、ショウジョウバエの研究から発見された。

　2011 年のノーベル生理学・医学賞は自然免疫に関する研究で、米国スクリプス研究所のボイトラー博士（Bruce A. Beutler）、仏国ストラスブールにある分子細胞生物学研究所のホフマン博士（Jules A. Hoffmann）、米国ロックフェラー大学のスタインマン博士（Ralph M. Steinman）の3氏に贈られた。スタインマンは9月30日、ノーベル賞受賞の報を聞く前に膵臓がんで亡くなっていた。また、自然免疫の研究では大阪大学の審良静男教授の業績も素晴らしい。（詳細については、『最強の食材　コオロギフードが世界を救う』（野地, 2021b）を参照）。

　1996 年、この受賞者のストラスブール大学のホフマンらは、ショウジョウバエの免疫について研究をしていた。第4章で紹介した発生の研究において、胚の背側と腹側を決める遺伝子トル（Toll）を紹介したが、1990 年代になって、このトル・タンパク質がヒトの免疫に関係するインターロイキン 1 受容体と

よく似ており、免疫との関わりがあると予想された。

　ホフマンらはトル・タンパク質に変異があるショウジョウバエを作製して
みると、カビに感染して死ぬことを発見した。さらに、トル・タンパク質を
介したトル経路やアイエムディ（Imd）経路が細菌などを検出し、食細胞など
が活性化されて細菌などを食べる活動を誘導することや細菌を攻撃する物質、
抗菌ペプチドと名付けられているが、分泌されることを発見した（Hoffmann
& Reichhart, 2002）。したがって、細菌などが細胞内に進入してきた時には、
主に2つの対策：免疫細胞の動員と抗菌性のある物質の分泌がなされる。免疫

Column

自然免疫とその発見

　審良博士らは、マウスを用いて免疫に関係する遺伝子の機能を調べるために、
遺伝子の機能を人工的に働かないようにして、その影響を調べることにより、
遺伝子の機能を知るという方法を駆使して研究を行っていた。このような研究
法を遺伝子ノックアウト法と呼んでいる。マウスやヒトには、同じような遺伝
子が4つあることが多く、多くの場合、遺伝子を一つノックアウトしても、そ
のマウスに何の影響も出ないことが多い。大学院生が学位論文を書くための研
究にノックアウトマウスを用いた研究を行うと、2年間以上かけて作製したノッ
クアウトマウスについて期待した結果が得られないことが多く、学生がショッ
クを受けることがしばしば見られた。そのような現象を「学生がノックアウト
される」と巷では言われていた。ゲノム編集技術の発明により、この問題は解
消している。

　1997年にホフマンらの研究結果を知った審良らは、トル様タンパク質が、菌
体毒素を検知する物で、その下流にMyD88が存在すると予想した。その仮説に
従い、1998年、12種類のトル様タンパク質を見つけ、菌体毒素に結合するもの
は、トル様タンパク質の4番目の種類であることを発見し、1999年4月1日に
論文が発表された（Hoshino *et al.*, 1999）。こうして、仮説は証明された。実は、
1998年の12月11日にその論文をイギリスの権威ある学術雑誌のネイチャー誌
に投稿予定だったが、その日に、後にノーベル賞を受賞したボイトラーらが、
同様の結論を米国の権威ある学術誌のサイエンス誌で発表した（Poltorak *et al.*,
1998）。ボイトラーらは菌体毒素に結合する物質を探しているうちに、毒素が効
かないマウスでは、ショウジョウバエのトル遺伝子によく似た遺伝子に変異が
起きていることを発見した。結果的に、ボイトラーらは審良らと同じもの、つ
まりトル様タンパク質の4番目が菌体毒素の受容体であることを、審良らより
数ヵ月早く発表したことになる。　　　　　　　　　　　　　　　（野地澄晴）

細胞などの対応を「細胞性免疫」と呼び、分泌の方は「体液性免疫」と呼ばれている。ハエなどの多くの生物は、進化的にこのような菌やウイルスに対する感染防止対策を持っていて、昆虫といえども、自然免疫に関して、巧妙な免疫システムを持っている。

　ショウジョウバエの研究によりトル・タンパク質と免疫機構との関連がわかると、その詳細なメカニズムについての研究が一斉に始まった。ヒトにもトルと似たタンパク質が存在し、それを「トルによく似たタンパク質」という意味で「トル様タンパク質（Toll like receptor）」と名付けられた。そこで審良らはマウスが持つ 12 種類のトル様タンパク質が哺乳類の体内でどのような働きをするか、ノックアウトマウスで実験を重ね、トル様タンパク質が異なる細菌やウイルスなどを認識するという事実を発見した。審良はこのトル様タンパク質の研究から、獲得免疫とはまったく別のものと考えられていた自然免疫が、実は獲得免疫にとっても重要な役割を果たしていることを発見し、免疫学の常識を覆した。これにより、自然免疫の役割は、原始的な免疫反応ではなく、獲得免疫にとっても必要不可欠なものとして認識されるようになった。

6.6　コオロギの免疫と脚の再生

　コオロギの話にもどる。ショウジョウバエで発見された免疫機能に、細胞性免疫と体液性免疫があることがわかった。細胞性免疫に関係する細胞をコオロギの体液で観察することができる。この細胞が、脚の再生にも関係することを徳島大学と岡山大学のグループが発見した（Bando *et al.*, 2022）。ヒトの白血球は食作用を持っており、実験的には、スライドガラス上で酵母菌を食べる様子を観察することができる。フタホシコオロギの体液でも同様に血球細胞が異物を食べる様子を観察できる。実際には、異物を取り込んだことが簡単に観察できるために、色のある異物として青色の溶液（1％コバルトブルー溶液）をコオロギの体腔に注入する。注入して 1～2 日後に、体液を取り出し、顕微鏡で観察する。コバルトブルーを取り込んで青色になっている食細胞を観察することができる。

　食細胞の一つにマクロファージと呼ばれる細胞があり、ヒトにおいても組織の修復や再生において重要な役割を担っている。ヒトの場合、炎症性の単球と組織内に存在するマクロファージは、組織の修復、再生、線維化を制御する重要な細胞である。組織の損傷後、単球とマクロファージは形態と機能

が著しく変化し、組織修復の開始、維持、修復終了の各段階で重要な役割を果たす。マクロファージの機能が障害を受けると、炎症性メディエーターや成長因子の無秩序な産生、抗炎症性マクロファージの生成不全、マクロファージと上皮細胞、内皮細胞、線維芽細胞、幹細胞や組織前駆細胞との間のコミュニケーション不全など、異常な修復をもたらし、これが病的な線維症の発症につながる可能性が指摘されている。傷害後にマクロファージが炎症促進型、創傷治癒促進型、線維化促進型、抗炎症型、抗線維化型、溶解促進型、組織再生型などの多様な表現型をとることが知られている（Wynn & Vannella, 2016）。そのメカニズムは複雑である。コオロギの場合も、再生にマクロファージが関与していることを筆者らは発見したが、不明な点も多い。

　筆者らは、コオロギの脚の再生に、マクロファージが関係しているかどうかを調べるために、目印に利用したコバルトブルーの代わりに、マクロファージが食べると死んでしまう物質（クロドロン酸）を使用した。それをコオロギの体内に注射すると、マクロファージが死ぬ。その様な状態にしたコオロギの脚を切断すると、再生しない。このことから再生の初期にはマクロファージが必要であることがわかる。コオロギの再生には、ヒトのマクロファージの分化に関係していた STAT タンパク質が必要であることも筆者らは発見した。コオロギの脚を切断すると、傷口を塞ぐために免疫系の細胞が集まる。その中にマクロファージもあり、その細胞が分泌する物質が、再生のスタートを決めているのではないかと考えられている。

　再生のスタートを決める遺伝子を同定するために、切断後 3 時間のコオロギの脚で働いている遺伝子を網羅的に調べたところ、コオロギのトル・タンパク質が働いていることがわかった。コオロギには 11 種類のトル・タンパク質があり、そのうち 3 つ Toll2-1、Toll2-2、Toll2-5 がコオロギのマクロファージで再生の時によく発現していた。3 つのうち 1 つのトル・タンパク質 2-2（Toll2-2）の働きを低下させると、マクロファージがあまり傷口に集まらなくなり、脚が再生する過程での細胞の分裂が減少して、再生しなくなった。さらに詳しく調べると、トル・タンパク質の働きを低下させたコオロギではトル経路を介して誘導されるサイトカインの分泌も低下していた。コオロギの脚の再生過程では、トル・タンパク質がよく働いているマクロファージが傷口に集まり、サイトカインを分泌して幹細胞の分裂を促進することで、再生をスタートさせることがわかった（Bando *et al.*, 2022）。

　さて、マクロファージが体内に侵入した菌を食べることで、細菌感染から

自分の体を防御していることは先に述べた。では再生のスタートに細菌感染
が必要なのだろうか。昆虫のトル・タンパク質はプロテオグリカン認識タン
パク質の仲介によって細菌感染を検知している。そこでプロテオグリカン認
識タンパク質を働かなくしてから脚を切断したところ、正常な脚の再生が観
察された。すなわち細菌感染は再生のスタートに必要ではないことになる。

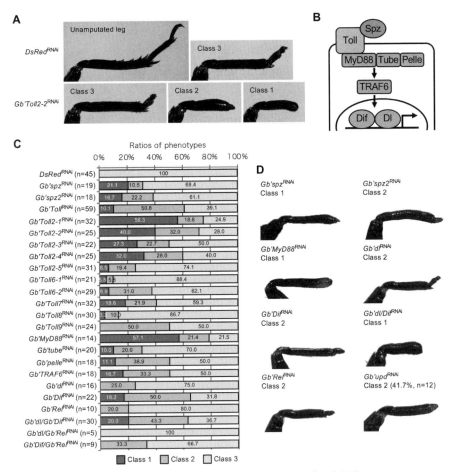

図 6-19　Toll シグナル成分遺伝子に対する RNAi 後の表現型

（A）*DsRed* RNAi（コントロール）および *Toll2-2* RNAi のコオロギの 5 齢時の切断されてい
ない脚と再生脚の典型的な形態。クラス 3 は正常な再生表現型で、脛節、跗節、爪の失わ
れた部分がうまく再構築されている。クラス 1 は、失われた跗節が再建されない再生不良
の表現型である。クラス 2 は、失われた跗節部と爪が再生されたが、変形していた再生障
害表現型である。（B）Toll シグナルに関与する分子の模式図。フタホシコオロギのゲノム
には、*MyD88*、*tube*、*pelle*、*TRAF6* の各相同遺伝子が 1 つずつ存在し、*spz* 遺伝子は 2 つ存
在する。（C）クラス 1、クラス 2、クラス 3 の RNAi 表現型の割合。n:RNAi 処理した個体数。
（D）RNAi 処理したコオロギの 5 齢時に頻繁に観察される表現型の再生脚の典型的な形態。

一方で、傷ついた細胞から放出されるタンパク質や核酸は、マクロファージの細胞膜に分布するスカベンジャー受容体によって検知されることが知られている。そこでスカベンジャー受容体が働かないコオロギの脚を切断したところ、多くの個体で再生が起こらなかった。つまり、脚が切断されたことで傷ついた細胞から放出されるタンパク質や核酸がマクロファージに検知されることが再生のきっかけとなることがわかった。これらの結果から、マクロファージのスピッツ-トル（Spz-Toll）関連シグナルは、ユーピディ-ジャック／スタット（Upd-JAK/STAT）シグナル経路を制御することにより、再生芽の増殖を介して脚の再生を促進することが示唆された（図6-19）。

（6.5・6　板東哲哉・大内淑代）

6.7　脚再生におけるエピジェネティクな調節

　筆者（板東）は絶対音感を持っていないが、世の中には絶対音感を持っている人間がいる。その違いは、幼児期の学習の差である。実際にある研究データによると、2歳から6歳までの子供に対して、適切な訓練を行うと全ての子供達が絶対音感を持てることが報告されている。ただし、ある一定の期間だけそれが可能である。それを臨界期と呼ぶ。言語能力の臨界期は0〜9歳、絶対音感は0〜4歳、視覚の臨界期、聴覚の臨界期、数的能力の臨界期などが知られている。このような能力の獲得に臨界期があるのはなぜか？　理由は脳の発達に関係しており、臨界期を決めているのはエピジェネティックな調節である。エピジェネティックス（Epigenetics）とはDNAの塩基配列は同じだが、塩基にメチル基が付加されたり、DNAに結合しているヒストンと呼ばれるタンパク質が化学的に修飾されることにより、例えば絶対音感に関わる脳内の細胞の遺伝子の機能が変化することにより、絶対音感を獲得できないようになると考えられる。このような現象は生物のさまざまな場面で生じている。

　コオロギの脚の再生においても、脚の形成にエピジェネティックな調整が行われている。筆者らと岡山大学大学院の富岡憲治教授の研究グループは、フタホシコオロギの脚再生過程において、再生した脚を元通りの形に再生させる因子を探索した。切断された脚が元通りの形に再生される過程において、エピジェネティック因子（E(z)、Utx）が必要であることを発見した（Hamada *et al.*, 2015）。

　再生の場所で働いている遺伝子を網羅的に解析すると、エピジェネティック因子E(z)とUtxが再生芽で働いていることに着目した。それぞれの因子の

再生における機能を知るために、RNA 干渉法を用いた。その結果、E(z) の機能を抑制させたコオロギの再生脚では余分な節が形成された（図 6-20 中段）。

一方、Utx を RNAi 法で抑制した個体では一部の関節が形成されなかった。機能を RNAi により抑制した再生脚で見られた異常から、それらの遺伝子産物が脚の形態形成遺伝子の働きを制御しているのではないかと推測した。

図 6-21 に示すように、E(z) は、ヒストン H3 の 27 番目のリジン残基（H3K27）のメチル化酵素であり、Utx は脱メチル化酵素である。DNA は、ヒストン H2A、H2B、H3、H4 の 4 種類のヒストンがそれぞれ 2 分子ずつ集まったヒス

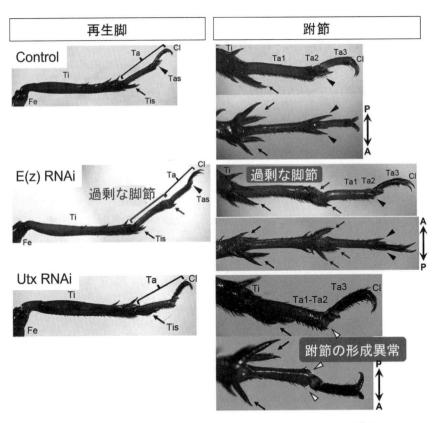

図 6-20　コオロギの脚の再生に対する *E(z)* と *Utx* の RNAi による効果

左上 Control（対照実験）：脛節 (Ti) で脚を切断すると、完全に跗節 (Ta) も再生する。脛節爪 (Ti・spur)、跗節爪 (Ta・spur)、爪 (Cl) が正常に形成される。右上：跗節は、跗節 1(Ta1)、Ta2、Ta3 から構成されている（P-A、前後）。左中：*E(z)* の RNAi により、脛節と跗節の間に過剰な節が形成される。右中：過剰な節には脛節爪様の構造が観察される。左下：*Utx* の RNAi により、跗節の形成が異常になる。右下：Ta1 と Ta2 が融合するなど異常が観察される。

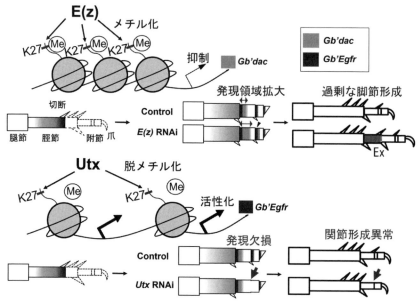

図 6-21　脚再生過程における脚のパター形成遺伝子のエピジェネ
ティクな転写調節（濱田ほか, 2015）

トン八量体に巻き付けられており、ヒストン H3K27 が E(z) によってメチル化
されると遺伝子の発現が抑制されて働かなくなり、Utx によって脱メチル化さ
れると遺伝子の発現が活性化されて働くことが知られている。E(z) RNAi 個体
では脚の節の形づくりに必要なダックスフント（*dachshund*；*dac*）遺伝子が働
く領域が拡大し、Utx RNAi 個体では関節の形成に必要な上皮細胞増殖因子受
容体（Epidermal growth factor receptor；Egfr）の働きが一部で消失することを
発見した。これらの結果から、E(z) と Utx によるエピジェネティック修飾が、
パターン形成遺伝子の働きを制御することで、脚を元通りの形に再生してい
ることを発見した（図 6-21）。　　　　　　　（6.7　濱田良真・板東哲哉）

第7章　コオロギの寿命の決定について

序　コオロギの寿命とヒトの寿命

　生物の寿命はどのようにして決められているのであろうか？　生物は個々に生理的寿命があり、数日から 100 年以上と非常にさまざまである。しかし、生物の寿命は同じメカニズムで決められていると予想としている。その一つの根拠として、カロリー制限により、多くの生物種で寿命を延ばし、加齢疾患の発症を遅らせることができるからである。この現象は、少なくともインスリンの作用と関係していると思われる。東京都健康長寿医療センター研究所の老化制御研究チームの石神昭人博士は、「サルやヒトなどの霊長類でも、カロリー制限の効果が期待できるか」は長い間、論争になっていたが、2017年に決着したことを紹介している（石神, 2017）。ウィスコンシン大学からは2009 年と 2014 年に「カロリー制限には寿命の延長効果がある」との報告が米科学誌サイエンス（Colman *et al.*, 2009）と英科学誌ネイチャー・コミュニケーションズ（Colman *et al.*, 2014）に発表された。しかし、米国国立老化研究所からは 2012 年に「カロリー制限には有意な寿命延長効果を見出せなかった」との報告が英科学誌ネイチャーに発表された（Mattison *et al.*, 2012）。どうしてこのような食い違いが生じたのかを明らかにするため、ウィスコンシン大学と米国国立老化研究所はお互いのデータを持ち寄り、共同で統計チームを編成して検討した。その結果、ウィスコンシン大学と米国国立老化研究所は共著で 2017 年初頭に「カロリー制限はアカゲザルの健康長寿に効果がある」と英科学誌ネイチャー・コミュニケーションズに報告した（Mattison *et al.*, 2017）。2019 年、米国国立老化研究所のデカボ博士らは、米医学誌ニューイングランド・ジャーナル・オブ・メディシンに、断続的な絶食の習慣を身に着ければ、血圧を下げて体重を減らし、寿命を延ばす効果が期待できるという調査結果を発表した（de Cabo & Mattson, 2019）。

7.1　健康に寿命が延長できる

　「健康に寿命が延長できる」確実な方法は「栄養不良のないカロリー制限」、例えば、「3 食のうち 1 食を抜く」ことである。21 世紀初頭に、酵母、線虫、昆虫、マウスなどの研究に使用されている生物において、寿命を延長するための共通した方法は、カロリー制限であることが発見された（Longo, 2009）。ヒトも

同じである。

　ハーバード大学のデビット・A・シンクレア教授は 2019 年に『ライフスパン』つまり「寿命」という本を出版した。世界的なベストセラーになっている。2020 年 9 月に日本語訳が出版された。「老いなき世界」と副題がついている。1995 年に、シンクレア博士は米国・マサチューセッツ工科大のレオナルド・ガレンティ教授の研究室で酵母菌の寿命の研究をスタートし、長年の研究の成果から「老化の情報理論」を提案している。彼の主張は、「老いることは必然ではなく、病気なので治療ができる」。本文が 590 ページもある厚い本であり、かなりわかりやすく書かれているが、生物学の知識がないと本当に理解するのは難しいかもしれない。

　ヒトの平均寿命は場所と時代により大きく変化する。厚生労働省のまとめによると、2019 年、日本人の平均寿命は女性約 88 歳、男性 81 歳であるが、中央アフリカでは、50 歳代である。コオロギにも寿命があり、1 ヵ月程度であるが、後ほど紹介するように、温度など環境により変化する。生物の寿命はどのように決まっているのであろうか？

　酵母菌は、約 2 日間で 20 回ほど分裂すると老化して死んでしまう。酵母菌の寿命を研究してヒトの寿命についてわかるのか？と思われるかもしれないが、酵母菌は細菌とは異なり、ヒトの細胞と同じように DNA を格納する核を持っている真核細胞なのである。しかし、酵母菌は単細胞なのでやはりヒトとは異なるのでは？　生物は細胞からできており、細胞の基本はほとんど同じである。その理由は、地球上の生命の起源は同じだからだと考えられている。実際、寿命に関わる遺伝子は非常に似ているのである。例えば、ヒトには早く老化する病気があり、ウエルナー症候群と呼ばれている。1996 年、ワシントン州の研究所で G. D. シェレンバーグ博士がその原因遺伝子を見つけた。それは、WRN と呼ばれる遺伝子で DNA ヘリカーゼという酵素をコードしている。この酵素は、DNA が傷ついた時に修理するために必要である。しかし、WRN の異常によりなぜ老化が早く進むようになるのかはまだわかっていない。この遺伝子に対応する遺伝子を酵母も持っており、SGS1 という遺伝子であった。シンクレアらはこの遺伝子をヒトのウエルナー症候群で見つかった異常を持つ遺伝子にすると、酵母でも寿命が半分に短くなるなど老化が促進されることを発見した。

　さらに 2000 年に、ガレンティ教授らは酵母で寿命に関わる遺伝子サーツー（*Sir2*）を発見する。この遺伝子を無くすと酵母の寿命が短くなり、増やすと

寿命が長くなる。それでこの遺伝子は長寿遺伝子と呼ばれている。コオロギ
もヒトもこの遺伝子を持っており、ヒトには似たような遺伝子が 7 つもある。
これらの遺伝子 SIRT はサーチュインと呼ばれている。この遺伝子を働かせる
ことができれば、ヒトも長寿になる。

　金沢医科大学糖尿病・内分泌内科学の古家大祐教授は、著書『老けない
人は腹七分め』（古家, 2019）の中で、25％ほどカロリー制限を 3 週間継続
すると、サーチュイン遺伝子を活性化することを紹介している。古家教授は、
「長寿遺伝子はいつも働いてくれるわけではありません。通常は眠っていて、
空腹の条件が満たされたときにだけスイッチがオンになるのです。」と書い
ている。さらに「人類の歴史は飢餓との戦いでした。飢餓状態がしばらく
続いても生命を保つ装置として長寿遺伝子が働く生体メカニズムが備わっ
てきたのだと考えられています。」としている。古家教授の研究では、「7 週
間後では 4.2～10 倍もサーチュイン遺伝子が活性化されること」が確認され
ている。『ライフスパン』の著者であるシンクレア教授は、主に昼食を抜い
ている。

7.2　カロリー制限と寿命の関係を科学的に解明する

　栄養不良のない食事制限は、多くの生物種で寿命を延ばし、加齢疾患の発
症を遅らせる。ショウジョウバエを用いて寿命についても多くの研究がなさ
れている。昆虫、魚類などのような変温動物の寿命は環境温度によって大き
く変化する。例えば、ショウジョウバエは飼育温度が 25 度だと、平均寿命は
約 60 日であるが、10℃下げると約 90 日に延長する。ショウジョウバエの寿
命は飼育温度に反比例して変化する。

　オーストラリアのモナッシュ大学のマシュー D.W. ピペラ博士とドイツの
マックスプランク老化生物学研究所のリンダ・パートリッジ博士らは、「老化
のモデルとしてのショウジョウバエ」という総説で、ショウジョウバエは、
老化の研究において長い「発見の歴史」があることを強調している（Piper &
Partridge, 2018）。得られた成果として、(1) ヒトも同様であると思われるが、
食事制限により長寿になるが、全体のカロリーではなく、特定の栄養素の摂
取量を減らすことでもその長寿が再現できる。(2) インスリン、TOR などを
介したシグナル伝達がショウジョウバエの寿命を変える。(3) 健康的な加齢
に腸と筋肉の機能が重要で、ハエを長生きさせる鍵である。まさに、ヒトの
長寿の要因と一致している。

　栄養不良のないカロリー制限は、生物において普遍的にこのようなシグナル伝達経路を介して老化や寿命に関係していると考えられている。コオロギは、このような研究に非常に適した生物である。

7.3　寿命と体のサイズは何が決めているのか？

　カロリー制限はインスリンと関係しており、したがって糖尿病とも関係していると思われる。糖尿病は主に二つに分類されており、一型と二型がある。一型は血糖値を下げる作用のあるホルモンのインスリンが分泌されないタイプで、二型はインスリンがあっても、それが作用する経路に何らかの欠陥があり、結果としてインスリンの作用が伝わらない。コオロギにもインスリンがある。もちろんショウジョウバエにも存在している。そのインスリンが作用しない二型糖尿病のモデルをショウジョウバエで作製してみると、小さな成虫になった。しかし、このハエは長寿であった。同様な実験をコオロギで行ったところ、予想通り、小さなコオロギの成虫になり、寿命も延びた（Dabour et al., 2011）。この結果は何を意味するのであろうか？

　エジプトから来た徳島大学の留学生の「ノハ」さんは、コオロギを小型にする研究をした。小型のコオロギを作って、何の意味があるのか？　彼女の研究は、1999 年、スイス連邦工科大学大学のハーフェン教授（Ernst Hafen）のグループが、小型のショウジョウバエの突然変異体を見つけて報告した（Böhni et al., 1999）ことにヒントを得ている。ハーフェン教授も体のサイズを決めるメカニズムに興味があった。そこで、ショウジョウバエの DNA に変異を入れる方法を駆使して、さまざまな変異体を作製し、その中から体のサイズが変わるものを見つけ出した。その一つが、体のサイズが通常の半分程度の小さな成虫になる変異体で、スペイン語で小さな体を意味するチコ（Chico）と命名された。チコの DNA を解析すれば、どの遺伝子のどのような変異が体のサイズを半分にするのかわかるのである。DNA を解析して変異の入っている遺伝子を見つけた。それは、インスリンに関係する遺伝子であり、ヒトのインスリン受容体基質（IRS）の遺伝子と同じであった。このハエは長寿命であった。ショウジョウバエのインスリン受容体（InR）の変異体も小型で長寿命であることが報告された（Lim et al., 2006）。そこで、ノハさんはコオロギのチコ遺伝子に着目して、小型のコオロギを作ることにした。

7.4　チコの RNA 干渉による小型で長寿なコオロギの作製

　その作り方がショウジョウバエの方法とは異なっていた。その方法は、RNA
干渉法という方法(8 章参照)で、遺伝子を変異させるのではなく、チコ遺伝子が
コードしているチコタンパク質の量を変える方法であった。この方法が成功
すると、遺伝子を変化させる必要がなく、研究が 10 倍以上早く進展する。ショ
ウジョウバエのように遺伝子を変異させると、その効果は一生継続するが、
RNA 干渉であれば、必要な時期に効果を調べることができる。まさに薬のよ
うに使用できるのである。

　ノハさんは、コオロギの幼虫にチコの遺伝子に対応した 2 本鎖の RNA を注
射し、RNA 干渉を誘導してみた。すると、予想通り小さなコオロギの成虫に
なり、寿命も延びた(図 7-1)。この結果は、寿命を後天的に変えることができ
ることを意味している。そこで、体のサイズを決定することに関係ありそう
な他の遺伝子について、RNA 干渉法で調べてみることにした。結果については、
後ほど紹介する。

　現時点の情報も含めて、関係のありそうな寿命関連シグナル伝達経路を説
明する。まずシグナル伝達経路について、簡単説明する。

　生体内では、さまざまな細胞があるが、独立に存在しているのではないので、
連携する必要がある。連携するために、細胞は互いに情報交換しなければなら
ない。情報を伝える物質は、シグナル伝達因子と呼ばれている。細胞外でシグ
ナル伝達する分子と細胞内
でシグナル伝達する分子が
ある。シグナル伝達は、細
胞外シグナル分子によって
運ばれた情報が、細胞内で
伝達され、最終的に遺伝子
に作用する。この一連のプ
ロセスをシグナル伝達経路
と呼ぶ。寿命に関連する場
合は、寿命関連シグナル伝
達経路と呼ぶ。主に 3 種類
の経路があり、(1)インス
リン・IGF-1 シグナル伝達

図 7-1　チコ遺伝子(*Gb'chico*)の RNA 干渉による小
さな個体(上)。比較のために、赤色蛍光タンパク質
(*DsRed*)に対する 2 本鎖 RNA を注射した個体(下)(ス
ケールは 1 cm)(Dabour *et al.*, 2011)

経路、(2)ラパマイシン標的タンパク質伝達経路、(3)サーチュイン伝達経路である。それぞれについて簡単に説明する。動物に共通なシグナル伝達経路を図 7-2 に示す（Fontana *et al.*, 2010）。

7.5　インスリン・IGF-1 シグナル伝達経路

　カロリー制限をすると空腹になる。空腹であることを体内の細胞に知らせるのは、血糖値、つまり血液中に含まれるグルコースの濃度である。血糖値は食前と食後で変化するが、食前の値は約 70〜100 mg/dl の範囲である。空腹時の血糖値が高くなると糖尿病の可能性がある。細胞内に糖を取り込ませ、血糖値を下げてるように調節しているのは、主にインスリンである。通常、細胞は細胞膜の表面にインスリンの作用を細胞内に伝える受容体を持っている。これをインスリン受容体（IGFR）と呼ぶ。この受容体にインスリンが結合すると、細胞内でさまざまな変化が生じ、例えば、グルコースが細胞内に取り込まれる。最終的には、遺伝子に作用して、関連するタンパク質の合成を調節する。このインスリンが受容体に結合して、遺伝子に作用するまでの流れを、インスリンシグナル伝達経路と呼ぶ（図 7-2）。IGF-1 もインスリンと同様に働くので、インスリン・IGF-1 となっている。糖尿病はこの伝

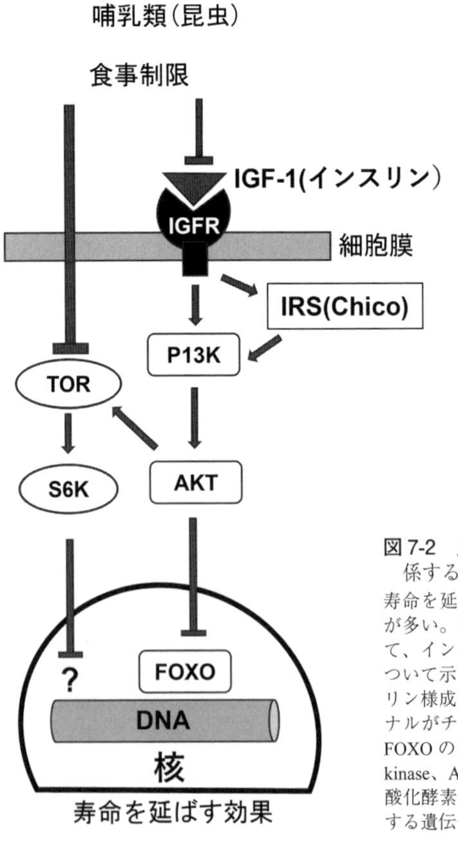

図 7-2　昆虫や哺乳類におけるカロリー制限に関係するシグナル伝達経路

寿命を延ばすメカニズムについては、まだ不明な点が多い。現在報告されているシグナル伝達経路として、インスリンシグナル伝達経路と TOR 伝達経路について示している。IGFR はインスリンおよびインスリン様成長因子（IGF）の受容体。この受容体からシグナルがチコや P13K、AKT に伝達される。核内では、FOXO の発現が抑制される。PI3K: phosphoinositide 3 kinase、AKT をリン酸化する。AKT: 別名 PKB、リン酸化酵素の一つ。FOXO: forkhead box O、寿命に関係する遺伝子の転写因子。

達経路の中のどこかの異常によって生じる。インスリンが分泌されないと、伝達経路が働かず糖が細胞内に取り込まれないので、血糖値が上がる。その場合の糖尿病は一型とよばれている。一方、インスリンが分泌されていても、それが細胞に作用する経路に何らかの欠陥があり、結果として細胞内に糖が取り込まれない場合も、血糖値が上がる。この場合も糖尿病になり、二型と呼ばれている。いずれにしても、インスリン・IGF-1 シグナル伝達経路が細胞のエネルギー代謝に重要な役割を果たしている。このシグナルが寿命と体のサイズの決定に関与している。実際、このシグナル伝達経路の一部を RNA 干渉で伝達できなくすると、コオロギにおいても、小型で長寿なコオロギになる。

7.6　ラパマイシン標的タンパク質（TOR）伝達経路

　グルコースは細胞のエネルギーに関係するが、栄養はグルコースだけではなく、筋肉などを作るタンパク質の構成成分であるアミノ酸や呼吸で得た酸素を使用して作る細胞内のエネルギー化合物である ATP の濃度なども関係している。このような細胞の状態を制御しているタンパク質があり、それは、ラパマイシン標的タンパク質（TOR）と呼ばれている。TOR は酵母から哺乳類まで共通に存在している。哺乳類で見出された TOR は mTOR と名付けられている。ラパマイシンは、1970 年代にイースター島の土壌から分離された細菌が産生する抗生物質として発見された。ラパマイシンが細胞内で結合するタンパク質が見つかり、そのタンパク質は、ラパマイシン標的タンパク質（TOR）と名付けられた。ラパマイシンは抗菌作用だけでなく、当初は予想をされなかった効果、例えば寿命延長、抗がん作用、免疫抑制効果などが発見された。TOR はタンパク質を合成するリボゾーム関連酵素（S6K）を仲介して、遺伝子に作用するが、まだ詳細なことは不明である。TOR が関与するシグナル伝達経路が、寿命に関係している（図 7-2 参照）。

7.7　サーチュイン・シグナル伝達経路

　前述した酵母の *Sir2* は、哺乳類に至るまで同様な遺伝子を持っており、サーチュイン 2（silent information regulator-2、哺乳類のホモログ SIRT1）と名付けられている。この遺伝子がコードしているタンパク質は、ニコチンアミド・アデニン・ジヌクレオチド（NAD+）依存性ヒストン脱アセチル化酵素である。この酵素の役割は総説（大田, 2010）を参照していただき、ここでは DNA の安定化に関係する酵素であるとしておく。現在、哺乳類では 7 種類のサーチュ

インが同定されている。これらのサーチュインのうち、SIRT1 と SIRT2 は核と細胞質に存在し、SIRT3 は主にミトコンドリアに存在し、SIRT6 は核に存在する。これらのサーチュインは、炎症、酸化ストレス、ミトコンドリア機能を複数のメカニズムで調節することで代謝を調節する。

このサーチュイン遺伝子が活性化すると、細胞内で酸素呼吸によりエネルギー源 ATP を作り出す小器官「ミトコンドリア」が増えるとともに、「オートファジー（自食作用）」という機構が働き、細胞を若返らせると考えられている。オートファジーについては、2016 年、東京工業大学の大隅良典教授が「オートファジーの仕組みの解明」の功績でノーベル生理学・医学賞を受賞したことでさらに注目され、病気や老化につながる体内の異常な細胞を取り除くことなどに関係していることが発見されている。サーチュインの活性化は、細胞を傷つける活性酸素の除去、細胞の修復、脂肪の燃焼、シミやシワの防止、動脈硬化や糖尿病の予防、さらには認知症、難聴などの予防といったさまざまな好影響がある。

ノハさんは、2011 年、RNA 干渉法により、インスリンとラパマイシンのシグナル伝達経路の遺伝子発現を抑制するとコオロギの大きさや寿命が変化することを報告した論文（Dabour *et al.*, 2011）を執筆し、博士号を取得して、エジプトに帰国した。残念ながらサーチュインのシグナル伝達までは研究できなかった。

7.8　寿命は体内時計に関係している

寿命は、生まれてから死ぬまでの時間のことである。どのように時間を測っているのであろうか？　多くの生物は体内に時計を持っている。それを体内時計と呼んでいる。夜になると眠たくなるのは、この時計が動いているからである。24 時間 15 分の周期を持っている。体内時計（概日時計）は、地球の自転に伴う環境の日周変化に、各種の生理機能を調和させるための機構であり、バクテリアからヒトまで持っている。当然、コオロギも持っている。コオロギの体内時計については、9 章で紹介する。

体内時計と老化との関わりについても、すでに数多くの知見が蓄積されている。この体内時計は寿命も決めているのであろうか？　寿命を決める時計は、砂時計型であろうか？　東京女子医科大学東医療センター・時間医学老年総合内科の大塚邦明名誉教授は、健康長寿をもたらすキーワードとして、「老化と寿命に果たす時計機構の意義と将来展望」について執筆している（大塚,

2013)。その内容を一部紹介する。

　前節で、長寿に関連する遺伝子としてサーチュイン 1（*SIRT1*）を紹介した
が、ヒストンタンパク質を脱アセチル化する酵素であると紹介した。アセチ
ル基は、CH_3-CO- のような化学構造をしているが、このアセチル基は、染色
体を安定化させる働きがある。一方、脱アセチル化と逆の反応を促進するア
セチル化酵素がある。その酵素の一つが、体内時計に関係しているクロック
（CLOCK）というタンパク質である。クロックは、ヒストンタンパク質をアセ
チル化するアセチル化酵素である。サーチュインは体内時計と非常に密接に関
係する。すなわちクロックが、時計遺伝子から時計タンパクの合成を促進し、
サーチュイン 1 がそれを抑制することによりサーカディアンリズムを作り出し
ている。一方、サーチュイン 1 を働かなくした場合には、振幅の大きいサー
カディアンリズムがみられなくなる。カリフォルニア大学のサソネ・コルシ
博士と中畑博士は、強いサーカディアンリズムを創り出すにはサーチュイン 1
が必須であると考えた。さらに、サーチュイン 1 はクロックと相互作用して、
NAD^+ のエネルギーを用いて細胞代謝のリズムを時計のリズムに変換する変換
器で、サーカディアンリズムを増幅する増幅器のようなものであると考えてい
る。

　時計遺伝子クロックに異常があると、老化の進行が早く、寿命が正常マウ
スよりも 15％短く、最高寿命も 20％以上短くなる。体内時計の仕組みは複雑
で、簡単には紹介できないが、クロック以外にビーマル 1、パー、タイムレ
スなどのタンパク質が関与している（9 章参照）。これらのタンパク質が異常
になると、筋肉量の減少（サルコペニア）、骨粗しょう症、白内障、内臓脂肪・
皮下脂肪の減少、組織・器官の萎縮、貧血等、老化の所見が野生マウスより
も早期に現れることが報告され、寿命も短い、野生マウスの寿命が 120 週以
上であるのに比し、わずかに 37 週になると報告もある。（第 7 章　野地澄晴）

第8章　コオロギの価値を高めた RNA 干渉の降臨

序　奇跡的な遺伝子機能の解析法：コオロギの RNA 干渉（RNAi）

「RNA 干渉」（RNA-mediated interference（RNAi））を知らない読者が多いと想像しているが、この現象の発見がコオロギ研究のレベルを最先端に押し上げることに繋がった。「干渉」という言葉がわかりにくいので、「RNA による遺伝子機能の抑制」とまずは理解していただきたい。ある遺伝子に対応する2本鎖の RNA を昆虫に注射すると、その遺伝子の機能が抑制される現象である。RNA の細胞への導入法が異なるが、小さな生物からヒトに至るまで共通に生じる現象である。この現象を利用した方法を、RNA 干渉法と呼ぶ。RNA を用いたこの現象を利用すると遺伝子の役割が簡単に解析できるのである。この現象をヒトに利用すると薬としても利用可能である。その場合、RNA は核酸の一種なので、核酸医薬品になる。この現象の発見者は2006年のノーベル賞医学生理学賞を受賞している。RNA 干渉法はコオロギ研究においても非常に重要な方法であり、その発見を「降臨」と感じたのである。

8.1　RNA 干渉法の発見にノーベル生理学医学賞

2006年、RNA 干渉（RNAi: アールエヌエー・アイ）の発見により、クレイグ・メロー博士とアンドリュー・ファイアー博士に、ノーベル生理学医学賞が授与された。ファイヤー博士47歳と共同研究者のメロー博士45歳であった。研究成果の発表は1998年であり、それから8年後の受賞である。この発見がいかに衝撃的であったかを示しているが、一般にはあまり知られていない。

この RNA 干渉の現象は最初に線虫の実験で発見された。線虫 C. エレガンスついては、1章で紹介した。日本では、この線虫が「ガンの検査に利用できることで話題になっている（株式会社 HIROTSU バイオサイエンス）。

RNA 干渉の現象は線虫で発見された現象であるが、哺乳類を含めたほとんどの生物に共通にみられる現象であることがその後の研究で明らかになった。今日では、RNA 干渉法は医学・薬学・生物学・工学などのさまざまな分野において、生命現象や疾患にかかわる遺伝子の機能を解析するための方法として利用されている。また、遺伝子機能を抑制することから、疾患にかかわる遺伝子の機能を抑制する治療薬として開発されており、核酸医薬品という新たな薬として期待されている。この方法の原理を少し説明しておく。

8.2　ノーベル賞のきっかけになったアンチセンス RNA 法

　DNA は 2 重ラセン構造をとっている。DNA 鎖には、3 章の図 3-3 に示すように方向性があり、5' 側と 3' 側がある。2 重ラセンを形成している場合は、鎖の向きが逆になっており、相互に相補鎖と呼ぶ。この DNA を鋳型として RNA を合成する場合は、必ず 5' 側から 3' 側へと合成が進行する。これをセンス RNA と呼ぶ。この RNA からタンパク質工場であるリボゾームにてタンパク質が合成されるからである。このセンス鎖の相補鎖をアンチセンス鎖と呼ぶ。細胞の中でタンパク質を合成するために転写されたセンス RNA の液の中に、合成したアンチセンス RNA を入れると、RNA の 2 重鎖が形成され、タンパク質が合成されないことを利用して、目的のタンパク質の合成を阻害して、その影響を見ることにより、タンパク質の機能を解明する方法をアンチセンス RNA 法と呼んでいる。

<hr>

【用語解説　対照実験（コントロール実験）】
　ノーベル賞を受賞した RNA 干渉の発見は、対照実験から始まっている。科学的な実験において、対照実験は非常に重要な実験である。コントロール実験とも呼ばれる。得られた結果をサポートするための実験であるが、対照実験をどのように行うかが、実験の質を決める。例えば、新型コロナウイルスの PCR 検査法を開発する実験を行う時に、簡単には 3 つの実験を行う。(1)患者からの検体を入れずに PCR を行う、(2)コロナウイルスが入ったサンプルで PCR を行う、(3)患者からの検体を入れて PCR を行う、である。(1)については、何も反応がないはずで、これを負の対照実験という。(2)は必ず反応があるはずで、これを正の対照実験という。(3)が実験の結果である。患者が感染していれば反応があり、感染していなければ反応がない。対照実験をどのような実験にするかが、実験の良し悪しを決める。長々と対照実験の説明をしたが、対照実験が RNA 干渉のノーベル賞獲得のキッカケであった。

<hr>

8.3　対照実験からノーベル賞

　アンチセンス法を用いた実験を行う場合に、生物にアンチセンスの RNA を注射するとしよう。その結果、寿命が長くなったとする。この現象が、本当にアンチセンス RNA の影響かどうかを確かめる必要がある。注射した生物が長寿になった場合、それはもしかしたら、単に注射しことによる影響であっ

て、アンチセンス RNA の影響ではないかもしれない。あるいは、どのような RNA を入れても同じ現象が生じたかもしれない。このような可能性を排除するために、アンチセンス法の実験の対照実験として、センス RNA を代わりに使用する。同じ向きの RAN なので RNA2 重鎖は形成されないので、何も反応が無いと予想される。このような対照実験を負の対照実験と呼ぶ。

　ファイヤーらは、線虫の筋肉を構成するタンパク質の mRNA に対するアンチセンス RNA を作用させると、線虫が痙攣を起こすことを観察していた。センス RNA を使用した場合には、何も変化がないと予想していた。ところが、どちらの RNA を用いても痙攣が起こるのである。負の対照実験で反応が起こるということは、この実験は意味がないことになり、通常は別の方法を考える。ところが、ファイヤー博士は、なぜ負の対照実験で痙攣が起こるのか、徹底的に調べたのである。その結果、実験用の RNA を合成する時に、副反応で合成された 2 本鎖の RNA がどちらの RNA 溶液にも微量に混在しており、痙攣を起こしていることを突き止めた。それが RNA 干渉という現象の発見であった。2001 年にはドイツのエルバシール博士らにより哺乳類細胞での RNA 干渉の現象が明らかになった。哺乳類の細胞の場合は塩基の数が 21–25 個の 2 本鎖の短い RNA（これを siRNA と呼ぶ）が干渉を誘導する。

8.4　RNA 干渉のメカニズム

　二本鎖 RNA（dsRNA）を介した干渉（RNAi）は、さまざまな生物の遺伝子発現を抑制する簡便かつ迅速な方法である。そのメカニズムについて、簡単に紹介する（Agrawal *et al.*, 2003）。遺伝学的、生化学的な広範な解析により、RNAi が誘導する遺伝子サイレンシングのメカニズムは 2 段階であることが明らかになった。第 1 段階では、ダイサー（Dicer）によって dsRNA が分解され、長さ 21〜25 ヌクレオチドの低分子干渉 RNA（siRNA）が生成される。第 2 段階では、siRNA が RNase 複合体である RNA 導型抑制複合体（RNA-induced silencing complex：RISC）に加わり、RISC が標的の mRNA に作用してこれを分解する。RNAi では、ダイサー、RNA 依存性 RNA ポリメラーゼ、ヘリカーゼ、2 本鎖 RNA エンドヌクレアーゼなど、いくつかの重要な構成要素が必要である。RNAi は、その特異性と効率の良さから、機能的なゲノム解析だけでなく、疾患関連遺伝子の mRNA を標的とした治療においても、重要な方法として考えられている。さらに、特異的な遺伝子サイレンシングは、トランスポゾンサイレンシング、抗ウイルス防御機構、遺伝子制御、染色体修

飾などの調節プロセスにも関連している。

8.5　コオロギにおける RNA 干渉

　RNA 干渉の現象を知った時、私は「RNA 干渉は線虫のような単純な生物において生じる現象であろう」と考えていた。ところが線虫での発見が報告された 1998 年に、ショウジョウバエにおいても RNA 干渉現象が生じることが報告された。そのことを、私は知らなかったが東京で開催された会議に出席した帰りの新幹線で、ある研究者から偶然教えていただいた。ショウジョウバエで RNA 干渉が生じるのであれば、当然コオロギでも生じると確信し、徳島に帰って直ぐに実験を開始した。RNA 干渉が生じたかどうかを体の色で判断できると結果が視覚的でわかりやすいと考え、色素を作る遺伝子発現を RNA 干渉法で抑制した。具体的には、黒い色素を作る遺伝子ラッカーゼ 2（*laccase2*）に対応する 2 本鎖 RNA をコオロギに注射するだけである。そうするとしばらくして黒いコオロギが脱皮すると全身が白くなった（図 8-1）。

　実は、ハエやカイコなどはこの様に簡単に RNA 干渉が生じないが、コオロギは実に効率的に RNA 干渉が生じた。この発見により、単に機能を知りたい遺伝子に対応する 2 本鎖 RNA をコオロギに注射するだけで、そのタンパク質の機能が解明できるのである。この方法が使用できることにより、コオロギ研究のレベルが一挙に世界最先端のレベルになった。

図 8-1　ラッカーゼ 2 遺伝子の RNA 干渉により得られた白いコオロギ
　　（上）対照実験で得られたコオロギ（下）

8.6　コオロギの卵に生じる奇跡的な RNA 干渉

さらに、画期的なことが発見された。驚くべきことに、メスのコオロギに
RNAi 用の 2 本鎖 RNA を注入すると、そのメスが産卵する 1000 個以上の卵の
ほぼ総てに、最初は弱く、次第に強く効果が現れることがわかった。この現
象は、線虫でも発見されており、親からの RNAi（parental RNAi）と呼ばれて
いる。例えば、コーダル（*caudal*）と名付けられたショウジョウバエの遺伝子
がある。ショウジョウバエでは、母性因子遺伝子のコーダル mRNA は胚全体
に均一に分布しており、ビコイド（*bicoid*）タンパク質による翻訳抑制により
コーダルタンパク質は、後方から前方への勾配をつくる。この現象は、コー
ダル mRNA の 3'UTR にビコイドタンパク質が結合することにより生じる。コー
ダル・タンパクは転写因子で尾部構造をつくる遺伝子を活性化する。したがっ
て、コーダルの変異体は胚の腹部が形成されない。

コオロギの場合、コーダル遺伝子に対応する 2 本鎖 RNA（dsRNA）をメス
の体液に注射すると、メスが産卵した総て卵に程度の差はあるが RNA 干渉が
生じ、頭部しか形成されていない胚になる（図 8-2）（Shinmyo *et al.*, 2005）。

産卵された卵を観察すると、多くの卵において、頭部しか形成されていな
いことがわかる（図 8-3）

対照実験：*DsRed2* dsRNA **を注入した卵**

| 頭部 | 顎 | 胸部 | 腹部 |

コーダルのdsRNAを注入した卵　　（親のRNAi）

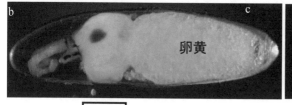

図 8-2　コーダル遺伝子の親の RNAi：頭部のみが形成され、それ以外は欠失する

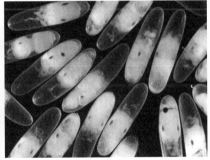

対照実験群　　　　　　　コーダルの親からの RNAi

図 8-3　コーダルのメス親への RNAi により、産卵された卵の胚は頭部だけ形成される（右）

　この親からの RNA 干渉によりコオロギの個体の発生に関わるさまざまな遺伝子の機能を簡単に調べることができる。この研究は、イタリアのパドバ大学の大学院生のモニカ・ロンコさんが徳島に来て行った。EU 加盟国間では、エラスムス計画と名付けられた大学間交流協定などによる共同教育プログラムがある。これにより、学生の流動が可能となり、例えばイタリアの大学生がドイツの大学で研究することが可能である。日本とはもちろんそのような協定はないが、彼女はある意味、壁を感じないで日本にきて、大発見をして帰国した（Ronco *et al.*, 2008）。

　筆者は、当初ショウジョウバエの胚発生もコオロギの胚発生も同じであろうと単純に考えていたが、実際には大きく異なることが、当時学生の新明洋平（現：金沢大学・医薬保健研究域・医学系・准教授）や中村太郎（現：基礎生物学研究所・助教）の RNA 干渉を用いた研究によりわかった。ショウジョウバエは、非常に進化した特殊な昆虫であり、一方、コオロギはより祖先的な発生形式をとることがわかった。特に、初期発生についてはショウジョウバエとは大きく異なっており、非常にダイナミックであることがわかった（口絵(5)参照）。

8.7　ヒトの難病の遺伝子と RNA 干渉とコオロギ

　ヒトと昆虫、たとえばショウジョウバエの遺伝子とを比較すると、全く異なるのではなく、60％程度は類似している。多分、ヒトとコオロギも同じである。何度も指摘しているように、昆虫であろうと生命の基本は同じなのである。したがって、遺伝子が変異して病気になる遺伝病の場合、昆虫にも同

じ遺伝子があり、昆虫も遺伝子に変異があると病気になる。そのような例の一つに、脆弱 X 症候群（指定難病 206）がある。

　脆弱 X 症候群で見られる症状は、精神発達の異常、学習障害から精神発達遅滞などである。1991 年、オランダのロッテルダム大学のバカーク博士らは、脆弱 X 症候群の病因遺伝子（*FMR1* という名前）を発見した（Verkerk *et al.*, 1991）。X 染色体長腕末端部の *FMR1* 遺伝子に存在する 3 塩基（CGG）繰り返し配列が、子孫に伝わると延長し、長くなると発症する。DNA の中で、CGG などの塩基配列が 50 から 200 回繰り返されている配列をもつことが原因の疾患を、トリプレットリピート病と呼んでいる。この CGG 繰り返し配列が 200 を超えると小児期から知的障害や発達障害を伴う脆弱 X 症候群となる。

　この遺伝子がショウジョウバエにも存在し、*dFMR1* と名付けられた。徳島大学の疾患ゲノム研究センターの教授に就任していた塩見春彦、美喜子博士夫妻は、1990 年にペンシルベニア大学医学部のギディオン・ドレイファス博士の研究室に留学した。そこで脆弱 X 症候群に関係する遺伝子の研究を行って、その後、1999 年、徳島大学の研究センターの教授として赴任し、脆弱 X 症候群の研究を継続した。ヒトの FMR の遺伝子は複雑なので、ショウジョウバエで脆弱 X 症候群の疾患モデルを開発した。この遺伝子を人為的に破壊または改変すると、ハエが本来持っている 24 時間の活動リズムに異常が生じた。この結果から、原因遺伝子が生物リズムの維持に重要な働きを持っていることが初めて明らかになった。開発した疾患モデルを用いて、病態発現にいたる経路の解明をして、思わぬ結果に遭遇した。dFMR が、RNA 干渉において重要な働きをする RNA 誘導型抑制複合体（RISC）を形成していることを発見した。

　さらに *dFMR1* はダイサー（Dicer）と呼ばれる RNA 干渉に必須のタンパク質とも結合していた（Kawamura *et al.*, 2008）。これらのことから *dFMR1* は、RNA 干渉に関係するタンパク質が脳神経系の形成に関与しており、それが原因で脆弱 X 症候群関連疾患を発症する可能性がわかった。徳島大学で RNAi に関する多くの重要な発見をした塩見夫妻は、2008 年に慶應義塾大学医学部分子生物学研究室の教授として異動した。その後、美喜子氏は東京大学大学院理学系研究科生物科学専攻の教授に就任している。

　塩見らの研究から、ショウジョウバの *dFMR1* を欠損すると、体内時計に影響が出るとのことから、コオロギの行動にも異常が出ると予想し、RNA 干渉法により、FMR1 の機能を抑制した。

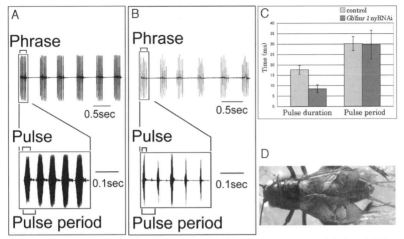

図 8-4　脆弱X症候群遺伝子*fmr1*をRNAiにより抑制すると、コオロギの鳴き声が変化する
A: 正常な鳴き声のパターン、B: RNAi 個体の鳴き声のパターン、C: RNAi 個体では、パルスの周期（pulse period）は変化しないが、パルス持続時間（pulse duration）が短くなっていた。D: RNAi 個体では、翅が変形し完全に閉じなくなっていた。

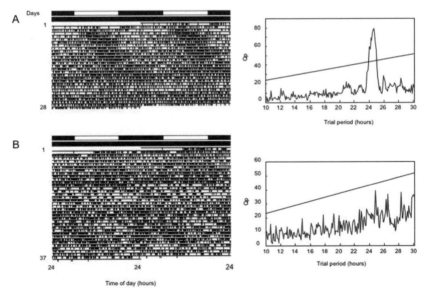

図 8-5　コオロギの幼虫の脆弱 X 症候群遺伝子 *fmr1* の発機能を抑制すると概日運動リズムが欠失する
左：コオロギ幼虫 2 匹のアクトグラム：活動が活発だと黒くなる。縦軸は実験開始日後の日数、横軸は 1 日の時刻。右：カイ二乗ピリオドグラム。A: 対照実験、*DsRed2* dsRNA（コントロール）を注入した場合。B: *fmr1* の dsRNA を注入した場合。コオロギは 3 齢の幼虫。1 日目の 18:00 に明暗 12:12 から暗暗に移した。アクトグラムの上の黒と白のバーは、それぞれ暗期と明期を示す。*DsRed2* dsRNA を注入した幼虫（A）では有意なピークがピリオドグラムで検出されたが、*fmr1* dsRNA を注入した幼虫（B）では検出されなかった。

8.8　脆弱 X 症候群遺伝子 *FMR1* を抑制するとコオロギの鳴き声が変化

　研究室の学生 濱田明日香さんがコオロギの *FMR1*（*Gb'fmr1*）の機能を RNA 干渉により抑制すると、3 つの変化が観測された（Hamada *et al.*, 2009）。1）翅の折り畳みに異常が見られた。2）オスの鳴き声に異常が見られた。特に、パルスの長さが半分程度に短くなっていた（図 8-4）。3）ショウジョウバの場合と同じように体内時計が明らかに異常になった（図 8-5）。

　脳のどのような異常でこのような現象が生じるのか詳細な解析は行っていないが、コオロギもヒトの疾患のメカニズムの解明に有用な役割を果たすことが十分に可能であることがわかった。この研究の重要なポイントは、遺伝子のノックアウトではなく、RNAi の現象を利用した遺伝子機能の抑制により、その役割を解析できる点である。　　　　　　　　　　　（第 8 章　野地澄晴）

Column

スタートアップの起業を推奨

　私は、コオロギの基礎研究を約 25 年間、徳島大学で行ってきた。一番の問題は、研究費の不足であった。文部科学省の科学研究費補助金に応募して採択されることで、研究は最低限なんとか継続できるが、博士研究員を雇用したり、大型の装置を購入するには、別の研究費を獲得する必要があった。そのため、少しでもコオロギに関連しそうな研究費助成金に応募し、研究費の獲得に努力した。教授の仕事の大部分が、研究費獲得のための申請書類などの準備と、採択された場合に要求される報告書の作成などに関する仕事であった。しかし、コオロギの基礎研究に研究費を出していただけることは、ほとんどなかった。国からの研究費が増加する可能性は皆無であるので、どのようにして研究費を獲得するのが、最も良いのか？ 今、2022 年になり、大学全体の研究費の増加を考えた場合、最も推奨したいことは、大学発ベンチャーの創設である。研究と起業は全く異なる仕事ではあるが、研究の手法である「仮説の設定、実験、検証、仮説の設定」は、実は起業のプロセスと類似している。研究費獲得のための多くの無駄な努力を考えると、社会のニーズを考え、起業し、研究を継続する方法がより生産的であると考えている。注意しなければならないのは、研究成果に基づき、起業することはリスクが多いことである。社会のニーズが最初で、それが起業のテーマでなければならない。社会のニーズと研究成果がマッチングできるタイミングがある。(株)グリラスはその良い例になってもらいたい。

　　　　　　　　　　　　　　　　　　　　　　　　　　　　（野地澄晴）

第9章　コオロギの体内時計

序　1日のリズムを刻む体内時計

　ヒトは24時間周期で生きている。太陽が昇り、朝になると起床し、朝食を
とる。夜になると夕食をとり、就寝する。これが1日24時間のサイクルで反
復され、年齢を重ねてゆく。このようなリズムは、一日の環境変化のサイク
ルから解き放たれ、環境が一定となる条件のもとでも、約24時間の周期で継
続することから、サーカディアンリズム（約一日のリズム）と名付けられて
いる。ヒトを含め、多くの生物はこのサーカディアンリズムを刻む時計を体
内に持っており、それを体内時計と呼んでいる。体内時計（概日時計）は、
地球の自転に伴う環境の日周変化に、各種の生理機能を調和させるための機
構であり、バクテリアからヒトまで進化的に保存されており、当然、コオロ
ギやハエも持っている。ヒトでは体内時計の変調は睡眠障害やホルモンバラ
ンス異常などの病態にも直結することから、体内時計の分子メカニズムの解
明は時計そのものの理解とともに、病気の予防や治療といった社会的にも重
要な課題となっている。

　ヒトの睡眠時間を8時間とすると、一生の1/3を眠りに費やすことになる。
つまり、人生100年であれば、33年間寝ていることになる。われわれはなぜ
眠らなくてはならないのであろうか。約11日間睡眠しなかった若者がいたそ
うであるが、脳の機能が狂い、幻覚症状が出たとのことである。昆虫にも睡
眠は必要であり、ショウジョウバエの睡眠時間は8〜10時間であり、これは
時計遺伝子に依存しており、睡眠を剥奪すると記憶学習効率の低下などが生
じる（Tabuchi *et al.*, 2018）。「眠り」は体内時計を含めて複雑に制御されており、
その生物学的な意味はまだ十分には解明されていないが、生きるために重要
なのは間違いない。

　この体内時計は、遺伝子に刻まれており、体内時計の遺伝子が存在する。
2017年のノーベル生理学・医学賞は、体内時計を生み出す遺伝子とそのメカ
ニズムを発見した米ブランダイス大学のホール博士とロスバシュ博士、ロッ
クフェラー大学のヤング博士の3氏に授与された。体内時計の振動を生み出
す時計遺伝子の相互作用を図9-1に示す。

　実際に、体内時計の遺伝子が存在することを発見したのは、カリフォルニヤ
工科大学のシーモア・ベンザー博士と当時大学院生だったロナルド・コノプカ

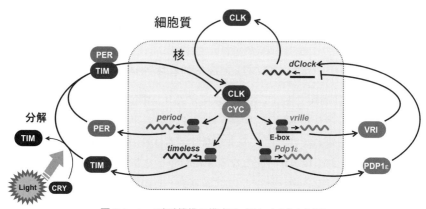

図 9-1　ハエ時計機構の模式図（詳しくは本文参照）

氏であった。ベンザー博士は、物理学者から分子生物学者に転向し、細菌に
感染するウイルスの研究を行っていたが、生物の行動に興味を持ち、ショウ
ジョウバエを実験材料に選び、研究をスタートした。1968 年、東京大学の堀
田凱樹博士はベンザー博士の研究室に博士研究員として留学する。その時の
ベンザー研究室の雰囲気を次のように紹介している（堀田, 2004）。

　「ベンザーの新しい研究室は、モルガン以来のショウジョウバエ研究の中心
地、カリフォルニア工科大学にありました。伝統ある場で研究ができると喜
んででかけたのですが、実はベンザーの試みはアメリカでも必ずしも理解さ
れているわけではないことがわかりました。行動は多数の遺伝子の複雑な支
配を受けているものであり、一つの遺伝子を変えて何かが起こるのは期待で
きない。起きたとしても人工的な操作の結果で生物学的な意味はない、とい
うわけです。」

　したがって、1970 年当時、体内時計の遺伝子があるとは誰も想像さえして
いなかった。しかし、彼らはショウジョウバエを用いて、人工的に遺伝子変
異のあるハエを作製し、その中から通常明け方に羽化するタイミングと歩行
活動が異常な突然変異のハエを見つけ出し、体内時計の遺伝子を発見した。
その遺伝子は、パー（*period*；*per*）と名付けられ、1971 年に発表された。そ
の遺伝子を単離する研究が、ベンザー博士の弟子たちにより継続された。そ
れがノーベル賞に繋がっている。

　東京大学に帰った堀田博士はショウジョウバエの飛び方の異常な突然変異
の単離を行う。筆者（野地）は大学院生の時、その方法を紹介する彼の講演
を聞いたことがある。その中で、突然変異のハエを飛翔力で分ける方法のデ

モンストレーションがあった。メスシリンダーの内側に油を塗り、メスシリンダーの口からハエを落とすのである。飛べないハエは当然、シリンダーの底に落ちるが、飛ぶ力が強いと上側に、弱いと下側のガラス面にくっつくので、メスシリンダーのメモリを読めば、飛翔力を定量化できるとのことであった。この方法で、ハエの飛翔力を制御するさまざまな遺伝子が同定できるのである。堀田博士は筋肉に異常のある突然変異を多数解析し、彼の指導教員である、筋肉の収縮にカルシウムイオンが必要であることを発見したことなどで有名な江橋節朗教授（東京大学名誉教授、元生理学研究所長）の筋肉の研究を助けた。堀田教授とは何かの会合でお会いしたことがあり、緊張して話す話題を思いつかなかったので、とりあえず「先生のご出身はどこでいらっしゃるのですか？」と無難な質問をしたつもりであったが、答えは「わからないのです。」だった(堀田, 2004)。　　　　　　　　　　　　　　　　　(序　野地澄晴)

9.1　コオロギの体内時計はどこにあるのか

　岡山大学の筆者（富岡）の研究室では、コオロギを用いて昆虫の体内時計を研究している。体内時計は、単に睡眠の周期だけでなく、生殖、摂食、眼の感度、神経活動などのリズムにも関係している。コオロギの場合は、夜行性なので、夜に眼の感度が高くなるようにリズムが設定されている。この体内時計であるが、実はその周期は、正確に24時間にはなっていない。そのため、体内時計は、実際の昼夜の周期に合わせるために、毎日リセットしなければならない。

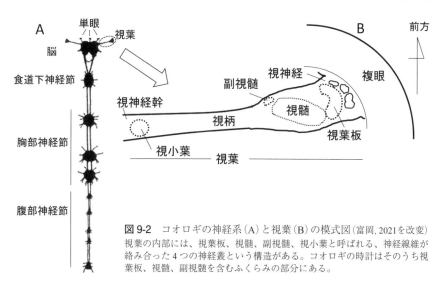

図9-2　コオロギの神経系（A）と視葉（B）の模式図（富岡, 2021を改変）
視葉の内部には、視葉板、視髄、副視髄、視小葉と呼ばれる、神経線維が絡み合った4つの神経叢という構造がある。コオロギの時計はそのうち視葉板、視髄、副視髄を含むふくらみの部分にある。

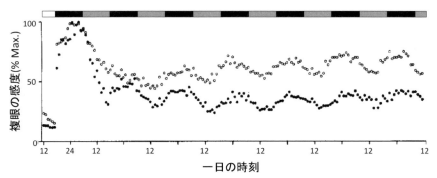

図 9-3　コオロギ複眼の光感度のサーカディアンリズム（富岡, 2021を改変）
黒丸は正常な複眼の、白丸は視柄を切断して、視葉のふくらみ部分を脳から切り離した複
眼のリズムを示す。視葉が脳から切り離されても複眼の感度リズムは継続する。図の白黒
グレーのバーは、それぞれ昼、夜と、暗黒にしてからの元の昼に対応する時間を示している。

　そのリセットは、光によって行われている。コオロギの眼は、小さな眼が集
合した複眼でありそこで感じた情報を脳に送り、体内時計をリセットしてい
る。実際、眼と脳を繋ぐ視神経を切断すると体内時計がリセットされなくなる。
　体内時計が脳のどの場所にあるのかという疑問に対する答えは、長い間不
明であったが、筆者のグループはコオロギを用いた研究により、その答えを
出すことができた。コオロギの眼と脳との関係を図 9-2 に示す。眼と脳は視葉
という組織で繋がっているが、視葉の視髄と視小葉の間にあって視髄と脳を
連結する神経である視柄を切断すると、明暗周期の下でも夜行性の活動リズ
ムが消失してしまう。しかし、この手術後も複眼の感度のリズムは変わらず
維持されることを筆者のグループは発見した（図 9-3）。したがって、体内時

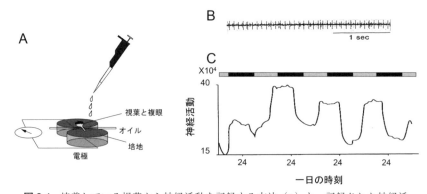

図 9-4　培養している視葉から神経活動を記録する方法（A）と、記録された神経活
動（B）、その恒暗下での長時間記録により検出されたサーカディアンリズム（C）
　Cのグレーと黒のバーは、それぞれ元の昼と夜に対応している。（富岡, 2021 を改変）

計は視葉（ここでは視髄、副視髄と視葉板を含む膨らんだ部分をいう）にあることが予想された。視葉に時計が在ることを証明するためには、視葉そのものにサーカディアンリズムがあることを示す必要があった。そのためには、視葉を取り出して培養し、リズムがあることを証明しなければならなかった。筆者らは、その実験を開始したが、当初は視葉の培養を試みても細胞が死んでしまい、証明ができなかった。ブレイクスルーは、視葉に気管を結合したままで培養することに気付いたことにより訪れた。昆虫の循環系は開放血管系であり、ヒトのように血液が酸素を運ぶための血管がなく、体液がからだの中を回っているだけである。一方、酸素は血管のように発達した気管と呼ばれる管から直接供給されるのである。したがって、気管がないと酸素不足になり細胞が死んでしまう。それに気づいて、視葉の培養に成功するまでに 3 年かかったが、1992 年にコオロギの体内時計が視葉にあることを最終的に証明した（Tomioka & Chiba, 1992）（図 9-4）。

9.2　昆虫体内時計の多様化を解明する糸口を発見

　体内時計の分子メカニズムは昆虫といえどもかなり複雑である（フォスター & クライツマン／石田（訳），2020）（図 9-1 を参照）。先に紹介したノーベル賞受賞者らは、1980 年代にショウジョウバエの時計遺伝子パー（*per*）の単離に成功した。パー遺伝子は、昼の後半から夜の初めにかけて読みだされて、夜にタンパク質が合成され、合成されたパータンパク質は夜の後半になると細胞質から核に移動することがわかった。しかし、パー遺伝子の読出しや核への移動など、時計の仕組みは複雑でパータンパク質だけでは説明できなかった。1994 年に体内時計に関係する別の遺伝子がヤング博士らによって発見された。それがタイムレス（*timeless*；*tim*）である。タイムレス遺伝子はパー遺伝子とほぼ同じ時間経過で読みだされる。2 つのタンパク質が結合することを 2 量体を形成すると表現するが、タイムレス遺伝子から作られるティム（TIM）タンパク質は、パータンパク質と 2 量体を形成することで核に移動することがわかった。さらに、1998 年になってホールとロスバッシュらによってクロック（*Clock*）とサイクル（*cycle*）という 2 つの時計遺伝子が発見されたことで、時計の仕組みの全貌が見えてきた。サイクルはクロックと共に時計に関与する遺伝子の転写を活性化する重要なタンパク質をコードする遺伝子である。クロックとサイクルからできるタンパク質は 2 量体を形成し、パー遺伝子とタイムレス遺伝子を読みだす働きをしており、この働きを核内に移動したパー

タンパク質とティムタンパク質の 2 量体が抑制することで 24 時間の周期を生み出しているのである。

　生物の持つ体内時計の周期は、正確に 24 時間にはなっていない。少しだけ 24 時間より長いか短い。したがって、毎日昼夜の 24 時間周期に合わせねばならず、そのために時刻合わせ（同調）するメカニズムがある。同調に利用する因子は主として太陽光である。ショウジョウバエの場合は、時計細胞で発現するクリプトクロム（cryptochrome；CRY）が青色光により活性化され、ティムタンパク質を分解することで、概日時計をリセットしている。ショウジョウバエの時計をざっと説明したが、時計の仕組みは実際はもっと複雑である。詳細は他書を参照していただきたい。この体内時計のシステムは、コオロギにもあり、もちろん人間にも存在しているが、さらに複雑である。

　コオロギの体内時計の研究は、筆者の研究室で精力的に行い、多くの研究成果を発表してきている。総てを紹介できないが、その一端を紹介する。2013 年、筆者のグループにおいて、大学院生の瓜生央大がフタホシコオロギの体内時計が、ハエ型と哺乳類型の両方の特徴を併せ持つことを明らかにした（図 9-5）。

　ハエ型では時計遺伝子クロックが、哺乳類型ではサイクルが周期的発現を示すが、コオロギでは条件により両者が振動することを初めて明らかにした。この研究成果は、『Journal of Insect Physiology』誌に公開され、昆虫時計機構の多様化を理解する糸口となると期待されている（Uryu et al., 2013）。

　多様な環境に適応して生息する昆虫では時計も多様化が進んでいると考えられている。ショウジョウバエでは、サイクルは一定レベルで発現しており、クロックは日周期で発現するが、他の昆虫には、クロックが定常的に発現し、サイクル

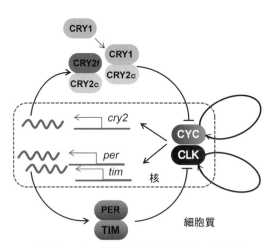

図 9-5　コオロギ体内時計の振動機構の模式図
コオロギにはハエと同様の *per* と *tim* が周期的に発現するループに加えて、*cry2* が周期発現するループがある。さらに、CYC と CLK が周期的に発現する仕組みを備えている。詳しくは本文を参照のこと。

が日周期で発現するものもある。後者は哺乳類に類似した特徴である。瓜生らは、コオロギを用いてサイクル遺伝子をクローニングし、その機能を解析した。コオロギでも、サイクルが活動リズムを制御するために重要な役割を演じるが、ハエと異なり日周期的に発現しており、逆にクロックが定常的に発現することがわかった。ところがコオロギでは、サイクルの周期的発現を阻害することにより、クロックが周期的に発現する。したがって、祖先型の昆虫時計では本来、サイクルとクロックの両方が振動する機構を持っており、そこからサイクルまたはクロックの一方が振動するように変化したことが推定された。クロックが振動するハエ型の要素とサイクルが振動する哺乳類型の要素の両方を合わせ持つコオロギの体内時計の仕組みを解明することにより、昆虫体内時計の多様化の理解につながることが期待される。

9.3　季節を測る時計

　1 年間の季節の変化を制御している体内時計もある。ヒトは空調などが発達したおかげで、次第に季節による変化に鈍感になっているので、冬でも夏でも同じような生活をしている。しかし、野生の動物にとっては、季節の変化は生きるために非常に重要な要素である。例えば、冬眠をする熊などは、冬に餌を得ることができないので、眠って春を待つのである。熊の祖先は冬眠などしていなかったと予想され、冬眠は北の四季のある地域に生息することにより、次第に獲得した形質であろう。しかし、冬眠はどのようにして可能になったのであろうか？　そのヒントが最近得られた。2020 年、筑波大学の櫻井武教授と大学院博士課程の高橋徹氏と理化学研究所が、マウスの脳の一部を刺激すると、人工的に冬眠に似た状態に導けることを発表した（Takahashi *et al.*, 2020）。実験では、マウスの食事行動などに関わるとされる神経物質 QRFP を作る神経集団を刺激したところ、マウスの体温と代謝が数日間にわたって大きく低下することを発見し、この神経集団を「Q 神経（休眠誘導神経）」と命名した。哺乳類など体温を一定に保とうとする恒温動物は、体温が一定より下がると酸素の消費量を上げて熱を作り、体温を上げようとする。通常のマウスは 37 度付近で体温を保持する。ところが、人工冬眠状態のマウスは体温が 30 度を下回った状態を維持した。通常は冬眠をしない実験動物のマウスを冬眠に近い状態にできたため、同じ哺乳類であるヒトでもこの「Q 神経」を刺激することで人工冬眠させることができる可能性がでてきた。熊の冬眠も「Q 神経」が関与しているのであろうが、季節を間違い、真冬に冬眠から

覚めたりすると大変なことになる。このような動物にとっては、季節を感じる時計は非常に重要である。

　日本に生息するコオロギにとっても季節を感じる時計は非常に重要である。昆虫は熱帯に起源をもち、そこから温帯へと生息域を広げてきた。常に暖かい熱帯とは異なり、温帯には四季があり、生存のためには厳しい冬を越すことが不可欠である。コオロギは、この生息域の拡大の過程で、春から夏にかけて繁殖し、休眠により冬を越すという季節に適応した生活史を獲得した。昆虫が卵やさなぎで越冬することはよく知られているが、幼虫で越冬するものもいる。筆者らは、本州から九州にかけて広く生息し、幼虫で越冬するタンボコオロギ（*Modicogryllus siamensis*）を研究対象にした（図 9-6）。

　タンボコオロギの幼虫発育は昼の長さ（夜明けから日の入りまでの時間：日長）により制御されることがこれまでわかっていた。25℃で長日（昼 16 時間）条件下では、卵から孵化した幼虫は 7〜8 回の脱皮を経て約 50 日で成虫になる。短日（昼 12 時間）条件下では 9 回以上脱皮を繰り返してゆっくりと成長し、半数が成虫になるのに 100 日かかる。成虫の体重は、短日の場合は長日の場合の約 2 倍にもなる。温度を 30℃にした場合、長日、短日条件での脱皮回数と体重は、25℃の場合とほとんど変わらないが、発育速度は大きく促進され、短日でも 25℃の場合の長日条件よりも早く成虫になる。コオロギが成虫になるかならないかを決めているのは、幼若ホルモンである。このホルモンについては第 5 章で詳しく説明しているが、幼若ホルモンが出なくなると成虫に

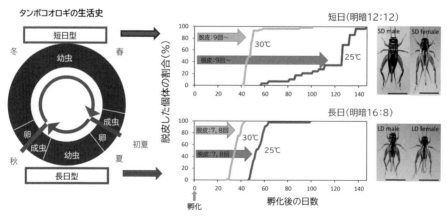

図 9-6　タンボコオロギの生活史と日長と温度による幼虫発育の制御（詳しくは本文参照）
　　　　　写真の SD は短日を、LD は長日を示す。また、左が雄、右が雌である。

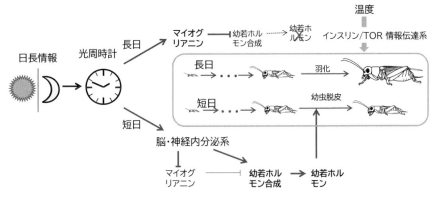

図 9-7　日長と温度によるタンボコオロギ幼虫発育の制御

日長は光周時計によって長日と短日に判別される。長日ではマイオが 5 齢以降に発現し、幼若ホルモンの合成を抑制することで、変態を促す。短日ではマイオの発現が抑制され幼若ホルモンの合成が促進されることで、変態が抑制され、幼虫脱皮を繰り返す。一方、温度は、インスリン / TOR シグナル伝達系を介して、幼虫の成長速度を調節する。

なる。幼若ホルモンの活性を調節している因子があり、それはマイオグリアニン（マイオ）というタンパク質ホルモンである。また、第 7 章で紹介しているように、成長を制御しているのはインスリン関係のホルモンである。

筆者と大学院生の篠原従道らはタンボコオロギを用いて実験をした。長日条件下でマイオの発現を RNA 干渉法により抑制すると、脱皮回数が増加し、短日型の発育を示した。また、このマイオの発現は日長情報が脳を経て制御していることが発見された。マイオの発現が脳内の何により制御されているかは非常に興味ある課題である。この課題は動物の冬眠のメカニズムの解明にも繋がるであろう。マイオの哺乳類版は、マオイオスタチン（GDF8）で、これが冬眠に関わっている可能性もある。

　温度による発育速度の制御には、インスリン系が関わっており、この系に関わるインスリン様ペプチド（ILP）やラパマイシンの標的（TOR）の 30℃での高発現によって発育が促進され、ILP の受容体（Inr）を発現抑制すると、発育が抑制されて幼虫期間が長くなったが、脱皮回数には響影しない。筆者らは、タンボコオロギの発育が、マイオを介した日長による脱皮回数の制御とインスリンを介した温度による成長速度の制御により、環境の季節変化に適応していることを世界で初めて発見した（Miki *et al.*, 2020）（図 9-7）。

（9.1〜3　富岡憲治）

第10章　コオロギも考える —微小脳

序　学習と記憶の研究

　1902年、53歳のイワン・パブロフはロシアの医学の研究者で、消化腺の研究を行っていた。消化腺活動の研究によって1904年にはノーベル生理学・医学賞を受賞するが、その2年前の話である。消化腺の一つに唾液腺がある。パブロフは犬を用いて唾液腺から出る唾液の量を測定していた。ある日、犬の飼育係の足音がするだけで、犬の唾液の分泌量が増加することを偶然発見した。犬は飼育係が餌を持ってくることを知っており、それに反応していたのである。パブロフは、飼育係の足音の代わりにメトロノームを用いて、メトロノームの音を聞かせてから犬に餌を与えることを繰り返すと、音を聴かせただけで、唾液の分泌量が増加することを示した。これが有名なパブロフの条件付けの発見物語である。犬にとって直接関連のない出来事であるメトロノームの音と餌を結びつけることは学習の成果であり、それは連合学習と呼ばれている。その連合を記憶すると音を聴いただけで唾液が分泌される。これは、学習と記憶が犬の脳で生じていることを意味している。この時、餌に対する生得的な唾液分泌を無条件反応と呼び、餌を無条件刺激と呼ぶ。メトロノームの音を聞くと唾液を分泌することを条件反応と呼び、メトロノームの音を条件刺激と呼ぶ。

　コオロギの脳は、犬や人間と比較すると非常に小さい。人間の脳には約1000億個の神経細胞があるが、コオロギの脳には100万個以下の神経細胞しかない。ヒトの脳より10万分の1ほど神経細胞の少ないコオロギの脳は、はたして学習と記憶の機能を持っているのであろうか。（序　野地澄晴・水波　誠）

10.1　コオロギとバニラとペパーミントの匂い

　学習とは経験に基づく行動の変化と定義される。学習された反応を保持することを記憶と呼ぶ。野生の動物にとって、匂いは食べ物を発見するための手がかりであり、食べ物の匂いを学習し記憶する能力は、その生存に大きく寄与する。1998年、北海道大学電子科学研究所の筆者（水波）の研究室の松本幸久は、コオロギを用いて、条件刺激として「音」ではなく、「匂い」を使用した実験を行った。匂いとしてバニラとペパーミントを用いた。

　「ホタルこい」と題するわらべうた（小倉朗作曲）がある。「ホ　ホ　ホタ

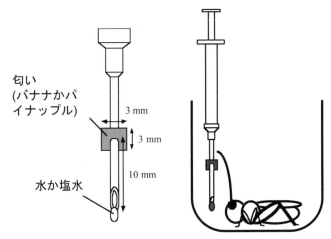

図 10-1　コオロギの匂い学習訓練の方法

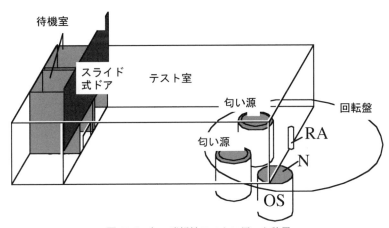

図 10-2　匂い嗜好性テストに用いた装置

ルこい、あっちのみずは　にがいぞ、こっちのみずは　あまいぞ」であるが、ホタルではなく、コオロギでこの実験を行った（図 10-1・2）。

　匂い嗜好性テストではペパーミントとバニラの匂い源を 2 つ並べて置いておき、そこにコオロギを入れると、コオロギは自由に動き回り、バニラやペパーミントの匂いを感じ、好きな匂い源の所に長く滞在する。この滞在時間の比較により、コオロギはバニラの匂いを好むことがわかる。一方、ペパーミントの匂いを嗅がせた直後に水を 1 滴与える条件付け訓練を 1 回行うと、コオロギはペパーミントの匂いを好むようになり、4 回の訓練をするとその記憶は 1 日後も保持された（Matsumoto & Mizunami, 2002）。コオロギは水と連合した

━━ Column ━━

ガス漏れの記憶

　筆者（野地）は都市ガスの匂いを感じると、40 年前のアメリカ留学の記憶が突然蘇ってくる。1980 年、米国の国立衛生研究所（NIH）に留学した時に、ホワイト・ハウスのあるワシントン DC の郊外の町ロックビルにアパートを借りた。そのアパートの部屋には微かに何かの匂いがあった。当初、それは何の匂いかわからなかったが、やがて都市ガスに混合されている匂いであることがわかった。つまり、恐ろしいことに、ガス漏れしていたのである。その原因を追求して判明したのは、ガスオーブンの種火用のガスに火がついていなかったのである。当時、ガスコンロなどは、点火のために、常時種火がついていたのである。しかし、ガスオーブンは利用したことがなかったので、種火がついていなかったことに気がつかなかった。そこから、ガスが出ていたのである。それで、ガスの匂いを嗅ぐと、アメリカ留学時代が思い出されるのである。ガスの匂いとアメリカのアパートが結びついている。

（野地澄晴）

匂いを学習し、長期間記憶する能力を持つのである。

　それでは、コオロギは、匂いの種類をどの程度区別して記憶できるのであろうか。14 種類の匂いを用意して 7 組に分け、それぞれ一方を砂糖水と一方を食塩水と連合させる学習訓練を行った。これを 4 日間行うと、その後の匂い選択性テストにおいてほとんどのコオロギは全ての匂いの組において、砂糖水と連合させた匂いを選択した。コオロギは少なくとも 7 種類の異なる匂いを同時に報酬と連合させることができる。このような実験から、コオロギが驚くほど優れた記憶・学習能力を持っていることがわかった（Matsumoto & Mizunami, 2006）次の問題は、学習・記憶が脳内のどこでどのように行われているのかを解明することである。それは、ヒトと同じなのであろうか？

（10.1　水波　誠）

10.2　微小脳の記憶のしくみはヒトの脳と同じ

　アメフラシという生き物を知っているであろうか？　海の巻貝の貝殻が退化し、中身だけが生きているような軟体動物である。この動物の神経細胞はヒトの神経細胞の 100 倍も大きく、観察しやすいので、神経系の働きを調べるための実験動物として使用された。アメフラシを用いて得られた記憶の分子的な仕組みの研究により、2000 年にノーベル医学生理学賞を受賞した研究者

がいる。米国コロンビア大学のカンデル教授（Eric R. Kandel）である。当時、このニュースを聞いた筆者（野地）は、アメフラシ？長期記憶の形成？ノーベル賞？と多くの疑問を持った。要は、地球上の生物の生きる仕組みはその基本は同じなので、生命現象の基本を解明するのは、アメフラシであろうが、ショウジョウバエであろうが、コオロギであろうが、適した研究材料を用いれば良いのである。

　カンデルはアメフラシを用いた研究から、サイクリック AMP（cAMP）（p159 用語解説参照）が長期記憶の形成に関与していることを発見した。彼の自叙伝がノーベル財団のホームページに掲載されている。彼はオーストリアのウイーンに生まれ、第二次世界大戦中、ナチス・ドイツがユダヤ人などに対して組織的に行った大量虐殺（ホロコースト）から逃れて、1939 年に米国に移住している。精神科の医師を目指すが、脳の基礎研究を行う。なぜアメフラシを選択したかについて詳細に経緯が書かれている。カンデルは、ある日偶然、オーストリアの生理学者であるクフラー博士（Stephen Kuffler）が節足動物のロブスターやザリガニを用いて神経細胞の研究を行った論文を見つけ、その神経細胞が脊椎動物と変わらないことを知る。この経験から、記憶の研究を行うのにより単純な動物を探し、アメフラシにたどり着く。アメフラシを知るきっかけは、彼が務めていた米国国立衛生研究所（NIH）で開催されたアルバキタニ博士（Angelique Arvanitaki）による講演で、アメフラシが巨大な神経細胞を持っていることを知ったことである。彼女はトーク博士（L. Tauc）のパリの研究室でアメフラシ（*Aplysia*）の研究を行っていた。1961〜1962 年、カンデルはパリに滞在し、トークの研究室でアメフラシの研究方法を習得する。米国に帰国して、アメフラシが学習し記憶することがわかり、長期記憶にサイクリック AMP が必要であることを発見する。彼の著書である『カンデル神経科学』は最良の教科書として有名である。

　1970 年のノーベル医学生理学賞を受賞したのは、カンデルに加えて、カールソン博士（Arvid Carlsson）とグリーンガード博士（Paul Greengard）であった。受賞理由は、"神経系におけるシグナル伝達に関する発見"の功績であった。カールソンは脳の神経伝達物質の一つがドーパミン（図 10-3）であり、運動を制御するのに重要であることを発見した。一方、グリーンガードは、ドーパミンや他の神経伝達物質が神経系でどのように働くかを発見した。カールソンはスウェーデンのウプサラに生まれ、1951 年にルンド大学で医師免許を取得し、医学博士も取得した。1950 年代に、彼はドーパミンがそれまで信じ

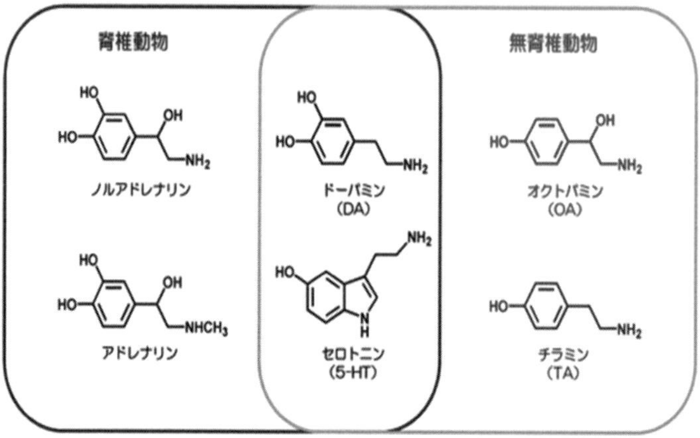

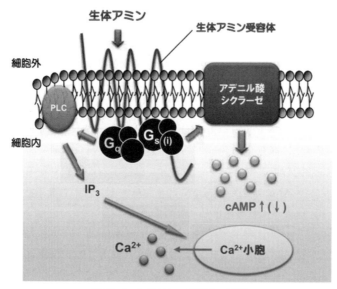

図 10-3 生体アミンの構造

脊椎動物にはノルアドレナリン、アドレナリン、ドーパミン（DA）、セロトニン（5-HT）といった生体アミンが存在する。昆虫などの無脊椎動物には、脊椎動物と共通の DA と 5-HT の他、オクトパミン（OA）とチラミン（TA）といったフェノールアミンが特異的に存在する。OA と TA はノルアドレナリンとアドレナリンに似た生理作用を持っている（太田, 2011；許可を得て掲載）。

図 10-4 生体アミン受容体の機能

生体アミンがその受容体に結合すると、受容体に結合した G タンパク質が活性化される。G タンパク質には、Gs、Gi、Gq などが存在する。Gs が活性化されるとアデニル酸シクラーゼが活性化され、サイクリック AMP（cAMP）が合成される。Gi が活性化されるとアデニル酸シクラーゼが抑制され cAMP の合成が抑えられる。Gq が活性化されると ホスホリパーゼ C（PLC）が活性化され IP$_3$（イノシトール 1,4,5- トリスリン酸）が生成される。IP$_3$ が Ca$^+$ 小胞に作用することで細胞質中に Ca$^+$ が放出される。細胞内の cAMP や Ca$^+$ の濃度が高くなり、種々のリン酸化酵素の活性化や遺伝子発現の変化を引き起こす（太田, 2011；許可を得て掲載）。

られていたような単なるノルアドレナリンの前駆物質でなく、脳の中の神経伝達物質であることを実証した。さらに、彼は脳組織内のドーパミンの量の測定方法を開発し、運動に重要な部位である大脳基底核のドーパミンの量が特に高いことを発見した。

　ヒトの脳において、ドーパミンを伝達物質とする神経細胞のうち、主に中脳や大脳前頭葉に分布するものが意欲、動機、学習などに重要な役割を担っていると言われている。新しい知識や行動を報酬や罰と関連づけて学習する際には、中脳のドーパミンニューロンが報酬や罰の情報を伝える（Schultz, 2007）。また、ドーパミンの多い・少ないことが、幻覚・妄想などを伴う統合失調症や運動が異常になるパーキンソン病などとも関係している（Schultz, 2007）。

　3人目のノーベル賞受賞者であるグリーンガードの研究は、カンデルとカールソンの研究を結びつけるもので、ドーパミンが神経細胞の細胞膜上の受容体と結合したとき、細胞内のサイクリックAMPの増加を引き起こすことを証明した（図10-4）。このサイクリックAMPの増加は、プロテインキナーゼAと呼ばれるタンパク質が、シグナル伝達を担うタンパク質にリン酸基を次々に結合することにより、活性化し、DARPP-32と呼ばれるタンパク質を活性化することを示した。その活性化が記憶に関係するシナプス伝達の変化をもたらす。この活性化の流れをリン酸化カスケードと呼び、さまざまな細胞でこの活性化が使われている。このカスケードによりクレブと呼ばれるタンパク質がリン酸化されるのだが、それが長期記憶に関わっていることは、アメフラシとショウジョウバの研究により発見された。（10.2　野地澄晴・水波　誠）

....

【用語解説　**神経細胞の繋がり方：シナプス**】
　ここで、神経系を構成する神経細胞（ニューロン）について紹介しておく。神経系において神経細胞は、独特の繋がり方をしている。図10-5に示すように、核が存在する細胞体、他の神経細胞から信号を受け取る

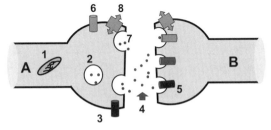

図10-5　シナプス前細胞（A）からシナプス後細胞（B）への化学シナプスを経由した神経伝達の様子

1: ミトコンドリア、2: 神経伝達物質が詰まったシナプス小胞、3: 自己受容体、4: シナプス間隙を拡散する神経伝達物質、5: 後シナプス細胞の受容体、6: 前シナプス細胞のカルシウムイオンチャネル、7: シナプス小胞の開口放出、8: 神経伝達物質の能動的再吸収

樹状突起、その細胞体で発生した活動電位を伝える軸索、この軸索の末端部が別の細胞の樹状突起と接するのであるが、その接合部をシナプスと呼ぶ。

　シナプス接合部において、軸索末端と樹状突起の間にはわずかな隙間があり、軸索末端から連絡物質がこの隙間に放出され、それが樹状突起にある受容体に結合することにより、神経細胞から神経細胞へと信号が伝わる。その連絡物質は、神経伝達物質と呼ばれ、さまざまな種類がある。大きく分類すると、アミノ酸（グルタミン酸、γ- アミノ酪酸、アスパラギン酸、グリシンなど）、ペプチド類（バソプレシンなど）、モノアミン類（ノルアドレナリン、ドーパミン、セロトニン）とアセチルコリン、その他一酸化窒素、一酸化炭素などの気体分子も神経伝達物質として働く。

　神経細胞間の結合の強さが変化するとは、シナプスでの信号伝達の効率が変わることである。例えば、シナプスで放出される伝達物質の量が変わったり、受容体の量が変わったりする。　　　　　　　　　　　　　　　　（野地澄晴）

10.3　ショウジョウバエの記憶異常と遺伝子の変異

　再びショウジョウバエに登場していただく。ハエの脳は、コオロギよりもさらに微小であるが、脳の研究もショウジョウバエを用いて行われている。ショウジョウバエの匂いの学習と記憶の研究では、苦い水（罰）の代わりに、電気ショック（罰）を用いる（Yin *et al.*, 1994）。匂いと電気ショックとの関係を記憶させるのである。匂いとして、柑橘臭のオクタノールと樟脳臭のメチルシクロヘキサノールを利用し、電気ショックは直流 60V を 1.5 秒間 12 回かける（Yin *et al.*, 1994）。ハエを 100 匹同時に試験管の中で訓練する。例えば、オクタノールの匂いがする条件で電気ショックをかけることを繰り返すと、オクタノールの匂いがするだけで、その場所からは逃げるようになる。つまり、オクタノールと電気ショックの連合学習により、それを記憶して匂いだけで行動を起こすようになる。これまでと同じように、ショウジョウバエの遺伝的な変異を多く作り、この連合学習訓練をして、ハエの記憶力を調べると、長期記憶がなくなる変異体や短期記憶がなくなる変異体を見つけることができた。このような研究を行ったのは、体内時計のところで紹介したシーモア・ベンザーの孫弟子のトゥリー博士であった。トゥリーらは、長期記憶がなくなるハエの遺伝子を調べ、長期記憶に重要な遺伝子の一つが、クレブ（CREB（cAMP response element binding protein））と呼ばれるタンパク質の遺伝子であった（Lonze & Ginty, 2002）。クレブとは、サイクリック AMP（cAMP）に応答して、シナプス可塑性に関係するタンパク質を作るために DNA に結合するタンパク

質である。これにより、長期記憶ができるのである。

　2013 年、平野恭敬と斎藤実（東京都医学総合研究所主任研究員）らの研究によると、ショウジョウバエについては、満腹の時よりも空腹時の時に効率的に記憶力がよくなるという実験結果が得られている。そのメカニズムにクレブが関与していることが解明されている（Hirano *et al.*, 2013）。

（10.3　水波　誠・野地澄晴）

……………………………………………………………………………

【用語解説　サイクリック AMP（cAMP）】

　サイクリック AMP を発見したのは、米国のサザーランド（Earl W. Sutherland, Jr.）である。1971 年のノーベル医学生理学賞を受賞した。その理由は、ホルモン作用のメカニズムの解明であった。ホルモンは男性ホルモンなどのように、血液を介して全身に周り、ホルモンが作用する細胞には、受容体が存在する。彼が研究したホルモンは、アドレナリンであった。アドレナリンはエピネフリンとも呼ばれている。サザーランドは肝臓においてグリコーゲンがグルコースに分解されるメカニズムを研究していた。彼はアドレナリンがホスホリラーゼ（タンパク質をリン酸化する酵素）を活性化することを見出したが、その活性化には仲介する物があることを見つけた。それを 2 次伝達物質（メッセンジャー）と名付けた。それがサイクリック AMP だったのである。サイクリック AMP はアデニルサイクレース（adenyl cyclase）という酵素により作られる。細菌もサイクリック AMP を利用して、細菌間の情報交換をしている。　　　　　　　　　　　　　　　　（野地澄晴）

……………………………………………………………………………

【用語解説　アドレナリン（エピネフリン）】

　われわれは、さまざまな場面において緊張する。多くの人々の前で話や演奏をする時や、スポーツの試合の時、試験の時など、心臓がドキドキしたり汗が出たり、身体の反応が生じる。その反応を仲介しているのが、ホルモンでアドレナリンが有名である。このホルモンは脳や身体を緊張させたり、興奮させたりする働きを持っており、運動能力を高める、脳の機能を高めることに必要である。アドレナリン（adrenaline）は副腎髄質より分泌されるホルモンで、1900（明治 33）年 7 月、消化酵素「タカジアスターゼ」を発見した高峰譲吉と上中啓三がアドレナリンを発見した。ところが、同じ物質なのに、米国ではエピネフリンと呼ばれている。名前が統一されていない理由は、アドレナリン発見の経緯にある。アドレナリンの最初の発見者は、高峰と上中のチームであったが、一方、米国の研究者ジョン・ジェイコブ・エイベルはヒツジの副腎から分離した物質に「エピネフリン（epinephrine）」と名付けた。エピネフリンはギリシャ語で副腎を意味する。この物質の発見には激しい競争があったが、高峰らのグループが最初に単離に成功した。

徳島大学には薬学部があるが、それを創立したのは日本における薬学研究の創始者長井長義博士である。アドレナリン結晶化の成功は、高峰博士の助手であった上中啓三の貢献が大きい。上中は東大医科附属薬学選科で、長井長義教授から、2年余に渡り直々に指導を受けている。1900（明治33）年、長井教授の紹介により、ニューヨークの高峰博士を訪ねた。上中は、7月21日の朝、前夜処置しておいた幾つかの試験管の一つに、小さな固まりがこびりついているのを発見した。それがアドレナリンかどうかを判定する方法に、40年以上前にフランスのヴルピアンが報告した、副腎からの抽出物は塩化鉄との化学反応で常に緑色を呈するなどの「ヴルピアン反応」が生じるかどうかにより判定する方法を使った。そして、上中は人類が初めて生命体から取り出した「ホルモン」の結晶を得た。こうして結晶化に成功した物質は、同年11月7日に、高峰博士の友人、ウィルソン博士の提案により「アドレナリン」（副腎由来のもの）と命名された（高峰譲吉博士研究会, 2021）。 （野地澄晴）

10.4 コオロギの記憶形成について

動物はその生存のために、「過去の経験に基づいて、将来の行動を変える能力が必要であり、そのためには情報を貯蔵することが必要であった。それが記憶である」（Kukushkin & Carew, 2017）。進化の初期に記憶の能力を獲得して現在に至っており、記憶の基本の仕組みは動物間で共通と考えられる。コオロギも例外ではない。しかし、記憶が脳においてどのような仕組みで情報を蓄積しているのか、まだ十分に解明できていない。筆者（水波）の研究室では、コオロギを用いてその謎に挑んでいる。

脳において蓄積される情報の1つに、ある刺激とその刺激がもたらす関係についての知識を蓄積することがある。記憶はその持続時間の長さから、短期記憶、中期記憶、長期記憶の3つに分けられる。特に長期記憶については実に不思議な点が多い。例えば、50年以上も前の記憶をどのように蓄積しているのであろうか。現在では人間でも動物でも「瞬間の記憶も長期記憶も同時に利用可能であり、時間の経過とともに瞬時の記憶は徐々に長期記憶に移行する」と提案されている（引用論文の図1参照）（Kukushkin & Carew, 2017）。

筆者（水波）と松本らはコオロギを用いた研究により、匂いと水や塩水との連合学習と記憶の実験から長期記憶のモデルを提案している（Matsumoto *et al.*, 2018）。そのモデルを図10-6に示している。少し複雑な図だが紹介する。

（1）まず、ペパーミントの匂いはコオロギの触角にある匂いを感じる細胞

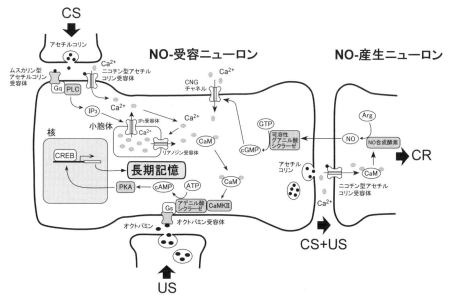

図 10-6　匂いと水や塩水との連合学習と記憶の実験から長期記憶のモデル
（水波・松本モデル；本文参照）

から、その情報を受け取る介在神経細胞を経て、神経伝達物質であるアセチルコリンを介して図の中央に描いた脳のキノコ体の神経細胞に伝わり、左上の信号（CS）として入る。

(2) 水の刺激（無条件刺激）は味覚を伝える神経を経由して、中央下の信号（US）が、オクトパミンという神経伝達物質を介してキノコ体の神経細胞に伝わる。

(3) この二つの情報を繋げて記憶するのがキノコ体の神経細胞(中央)である。

(4) 匂いと水の条件付け訓練を受けたコオロギがペパーミントの匂いを感じると、水を求めて匂いへの探索行動（CR）をとる。

　この訓練が一回だと、短期記憶（タンパク質合成に依存しない）が生じる。その場合は、記憶に関係する神経細胞とその出力を受けて行動に関係する神経細胞の間のシナプス強度が、短期間だけ変化する。

　次に、4回の学習訓練を行うと、一生涯保持される長期記憶が成立する。その場合、記憶の神経細胞のうち、あるタイプの細胞から別のタイプの細胞へと一酸化窒素（NO）が放出され、左の神経細胞のサイクリック GMP(cGMP)が合成され、上の環状ヌクレオチドゲート(CNG)チャネルを活性化し、カルシウムイオン（Ca²⁺）が細胞内に入り、それが Ca²⁺ 信号伝達系(Ca²⁺ / CaM、

CaMKII）を活性化し、次にアデニル酸シクラーゼを活性化し、次に PKA シグナル伝達を活性化する。これにより、クレブ（cAMP 応答要素結合タンパク質（CREB））が活性化され、長期記憶に必要な遺伝子の転写と翻訳が行われ、記憶の神経細胞からシナプス伝達の強化に必要なタンパク質が合成される。

　一方、バニラの匂いと塩水の組み合わせで学習（罰学習）した場合は、無条件刺激（US）が塩水で、無条件反応 CR が塩水への忌避反応となる。その場合、塩水の刺激は神経伝達物質としてドーパミンを介してキノコ体の神経細胞に伝達される（Unoki *et al.*, 2005）。これにより記憶に関わる神経細胞から忌避反応を引き起こす神経細胞へのシナプス伝達が強化される。

　歴史的には、このような匂いの連合学習の研究は、ショウジョウバエを用いた研究が先行した。2003 年、ドイツのハイセンベルク（Martin Heisenberg）らは、匂いの連合学習において、どのような匂いであろうと嫌悪的な記憶の成立には神経伝達物質としてドーパミンが、嗜好性の記憶の成立にはオクトパミンが関係しているとの仮説を提案した。コオロギでは、この説の正しさが検証されている（Mizunami & Matsumoto, 2017）。ところが、ハエではこの仮説は否定され、今日では報酬と罰の情報は別々のタイプのドーパミンニューロンが伝えると考えられている。意外なことだが、昆虫の種が違うと、報酬や罰の連合学習に関わる神経伝達物質の種類に違いがある。

　さらにコオロギの研究から、コオロギが報酬（水）や罰（塩水）と結びつけて学習した匂いに対する条件反応をする時には、脳内のオクトパミンニューロンやドーパミンニューロンが活性化していることがわかった。つまり学習した匂いに反応する時には、コオロギは匂いと結びつけた報酬や罰の情報を想起しているのである。ヒトでも同じことが起こる。筆者らは、この学習現象を説明するための神経回路モデル「Mizunami-Unoki Model」を提案した。このモデルは、昆虫とヒトの学習がよく似たしくみで起こることを示している。これまで昆虫ではハエで学習の仕組みの基本が研究されてきたが、ハエの仕組みは必ずしも他の昆虫に当てはまるとは限らない。これからはコオロギも重要な研究材料になるであろう。

10.5　学習によるキノコ体ニューロンの活動変化を捉える

　すでに述べたように、昆虫の嗅覚学習にはキノコ体とよばれる中枢が関わる。筆者の研究室の濱中良隆博士（現大阪大学助教）はコオロギにおいて、キノコ体に投射するドーパミンニューロンやオクトパミンニューロンの分布を免疫組

織化学的な方法で明らかにし、それらのニューロンが学習に関わっていると提案している。さらにどのタイプのオクトパミン受容体やドーパミン受容体が報酬学習や罰学習にかかわるかを、RNA 干渉法を用いた遺伝子発現抑制実験や、CRISPR/Cas9 法（第 14 章参照）と呼ばれるゲノム編集技術を用いた遺伝子ノックアウト技術を用いて明らかにしている。今後さらに学習の分子基盤についての飛躍的な展開が期待できる。

10.6　昆虫はどこまで高度な学習を示すのか？

ヒトなどが示す「社会学習」とは、他個体の行動の観察により、自ら直接経験することなしに学習することである。昆虫にもそのような能力があるのだろうか？　筆者の研究室の大学院生の蝦名宥輝はコオロギに社会学習の能力があることを見いだし、現在、その脳でのしくみについて研究している。コオロギの社会学習の訓練は、プラスチックの網で仕切られた 2 つの部屋からなる装置が使われる。一方の部屋に「デモンストレータ」となるコオロギを入れ、匂いをつけた水（報酬）と別の匂いを付けた塩水（罰）を自由に訪問させる。もう 1 つの部屋に「オブサーバー」のコオロギを入れて、デモンストレータの行動を網越しに 8 分間観察させる。次の日、オブザーバーのコオロギが 2 つの匂いのどちらを選択するかをテストすると、訓練の際にデモンストレータがいた水場につけた匂いを選んだ（Ebina & Mizunami, 2020）。これによりコオロギにも他者の行動から学ぶ社会学習の能力があることがわかった。現在、筆者らはその脳でのしくみについて研究している。

筆者らは、昆虫の脳を「微小脳（Microbrain）」という概念で捉えることを提案している（Mizunami *et al.*, 1999）。わずか百万個の神経細胞からなる極めて小さな脳しか持たないミツバチやコオロギなどの昆虫が、ヒトに劣らない匂いの学習能力をもち、また、巣や餌場などの周囲の景色を記憶したり、帰巣の際に太陽の方角や空の変更パターンをコンパス情報として利用できるのは、驚異的なことである。筆者の研究については、著書『昆虫 —驚異の微小脳』（水波, 2006）や総説「微小脳と巨大脳：自然は多彩な脳を生み出した」（水波, 2009）を参照のこと。小さな体での生活に適合した情報処理システムである昆虫の脳の秘密の解明が更に進むことを望みたい。　　　　（10.4〜6　水波　誠）

10.7　コオロギの加齢性記憶障害

ヒトは歳を取るとともに体のさまざまな機能が低下していく。加齢による

機能の低下は、運動機能や臓器の機能だけでなく認知機能にもみられる。認知機能には記憶力、言語能力、判断力などいくつかの種類があり、加齢に伴い記憶力が著しく低下することを「加齢性記憶障害」と呼ぶ。実はコオロギも歳を取ると記憶力が低下する。すなわちヒトと同じように加齢性記憶障害がみられるのだ。

　1998 年から北海道大学の水波誠助教授（当時）の下で博士研究員として研究をしていた筆者（松本）は、コオロギに加齢性記憶障害がみられることを2002 年に発見した。当時の筆者は、コオロギの学習能力や記憶形成の分子メカニズムの研究に勤しんでおり、同時にいくつもの実験を手掛けていた。例えば、3 齢幼虫時に学習訓練をしてできた記憶が 10 週間後に成虫になっても保持されているか（生涯記憶）を調べたり、この章で先述した、コオロギに同時に 7 種類の匂いを記憶させたり、コオロギの長期記憶の形成に重要な生体分子（NO や cAMP など）を探索したりしていた。

　水波研究室では研究室内でコオロギを累代飼育しており、その飼育環境下ではコオロギの成虫脱皮後の平均寿命は約 2 週間（14 日）であった（Matsumoto et al., 2016）。学習や記憶に関する行動実験では、通常、成虫脱皮 1 週齢のコオロギを使っているのだが、当時の筆者は実験過多のため使用できるコオロギが足りず、普段使用しない 2 週齢や 3 週齢のコオロギにも手を出していた。その中で、グループによっては長期記憶のスコアが著しく低下することが何度かあった。それを受けて筆者は、「平均寿命を超えて生存している老齢コオロギでは記憶能力が低下しているのでは？」と考えた。そこで改めて、成虫脱皮から 1 週齢の「若齢」コオロギと 3 週齢の「老齢」コオロギに、匂い（ペパーミントとバニラ）を条件刺激、水（報酬）と食塩水（罰）を無条件刺激とした嗅覚学習訓練を行い、その後の記憶をテストしたところ、老齢コオロギでは短期記憶(30 分後の記憶)は形成されるが、長期記憶(1 日後の記憶)は全く形成できないことがわかった（Matsumoto et al., 2016）。つまりコオロギでは、長期記憶を形成する能力が加齢により低下すること(加齢性記憶障害)が示されたわけである。面白いことに、コオロギが若い頃に覚えた記憶は、数週間後に老齢コオロギになっても正常に思い出すことができた。コオロギでは、記憶を思い出すこと(記憶の想起)は加齢による影響を受けないのだろう。

　筆者と水波は、条件刺激として視覚パターンや色を用い、コオロギにそれらと報酬（水）や罰（食塩水）を連合させる視覚学習実験法を開発したが、この視覚学習でも嗅覚学習と同様に、長期記憶の形成においてのみ加齢性記

憶障害がみられることがわかった。さらに、コオロギの長期記憶の形成過程で重要な働きをするシグナル分子経路を活性化する薬（例えば NO 供与体、cGMP 類似体、cAMP 類似体など）を老齢コオロギに投与することで、嗅覚学習や視覚学習の加齢性記憶障害を改善できることもわかった。

10.8　記憶力を改善するメラトニン

2014 年に東京医科歯科大学に移った筆者は、日本におけるメラトニン研究のトップランナーの一人である服部淳彦教授とともに、メラトニンがコオロギの加齢性記憶障害を改善できることを見つけた。メラトニンは脊椎動物だけでなく、昆虫や植物にも存在しており、生物界に広く存在する（Hattori et al., 1995; Vivien-Roels te al., 1984）。メラトニンはヒトでは睡眠導入作用を持つことがよく知られているが、他にもフリーラジカルの消去剤として抗酸化作用を持つこともわかっている（Poeggeler et al., 1993）。フタホシコオロギでは、脳を含むさまざまな器官でメラトニンが検出されているが（Itoh et al., 1995）、コオロギにおけるメラトニンの働きは全くわかっていなかった。

加齢による体の機能低下を説明する老化仮説には「異常タンパク質蓄積説」「ミトコンドリア異常説」「遺伝子プログラム説」などいくつか代表的なものがあるが、中でも最も多くの研究者に支持されているのが、加齢に伴い増加する活性酸素種が細胞にダメージを与えるという「酸化ストレス説」である。抗酸化作用を持つメラトニンには酸化ストレスを軽減する効果が期待できるので、「メラトニンの長期投与はコオロギの加齢性記憶障害に効くかもしれない」と考えた筆者は、成虫脱皮直後のコオロギが老齢コオロギになるまでの 3 週間、メラトニンを飲み水に混ぜて与え続けた。するとこれらの老齢コオロギでは、若齢コオロギに学習した場合と同様に長期記憶が観察できた。さらに別の実験で、老齢コオロギに対し、嗅覚学習訓練の直後にメラトニンを注射器で 1 回だけ投与した場合でも、長期記憶は正常に形成された。つまり、すでに始まっている加齢性記憶障害をメラトニンが改善できたわけである。

ところで脊椎動物では、メラトニンは主に肝臓で 6- ハイドロキシメラトニンという物質に代謝され最終的には尿と一緒に排出されるが、脳においてメラトニンは N1- アセチル -5- メトキシキヌラミン（AMK）という物質に代謝されることが知られている。脳における AMK の役割は全ての動物種において全くわかっていなかったが、筆者は AMK がメラトニンの 100 分の 1 の低濃度でコオロギの加齢性記憶障害を改善できることを発見した。ちなみに筆

者は、若齢コオロギにメラトニンや AMK を投与し、通常は短期記憶までしか形成できない 1 回の学習訓練を行ったところ、驚くべきことに長期記憶が形成できることを見出した。メラトニンと AMK には、若齢コオロギにおいて短期記憶を長期記憶へと強く誘導させる効果があるといえる。平たく言えばメラトニンや AMK は「記憶増強薬」として働いたのだ。さらに筆者と服部のグループは、コオロギで観察できたメラトニンや AMK の加齢性記憶障害の改善効果および若齢個体に対する長期記憶への誘導効果を、マウスの学習系を使って完全に再現してみせた（Iwashita *et al.*, 2021）。現在は、ヒトの認知症に対するメラトニンなどの効果を調べている。

　加齢性記憶障害の研究の大きな障壁の一つが、実験動物が老化するまでの期間の長さであり、この期間が短い方が研究を進める上で断然有利であることは言うまでもない。マウスやラットでは成体が老齢個体になるまでの期間が数ヵ月〜数年かかるのに対し、コオロギではたったの 3 週間である。この期間の短さは非常に大きなアドバンテージだ。マウスで行う予定の実験を、まずはコオロギでやってみるという、一次アッセイ系としての利用が可能である。また、長期記憶形成の過程を分子レベルで見ると、ヒトやマウスを含む脊椎動物とコオロギとで多くの共通点がみられる。そのためコオロギを使って得られた加齢性記憶障害の分子機構についての知見が、ヒトの加齢性記憶障害の改善につながることが大いに期待できる。

………………………………………………………………………………………

【用語解説　メラトニン】
　脊椎動物の松果体で産生・分泌されるホルモンとして知られているメラトニンは、必須アミノ酸であるトリプトファンからセロトニンを経て合成されるアミンの一種である。メラトニンは概日リズムを調整する作用を持つため、欧米では睡眠障害や時差ボケに効果があるサプリメントとして売られている。しかし元々は、カエルの体色を明化させる物質として単離された（Lerner *et al.*, 1958）。その後の調査でメラトニンには、生物時計の同調作用、睡眠誘導作用、抗酸化作用などのさまざまな機能があることが報告されている。近年では、メラトニンは脊椎動物の松果体だけでなくさまざまな器官（網膜、脳、脊髄、小腸、胃、肝臓、腎臓、性腺、骨髄など）でも産生されることがわかっている。さらに、松果体を持たない節足動物（昆虫類、甲殻類）、軟体動物、扁形動物などの動物のほか、植物、菌類、単細胞生物など、幅広い生物群でメラトニンの存在が報告されている。

………………………………………………………………………………………

（10.7・8　松本幸久）

第11章　コオロギの生殖行動

序　鳴くことから始まる生殖行動

　何と言っても、コオロギの特徴は「鳴く」ことである。鳴く虫の図鑑には多くの昆虫が紹介されているが、コオロギはその中でもポピュラーな存在ではある。日本で最も良く知られている鳴く虫は、鈴虫であろう。「リーン、リーン」と鳴く鈴虫の音色は、日本の風情に合っている。本書の最初に紹介した「擬態」している昆虫も不思議であるが、この「鳴く」昆虫も不思議である。コオロギや鈴虫は翅を使用して「鳴いている」のであるが、そもそも翅は飛ぶために進化してきた器官であり、それを「鳴く」ことに利用するまでにどのような進化の過程があったのであろうか？　昆虫の進化の過程で「鳴く」ことを可能にしたのはどのようなキッカケだったのか？と問われても、まだ答えがない。したがって、コオロギのオスが、どのようにして「鳴く」能力を獲得し、また、メスがどのようにその音を聞き分けるようになったのか、まだ不明である。その「ヒント」は、鳴く虫とそうでない虫のゲノム解析により得られるであろうが、少し時間がかかる。

　オスが鳴くことにより、メスを呼び寄せ、求愛し、交尾し、メスは産卵する。これらの一連の行動を生殖行動と呼ぶ。生物の根源的な行動である子孫を残す行動は、最も重要な行動である。しかし、まだその行動は十分に解明されてはいない。

11.1　鳴くメカニズムについて

　秋の夜長に鳴いているのは、コオロギのオスである。まさに、秋の夜長を鳴き通している。その目的はメスを引き寄せるためと、縄張りを主張するためである。ただし、「鳴く」と書くと、鳥などの鳴き方を想像するが、コオロギは図11-1のように2枚の前翅を立てて、左右の翅を振動させて音を出す（八木, 1988）。

　翅は左右非対称になっており、上側の右前翅の裏側がギザギザのヤスリ状で下側の左前翅の摩擦器をこすりあわせることによって、翅が震えて音が出る。翅を立てると腹部の背面と翅との間に大きな空間ができ、共鳴の効果がでて、翅全体が音を増幅できる構造になっている。

　コオロギの鳴き方は3種類ある。(1) 呼び鳴き（calling song）、(2) 口説き鳴

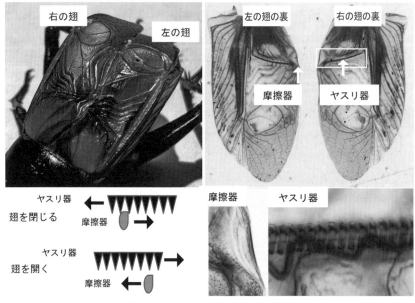

図 11-1　コオロギのオスの翅の構造

左上：フタホシコオロギの翅（頭部側から撮影）：右の翅が上に左の翅が下に重なる。
右上：それぞれの翅の裏側：右の翅の裏には鋸歯状のヤスリ器（右下）がある。左の翅の端
には革質化した摩擦器（右下）がある。左下に示すように、翅が閉じる時に、ヤスリ器が摩
擦器により擦れ、翅が振動することにより音がでる。翅が開くときは、擦れないので音は
でない。翅全体が音を大きくする構造になっている。（写真は山下貴久氏（徳島大学）提供）

き（courtship song）、(3) 脅し鳴き（aggressive song）である。呼び鳴きは、高
らかに歌うような鳴き方で、コオロギ種によって異なるので、種の特徴を最
もよく表す鳴き方である。他の個体から離れている時の鳴き方である。メス
を引き寄せるため、あるいは縄張りを示すために鳴き通す。フタホシコオロ
ギの場合は、リーツ、リーツ、リーツと鳴く。そばにメスがくると、口説き
鳴きをする。つまり、求愛歌であり、そばにいるメスに体をすり寄せるよう
にして、翅を持ち上げる角度を低くして、チッ、チッ、チッと鳴く。脅し鳴
きは、自分の縄張りに他のオスが侵入した場合や、求愛中あるいは交尾をし
たメスに他のオスが近づくと、翅を持ち上げる角度を高くして、ジリリリッー
と鳴く。同時に大顎を開き、体を震わせることが多い。

　東京大学大学院薬学研究科の宮下惇嗣博士は、2016 年、コオロギの鳴き声
と個体の大きさとの関連を調べる研究を報告した（Miyashita *et al.*, 2016）。彼
はたくさんのオスの行動を観察した結果、オスの鳴き声には人気・不人気が
あることに気づく。つまり、あるオスの鳴き声にはメスがよく口説かれる一

方で、別のオスの鳴き声にはまったくメスが振り向かないのである。それを決めているのはなになのか？と疑問を持った宮下は、一つの仮説をたてた。「体の大きいオスは、ある環境により適応した個体であると考えられ、メスがより体サイズの大きいオスを好む」という仮説である。ヒトでも身長に個人差があるように、同じフタホシコオロギでも個体差がある。大きなコオロギは大きな翅を持ち、小さなコオロギは小さな翅を持つ。そうなると、鳴き声にも個体差が生じるかもしれない。そこで彼は、鳴き声のパターンと体の大きさとの関連を調べた。彼は鳴き声を音の周波数を調べるスペルトログラムを用いて解析した。その結果、呼び鳴き 5.8 kHz 付近に単一周波数ピークがある。一方、口説き鳴きでは、5.8 kHz 付近のピークに加えて、高音成分（～18 kHz）に広く周波数成分があり、さらに鳴きのリズムも速いことを発見する。この特徴は、個体の大きさとは無関係で、常に一定の周波数で鳴いていることがわかった。周波数の違いは鳴き声の高さに関係しているので、鳴き声の高さが狂うと、メスに関心を持ってもらえないのかもしれない。彼の仮説は否定された。コオロギの鳴き声も簡単には解明されない。一方、その鳴き声を聞き分けるメスの耳にも高度な感覚が必要であるが、耳については、次の 12 章で紹介する。

11.2　コオロギの歌の進化

　野生のフタホシコオロギは、日本では南の島に生存しているコオロギなので、筆者（野地）は野生の鳴き声を聞いたことはない。日本列島で通常秋に鳴いているコオロギは、別種のエンマコオロギである。この名前は、このコオロギの顔面が非常に恐い顔に見えることからで、地獄の王様の閻魔様に由来している。その鳴き声は、名前と異なり非常に良い声で、秋にふさわしい物悲しい感じである。当然のことながら、このエンマコオロギの鳴き声に、フタホシコオロギのメスは反応しない。コオロギの種が異なるからであるが、新しい種ができた場合、オスの鳴き方が変わると、メスも当然それに対応して変わらないと種の維持はできない。では、どのようにして進化するのであろうか？

　角（本田）恵理博士（角, 2005）は、日本列島に分布するエンマコオロギ属 3 種のメスに対して、オスの歌を録音して、その音声プレイバックにより、メスがどのように反応するかを調べた。研究の対象は、エンマコオロギ属 3 種、日本列島のどこにでも分布しているコモダスエンマコオロギ（*Teleogryllus commodus*）、北海道のエゾエンマコオロギ（*T. infernalis*）、九州や四国に分布している タイワンエンマコオロギ（*T. occipitalis*）であった。この3種のDNAを解析して系統を作成すると、エゾエンマコオロギが最も古い種であり、この種からエンマコオロギとタイワンエンマコオロギが進化してきたことになる。

「呼び鳴き」は、リーツ、リーツ、リーツのように鳴くチャープ部分とリツ、リツ、リツ、リツ、リツと鳴くトリル部分（短いチャープ）という2つの部分から構成される。各オスの「呼び鳴き」を各メスに聞かせて、その反応を観察すると、次のことがわかった。エゾエンマコオロギとタイワンエンマコオロギのメスは、お互いに他種の「呼び鳴き」に強くひきつけられた。しかし、コモダスエンマコオロギの呼び鳴きには反応が鈍かった。地理的な分布を考察すると、エゾエンマコオロギとタイワンエンマコオロギは棲息分布が重ならないので、「呼び鳴き」がお互いに似ていても、交雑は生じない。しかし、コモダスエンマコオロギと他の2種は棲息分布が重なっており、相互に「呼び鳴き」に反応しないのは、種分化という点で、理にかなっている。

鳴き方を決める遺伝子が存在し、その変異により歌のパターンが変化するのであろうが、それにメスがどのように適応しているのか？ 1973年、ニューヨーク州立大学のホイ博士（R. R. Hoy）らは、オーストラリアに生息する2種のコオロギを用いて、遺伝的な解析を行った（Hoi *et al.*, 1973）。オーストラリアの北に生息するコモダスエンマコオロギ（*Teleogryllus commodus*）と南に生息するナンヨウエンマコオロギ（*T. oceanicus*）はまったく異なる鳴き方をするが、棲息地が重なっており、この2種をかけ合わせて、子孫を得ることができる。その子孫の鳴き方は両種の中間型であるが、親がどちらのメスかにより、鳴き方が変わる。その場合、メスはどちらの鳴き方に引き寄せられるかを調べた。すると、コモダスのメスは、コモダスのメスから生まれたオスに引き寄せられる傾向があった。逆にナンヨウのメスは、ナンヨウのメスから生まれたオスに引き寄せられる傾向があった。このようにして、次第に系統が分岐していくのであろう。今後、このような研究では、AIを用いた解析により、遺伝子変化のパターンが解明できるかもしれない。　　　　　（序～11.2　野地澄晴）

11.3　コオロギの求愛と交尾

筆者（酒井）は、現役時代の3/4を岡山大学で過ごし（1981–2009）、コオロギを使って神経行動学（Neuroethology）に取り組んだ。それ以前の1/4は、京都大学霊長類研究所でサルの前頭連合野の神経生理学の研究をしていた。注

意や短期記憶という最も高次な機能からなぜ昆虫の行動へ方向転換したのか。
話すと長くなるので控えておくが、ひとつ言えることは当時私の関心が脳全
体から脳の局所回路へとシフトしていたことである。それにはサルよりもは
るかに単純な神経系をもつ無脊椎動物が適しているように思えた。新しい職
場である岡山大学理学部動物生理学教室には山口恒夫教授がおられ、そこに
コオロギがいたのである。

　山口教授はその道のプロ中のプロであり、昆虫や甲殻類を使ったさまざま
なテーマを抱えておられた。多くは手堅く結果を出せるオーソドックスな生
理学、つまり感覚系や運動系の解析であった。筆者の方はといえば、昆虫の
行動はおろか、その神経系についても全くの素人。配属されてきた学生に教
えられて、コオロギの脳標本をつくってみたが、サルと比べあまりの小ささ
に戦慄を覚えたものである。

　研究テーマを選ぶにあたって、何を材料に使うかかなり模索した。筆者は
自分の経歴上、無脊椎動物といえども哺乳類やヒトに通じうる行動に興味を
もっていた。それで、紋切り型の反応や単純な繰り返し運動ではなく、もっ
と複雑なもの——目的もって、それを達成しようとするかのような行動（goal
oriented behavior）——を扱いたいと考えていた。「・・・かのような」と書いた
のは、実際には動物が行動結果についてのイメージをもっていないとしても、
あたかもそのように見える行動でよいからである。さらに、そこに動物行動
の基本要素である動機づけが見て取れるならなお好ましい。ところが、これ
らを兼ね備えた実験動物が身近にいたのである。それがフタホシコオロギ
だった。

　コオロギを使った研究で当時盛んに行われていたのは、求愛期における行
動のしくみであった。主にメスが使われ、歌の認識と音源への定位機構がド
イツのフーバー博士（F. Huber）らによって詳しく調べられていた（Huber et
al., 1989）。オスを使った研究では、歌の発音に関わる神経機構が研究されて
いた。それらとは対照的に、交尾期の行動については、なぜかほとんど研究
がなかった。おそらく、実験台で交尾を再現させながら神経活動を記録する
ことは、技術的にむずかしいと思われていたのであろう。「それでは」と、交
尾行動に挑んだ。

　ここで、フタホシコオロギの求愛と交尾について、少し臨場感をもたせな
がら紹介する。まず、オスとメスをペアにしてビーカーへ入れる。オスに交
尾の準備（精包の完成）がととのっていると、すぐさま呼び鳴き、続いて口

説き鳴きを始める。メスが応じないでいると、オスの興奮はしだいに高まって、口説き鳴きをしながら後肢でメスを軽くつついたりする。覚醒させ交尾をうながしているのだ。それでもメスが応じないとオスの興奮はさらに高まって、後肢をメスの背に掛けたけまま激しく鳴き続ける。かなりの時間がたってそれでもだめなとき、オスは突然求愛をやめ、自ら精包を放出して交尾期を終了してしまう（早漏といえるかもしれない）。一方、メスが動き回ってじっとしないと、オスは突然口説き鳴きを脅し鳴きに切り替え激しく威嚇する。ときには前肢でメスをグイと押さえつける（怒りが頭にきたのである）。このように反応が悪いメスであっても、多くの場合オスの努力は報われて、やがてメスはオスに応じるようになる。

　そこで、いよいよ交尾である（図 11-2）。オスは触角を大きく真横に開き、メスがそばで動くたびに腹部後端がメスの頭部にくるよう注意深く定位を繰り返す。そして、ついにメスがオスの背中に前足を掛けると、オスは後ろ向きで一気にメスの下へともぐり込む。メスが背中で動けば、オスは体軸を合わせるよう機敏に姿勢を調整する。体勢が整うと腹部後端の生殖器にある交接器を出してメスの生殖下板に引っ掛け、それを何度も引き下げる。これに応じて、メスが産室にある交尾乳頭を後方へ突き出すと、それがオスの交接器の中に入り込み、雌雄の生殖器がめでたく結合する。その 4 秒後オスの生殖器から精包が押し出され、9 秒かけてメスの産室へと送り込まれる。精包は

図 11-2　コオロギの交尾
下がオス、上がメス。矢印はメスに受け渡された精包。
右上の挿入写真は精包部分の拡大。スケールは 1 mm。

精子を包んだカプセル（図 11-3）で、その錨状のフックはメスの産室天井の
ふくらみに取り付き固定される（このときフックのなかを走る精子管がメス
の交尾乳頭先端の受精嚢管に入り込み、折れた先端から精子が注入される）。
交尾開始から精包受け渡し完了までわずか 20 秒。この直後、オスの全身運
動は 1〜15 秒間完全停止する。以上は正常な交尾であるが、ときとしてオス
が精包を放出した直後、メスがオスから離れてしまうことがある。このとき、
オスの背部にはメスがいないにもかかわらず、オスは 9 秒間の精包受け渡し
プロセスを省略することができない。つまり、放出された精包を押し上げる
ため尾葉をふるわせながら腹部末端を大きく反り返らせる。それが終わると
ガクッと全身運動の完全停止となる（射精時の性的クライマックスに通じる）。
つまり、ふつうの交尾と同じことをひとりでやるわけだ。

　上記の行動は、昆虫とは思えないくらい情動感に溢れたものであるが、見
ていて不思議に思うのは、「どうしてあんなにうまく事がはこぶのか？」とい
うことである。求愛段階では、その場の状況と内的状況に依存してオスの行
動レパートリーのうちのいずれかが選ばれるのであろう。他方、交尾開始後
はわずか 20 秒でほぼ確実に最後までいく。これを明らかにするため、交尾の
動作を分解し、刺激と反応の関係を破壊法と刺激法で解析した。そして、わ
かったことは、もぐり込みから精包放出までの動作すべてが反応連鎖（chain
reaction）によっているということであった。反応連鎖というと、ティンバー
ゲン（N. Tinbergen）のイトヨの求愛における雌雄間でのやりとりが思い浮か

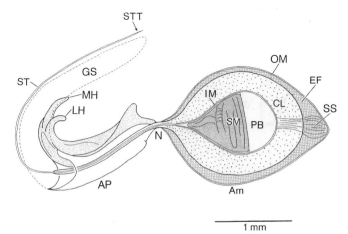

1 mm

図 11-3　精包の構造
Am：卵形体、SM：精子塊、AP：付着板、ST：精子管。他は省略。

ぶが（Tinbergen, 1951; 1969）、コオロギの交尾ではその大部分はオス自身にお
いて起こる。たとえば、オスがメスの下にもぐり込むと、オスの翅と背部がメ
スの腹部によって圧迫される。それに応じてオスは自分の体を上方へ反り返
らせる。これによってオスの腹部末端にある尾葉（触角のような突起）がメ
スの腹部に強く接触する。すると、尾葉の接触受容器が刺激され、尾葉自身
の交互反復運動（メスの腹部を刺激してメスをなだめ、生殖器を探る）と体
軸調整が引き起こされる。するとその結果、…といった具合である。この刺
激と反応の連鎖が精包の放出まで続いていくのだ。これは重要な発見である。
一見巧みな技による複雑な行動の遂行も、分解してみると単純な反応の連鎖
であり、行動の目的（精子の受け渡し）はその終着点でおのずから達成され
るのである。そこでは行動結果についてのイメージは必要ない。また、初心
者と経験者の間で交尾の遂行になんら違いがないことから、経験や学習の必
要もないのである。

　以上は、当時大学院生であった大坪尚広をはじめとする学生らとの共同研
究の成果である（Sakai & Kumashiro, 2004）。その後、コオロギの交尾行動に
関わる神経機構で多くの知見を得たが、ここではいくつかを紹介しておこう
（Sakai *et al.*, 2017）。

　交尾の抑制機構　オスコオロギを断頭すると、人為的接触刺激で交尾動作
が簡単に誘発できるようになる。この事実は頭部神経節に交尾を抑制する機
構があることを示唆する。ドイツのフーバー（Huber F., 1955）は、この抑制
が2つの頭部神経節のうち、食道下神経節によるとしていた。しかし、大学
院生松本幸久の執念の実験により、実は脳であることが判明した。

　動機づけ調節機構　メスとペアにされたあと、オスの興奮性は求愛行動の
変化に見られるように時間とともに増大していく。これに生体アミンの一種
オクトパミンが関わることを松本幸久が明らかにした。

　精包放出と交尾停止機構　精包放出の鍵をにぎる感覚毛をオスの交接器内
に同定した（この感覚毛は雌雄生殖器の結合中、メスの交尾乳頭によって機
械的に刺激される）。その感覚毛からの出力が最終腹部神経節にある精包放出
筋の運動ニューロンを興奮させるのである。精包放出直後、同ニューロンの
活動は大きく変化するが、それは交尾不応状態を反映している（これらは哺
乳類における射精に続くインポテンツを連想させる）。

　交尾不応期の機構　精包が放出されると、直後からオスはそれまでの交尾
期モードを不応期モードへ切り替える（交尾不応期の開始）。メスがそばにい

ると、数分で次回交尾のための精包づくりが開始され、その後約 1 時間で精包が完成する。すると、不応期モードは交尾期モードへと切り替わり、呼び鳴きが始まる（1 日 24 時間で最多 22 回 / 匹の交尾を確認）。交尾不応期のうち、時間一定の不応期形成には砂時計式のタイマーが想定されていたが、神経節の冷却と還流実験からタイマーは最終腹部神経節に局在することを大学院生の嬉正勝が証明した。これをもとに相反する行動モードを制御する神経機構のモデルができた。

　生殖器の自動清掃　コオロギの交尾における精子受け渡しは、精液ではなく精包を介して行われる。精包はミニアチュアの工芸品ともいえる精巧なもので（図 11-3）、レモン状の本体（卵形体）の中心部に精子塊が配置され、レモンのヘタに当たる部分からは、メスの産室に取り付くための錨のようなフックが出ている。そしてフックには精子塊から精子が出て行くための細い精子管（外径 7–70 µm、長さ 2 mm）が通っている。こんなものが 1 時間でどのようにして形成されるのか？　形成にはヨーグルト状の精包材料を流し込む鋳型が使われる。ところが、その鋳型は使用するたびに材料の残りかすなどで汚されるため、使用後はきれいに掃除しておかないと、まともな形の精包がつくれない（鯛焼きの場合と同じである）。精子管が短かったり歪んだりしていると、たとえ精包受け渡しが成功したとしても精子はメスに渡されない。実は、そこに鋳型の清掃システムがあったのである。これは全く知られていなかった知見であり、筆者と熊代樹彦が発見した。生殖器の清掃というと一見些細なことに思えるが、コオロギの存続には欠かせないものだったのだ。

　以上は、かれこれ 20–30 年も前のことである。昆虫とはいえ、ヒトにも通じるコオロギの行動に、学生らと熱中したものだ。ところが、それからしばらくして分子生物学が台頭し、細かい手作業と熟練が要求される電気生理学は急速に人気がなくなった。そして、役者はコオロギからショウジョウバエへと変わった。しかし、ハエの研究も近年一段落したかにみえる。そして今、コオロギが巻き返しをはかろうとしている。　　　　　　　（11.3　酒井正樹）

11.4　産卵：地中に卵を産む

　コオロギの場合は、メスは、土の中などに産卵するので、場所や環境を選択して、産卵する必要がある。そのため、受精嚢を使用して、産卵する直前の卵が受精できるようにする。

　オスから精子の入った精包を受け取ったメスの次の行動は産卵である。メ

スのコオロギは長い産卵管を持っている。野生のフタホシコオロギはこの産卵管を土の中に刺し入れて産卵する。養殖しているコオロギの場合は、脱脂綿や重ねたキッチンペーパーなどの中に産卵する。埼玉医科大学の菅原隆博士は、1990年にオーストラリアクロコオロギを用いて、産卵行動を詳細に観察し、報告しているので、以下に引用する（菅原, 1990）。

　産卵行動は、産卵場所を探すことから始まる。産卵に適した場所は、適度な水分を含む土である。触角にある湿度感覚器と口にある化学感覚器から土の情報を得て、判断される。産卵の場所が決まると、メスは腹部を高く上げ、産卵管先端を下に向けて、土の表面に触れさせる。産卵管の先端にある機械的な刺激を感じる機械感覚器からの情報を判断して、刺し込んでも問題ないと判断すると挿入が始まる。産卵管は前後運動で土の中へ挿入されるが、この運動は、左右2対（4本）の産卵弁の根元にある筋肉の働きで生じる。産卵管がほぼ根元まで刺入されると、今度はわずかに引き上げられる。この動きにより、卵巣から1個の卵が産室に入る。卵は産室に入ると10秒ほどここに留まる。この間、メスは外見上何もしてないように見えるので、休止期と呼ばれているが、実はこの間に、受精嚢に入っている精子が産室に絞り出され、卵の受精が行われる。先に紹介したように、交尾によって精子がメスの受精嚢に貯えられ、産卵のときに受精が行われる。卵の受精が終わると、産室の出口が開かれて、卵が産卵弁の間にはさみ込まれる。産卵弁は、産卵管を土の中に挿入する時と同じように、相のずれた前後運動を行い、卵を先端に向けて運ぶ。卵が産卵管の先端から離れると、産卵管の引き上げが始まるが、完全には引き上げられずに再び刺入され産卵されることが多い。そうして3〜4回の刺入と産卵のあと完全に引き上げられ、場所の探索や位置決めのステップから繰り返される。

　コオロギは、非常に精密な機械のように、さまざまなセンサーを配置して、合理的な行動を行う。筆者は、この正確な行動には感動を覚える。

（11.4　野地澄晴）

第12章　コオロギの感覚器

序　コオロギのセンサーとバイオミメティクス

　ヒトの体も、さまざまな感覚器センサーが存在し、その刺激に応答して行動している。眼、耳、鼻、口、皮膚にセンサーが存在し、光、音、匂い、味覚、触覚などを感じている。昆虫も同様なセンサーを持っている。それらに加えて、コオロギの特徴として、腹部の先端に左右一対の器官として、気流センサーを持っている。その器官の名前は、「尾葉」と呼ばれている。ゴキブリも同様な気流センサーを持っており、人が叩き潰そうとした瞬間に逃げられるのは、それを気流センサーで感知するからである。北海道大学の電子科学研究所の神経情報学者である下澤楯夫教授は、その尾葉のメカニズムを研究していた。その研究を紹介したいと思い、調べていると、国立研究開発法人 科学技術振興機構（JST）のサイエンスポータルに科学技術の最新情報を提供する総合 WEB サイトがあり、そこのコラムに下澤先生の講演記事が掲載されていた。講演は、2012 年 2 月 19 日に、市民セミナー（北海道大学総合博物館・バイオミメティクス研究会 共催）として、開催されたものである。現在の日本の大学の教育・研究体制には大きな欠陥があり、そのことが、日本の平成の時代を失われた 30 年にしてしまった。まさに、電子科学研究所で生物のセンターの研究を行う姿こそ、実現しなければならない方向である。その理由で、下澤教授の記事を 12.1 に JST の許可を得て再掲載することにした。

　下澤先生のエッセイなどを読ませていただくと、実に繊細で鋭い。例えば、"「ローマの休日」考" というエッセイがある。その骨子を紹介する。下澤先生は、「この英語の題は、A holiday in Rome だろうと思い込んでいた。」しかし、実際は「Roman Holiday」だったのである。たいした差はないと思うかもしれないが、実は、「Roman Holiday」とは「コロセウムなどで奴隷とライオンを戦わせて楽しむような休日の過ごし方、つまり他人の犠牲の上で初めて成り立つ快楽をむさぼることだと辞書にある」ことに気がつくのである。

（序　野地澄晴）

12.1　コオロギに学ぶ：バイオミメティクス

　コンピューターには、「シュミット・トリガー回路」と呼ばれる電子回路が少なくとも 1 台につき数 100 個ある。もし何かの影響で世界中のこの回路の

100万分の1でも動作不良を起こせば、世界経済は崩壊する。発明したのは米国の神経生理学者オットー・シュミットで、1938年特許を取った。

　シュミットは元々生物機能の工学的な応用を探究していた。後にBio（生物）とMime（まねる）を基にバイオミメティクス（biomimetics）という語と概念を創唱している。トリガー回路の原理は、イカの巨大神経軸索の神経パルス（瞬間的な電圧波形、電流）の研究から生まれた。この神経軸索は、ある刺激に対して一定の大きさ（閾値）まで何も反応せず、少しでも超えると神経パルスを一発だけ出す。その後しばらくは無反応という、全か無かの振る舞いを示す。

　このような特徴を電子回路に備えると過去の動作がメモリのように作用して、スイッチのオンオフの切り替え時に避けることのできないチャタリング（カチャカチャと繰り返すオンオフ）による誤作動を防止できる。バイオミメティクスは未来の話ではなく、現実であり、既にわれわれの生活を支えてくれている。

　しかしわれわれは、いろいろな生物が「常温常圧で」さまざまな構造や機能を産生するメカニズムを習得したわけではない。もしその技術や工程を真似できれば、人間が「高温高圧で」人工物を生産するのに使うエネルギーの量を10分の1にはできるだろう。ちなみに2008年の全世界の総発電量は20,261 TWh（テラワット時）で、供給された一次エネルギーの36％が電力で賄われている。同年の日本の電力源の約30％は原子力である。原子力発電の容認・盲従は電気・電力への過剰な依存からだろうか。

　今日の科学技術は18世紀の数学、19世紀の化学、20世紀の物理学の発展が基盤になっている。科学技術とは積極的に人工物を作り出して、自然界と相互作用をする人間活動である。ところが現在の工学は、ファジー理論や遺伝的アルゴリズム、コンビナトリアル化学など、どれも条件を少しずつ変えて、あらゆる場合を試行錯誤して、うまくいった結果を拾っているだけだ。その膨大なコストにいつまで耐えられるのか。工学および産業技術全体にも閉塞感がある。技術者は自然界における生物の「生きる仕組みの設計」を学ばざるを得なくなってきた。

　私（下澤）は早くから生物規範工学（バイオミメティクス）を掲げて、北海道大学の工学部に生物学の強化を提唱していたが、聞き入れられることはなかった。結果的に1992年、電子科学研究所を改組するとき文部科学省が「20年後には必要だ」と理解してくれた。米国のマサチューセッツ工科大学（MIT）

は 1993 年、専攻に関わらず生物学の単位を必修にした。ただ日本では「縦流れの社会」が正しいとされ、私のように電子工学科を卒業して生物学者をしていると「何かあったのか」と憶測される（笑い）。生物学から工学に移るのは数学の素養が違うので難しいが、逆に工学の演算や処理能力はどんな分野に行ってもつぶしが利く。

　例えばコオロギの感覚細胞の研究でも工学の経験が大いに役立つ。コオロギの腹部の先端には「尾葉」という左右一対の突起がある。直径 1–10、長さ 30–500μm のさまざまな毛が片方だけで 400 本から 500 本生えている。それを「気流感覚毛」と呼び、視覚によらず動きを検出（認識）すると考えられている。空気の流れから粘性力を受けて感覚毛が傾くと、その根元の感覚細胞が中枢神経系に向けて神経パルスを送る。

　この感覚毛の感度はレーザードップラー速度計で調べる。どのくらいの気流で何度傾き、神経パルスが 1 個出るか。刺激の速さに応じた毛の動きが明らかになる。感覚細胞は気流を神経パルス列に符号化し、周波数の高低によって動きが変化する。この神経パルス列が中枢に運ぶ情報量は、米国の電気工学者クロード・シャノンの定理によると信号対雑音比で決まる。シャノンは携帯電話やコンピューターの情報技術の基礎を作った。情報量は刺激と反応のコヒーレンス（coherence 一貫性）の値を測ることでも解析できる。2005–2006 年に、「情報とは何か？」を端緒に『比較生理生化学』誌に解説を連載した（下澤, 2005; 2006）。参考にしていただきたい。

　■感覚細胞は常温の分子 1 個の運動エネルギーを検出できるほど高感度なので、感覚細胞自身の分子の動きにまで反応してしまう。この高感度は進化による「適応」ではなく、生命の起源にさかのぼる一種の「拘束」と考えられる。

　■なぜならこの世界では全ての分子が動いており、感度が良すぎることはとめどない雑音の海に飛び込んでいるようなものだ。けれども周囲の信号に対する応答は生命体の本質（条件）だから、その本質を否定する向きに少しずつ感度を上げたとは考えられない。

　■感覚細胞は認識すべき信号よりも大きな内部雑音に邪魔され、情報伝送性能が低い。それでも多数が繊維状に並んで束になれば、その本数が多いほど情報伝達能力（ビット / 秒）が向上する。

　生物が多細胞に進化した必然性がここにあるようだ。神経系が並列構造（束）で、細胞の表面に多数のレセプター分子が並ぶメリットは何か。粗悪品

のニューロンでも、多数を束にして並べて、統計学でいう加算平均原理によっ
て雑音のハンディを乗り越えようとしていると考えざるを得ない。つまり厳
しい環境において「淘汰圧」への適応がなされているのだと思う。

　脊椎・無脊椎動物を問わず、生物進化の最高傑作は可視光のフォトン 1 個
を検出できる視細胞だといわれてきた。しかしコオロギの気流感覚細胞はそ
の 100 倍のエネルギー感度を持ち、熱雑音に直面しながら働いている。いま
日本製の原子間力顕微鏡では、絶対零度（摂氏マイナス 273.15 度）近くまで
冷やして何とか原子が見えるようになった。コオロギは常温で分子の動きと
同じくらいのエネルギーを認識できる。

　またコオロギの中枢神経は、秒速 0.03 mm の空気の動きを感知する。捕ま
えたいときは素早く手を動かさないと察知されてしまう。ゴキブリも新聞紙
などを幅広く折ってたたこうとするよりも、細いムチのようなものでピシッ
と打つと良い。

　ファーブルの昆虫記にコオロギと天敵のアナバチの話がある。アナバチは
コオロギを見つけると、なぜか 15 cm くらい離れたところでホバリングして
ふうっと止まり、地面を走って背後から攻撃して毒針を刺す。動かなくなっ
たら自分の巣穴に引っ張って行き卵を産みつける。ホバリングするときにコ
オロギも黙っていない。何かを感じるらしくて尾葉を高く持ち上げて浮かせ、
後ろ脚を縮めて待ち構え、触ったとたんにパーンと蹴り返す。成功率は大体 5
割らしい。尾葉を切ってしまうとアナバチに狩られる一方になる。

　ハエや蚊などは重力感覚器がなくても飛ぶ。明らかに何かを転用している
不思議な性能だ。ハエの祖先はジュラ紀に振動ジャイロセンサーを開発し、
視覚情報によってそのジャイロセンサーを遠心性に制御して、3 次元曲芸飛行
をしてきた。人間は遅れること約 1 億 4 千万年、やっと振動ジャイロ自立航
行機能付のカーナビを作った（笑い）。2008 年に『昆虫ミメティックス ―昆
虫の設計に学ぶ―』という書籍を出版、私は共同監修した。執筆は国内外の
研究者 155 人。工学系の方々にとっても研究開発のヒントが得られると思う。

　生物学は職人芸的（多重入れ子状、多重依存的）に複雑に入り組んでいる
が、ようやく 21 世紀に開花を迎えている。生命現象の本質は自己複製（情報
のコピー）であることを忘れてはならない。情報を手に入れるにはエネルギー
が必要だ。エネルギーは保存されるのでコピーできない。しかし、情報（構造）
に変換すれば何度でもコピーできることを生物が示している。生物の科学に
は情報の科学（情報論）が必須である。

日本はなかなか境界領域が発達しない。昔は知識偏重だったのがインターネットの普及で暗記すら無意味になった。これからの教育カリキュラムはどうあるべきだろう。

科学者は自分の興味だけで満足することなく、一般の人にどこまでフィードバックできるか、何らかの形で世の中を変える力を意識していきたい。

（12.1　下澤楯夫）

12.2　コオロギの鳴き声により気温がわかる：ドルベアの法則

「コオロギの鳴き声により気温がわかる」との記載がネットにあることに、ある日気がついた。調べてみると、「ドルベアの法則」と呼ばれている。1876 年、日本では明治 9 年であるが、ベルが電話を発明した。西郷隆盛が自害した頃に、ドルベアは電信電話機を発明していた。その彼が、「温度計としてのコオロギ」と題する論文を発表している（Dolbear, 1897）。

今は、インターネットの時代であるが、1847 年に電信が米国のサミュエル・モールスにより発明され、1876 年に電話機の特許がアレクサンダー・グラハム・ベルにより取得された。その頃、米国の物理学者で発明家のエイモス・ドルベア（Amos Dolbear）も、電信機や電話機を発明し、特許を取得している。音を伝えることに興味があった彼は、コオロギの鳴き声を研究し、温度によって鳴き方が変化することを発見した。コオロギの鳴き声を振動として測定すると、図 12-1 のようになる。

鳴き声は、短い鳴き（シラブルと呼ぶ）が 4 本、一つの単位となっている。この単位をチャープ（chirp）と呼ぶ。チャープが繰り返しているが、このチャープとチャープの間の時間をチャープの周期と呼ぶ。この周期が、気温により変化する。温度が低いと周期は長く、温度が高いと周期は短い。ドルベアは、さまざまな種のコオロギを系統的に調べ、温度と 1 分間のチャープの数（N_{60}）との関係式を次のように導いた。気温 Tc を摂氏（℃）で表すと、直線 $T_C = 0.14 \times N_{60} + 4.3$ となる。1 分間に 112 回鳴くと、20℃ となる。これがドルベアの法則である。

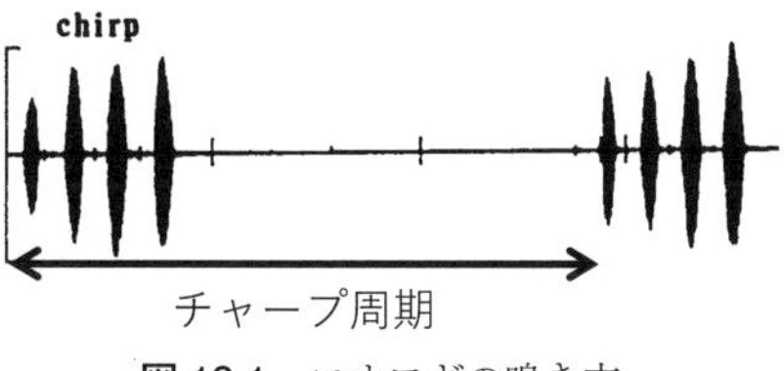

コオロギの体温は気温に影響されるので、このように鳴き声も温度に影響される。鳴き声が変化すると、それを聞くメスはどのようにこの変化に対応しているのであ

図 12-1　コオロギの鳴き方
（フタホシコオロギの呼び鳴きの振動：チャープ）

ろうか？

　ドルベアの報告から 95 年後、1992 年、ロン・ホイ博士と A. ピレス博士（Pires & Hoy, 1992）は、フタホシコオロギに類似しているコオロギ、アメリカ合衆国南東部に生息するスナバコオロギ（Gryllus firmus）を用いて、温度と鳴き方の関係を調べた結果、直線 $T_C = 0.12 \times N_{60} + 3.9$ の関係を報告している。ドルベアの法則と非常に類似している。温度が 12℃ から 30℃ に変化すると、4 倍も鳴く速度が速くなる。このような鳴き声を聞くメスは、温度の変化にどのように対応しているのであろうか。ホイらは、メスが歩行して移動する行動を、クレーマーの移動運動補償装置を用いて測定した。この装置は、ドイツのマックス・プランク行動生理学研究所のエルンスト・クレーマー博士とピーター・ハイネッケン博士により開発されたものである。その装置では、直径 50 cm のポリスチレンの玉の上でコオロギが自由に動くのだが、コオロギの動きを検知し、コオロギが常に玉の上にいるように、玉を回転し、コオロギの動きを補償することにより、歩く速さや方向などを記録できる。この装置を使用して、フランツ・フーバーは、メスの音に向かって行動する、走音反応を記録した。フーバーは、"昆虫の神経行動学の父"と言われており、コオロギを用いた研究も行っている。

　ホイらの研究から、メスの反応も温度によって変化することが解明され、コオロギの歌による交信は、温度によりどちらも変化して最適を保つことが解明された（Zupanc（山元大輔 _ 訳), 2007）。　　　　　　　（12.2　野地澄晴）

12.3　コオロギの耳：最小・高感度・広帯域の聴覚器

　眼を脚に作る実験例を 4 章で紹介したが、コオロギの場合は、耳が脚にある。コオロギのオスの鳴き声をメスは検出し行動するため、コオロギの耳・聴覚は発達している。種によって利用する音の高さが異なるため、どの種の音か聞き分けることが種の存続に不可欠である。また、捕食者であるコウモリから逃れるためにも聴覚は重要であり、コオロギは低い音（数百 Hz）からコウモリの出す超音波（4 万 Hz）に至るまで、広い周波数帯の音を聴き分けることができる。ヒトの場合は、2 万 Hz までが限界。呼び鳴きの場合は、メスはオスがどこにいるのか、音源の方向を知り、そちらに移動する。その音を検出する組織は耳であるが、コオロギの耳は、頭ではなく、前脚にある。北海道大学電子科学研究所の筆者（西野）ら（Nishino et al., 2019）は、コオロギの前脚にある耳：聴覚器の三次元構造を詳しく分析した。そもそもわれわ

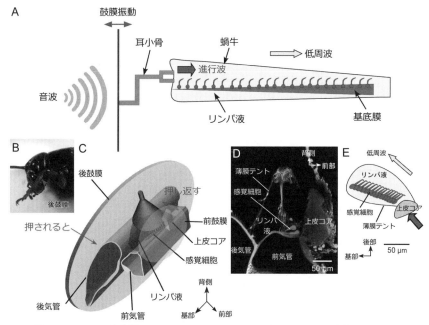

図 12-2　ヒトの聴覚器（左：蝸牛は引き延ばした状態）とコオロギの聴覚器（右）の原
理的共通性（Nishino *et al.*, 2019）

れヒトの耳がどのように音を検出しているのかさえ知らない。したがって、
どのくらいすばらしい耳をコオロギが持っているのかを判断できない。そこ
で、まずヒトの耳がどのように音を検出しているのか？　用語解説と図 12-2A
を参照。

....

【用語解説　ヒトの耳】

　人間の場合は、眼、耳、鼻などの主な感覚器は、頭部にある。つまり、感
覚器から得られた情報の処理とその管理を脳で行っているからであろう。ヒ
トの場合、言語の発達により、耳はヒトの発した言葉を認識するために、必
要不可欠な器官である。そのため、非常に複雑で精密な構造を持っている。
その概要を紹介する。空気の振動である音は、ヒトの耳において、振動数
20〜20,000 Hz を聞き分けることできる。20Hz は低音で、2 万 Hz は高音。
この空気の振動は、鼓膜において鼓膜の膜の振動に変換される。この膜の振
動は、鼓膜に密着している骨、耳小骨と呼ばれているが、骨の振動として伝
わる。この振動は蝸牛と呼ばれる組織において、有毛細胞により電気信号（神
経パルス）に変換され、蝸牛神経を経由して、大脳の聴覚中枢に届く。

　どのようにして、骨の振動を電気信号に変換するのか？　それは蝸牛の中

の有毛細胞が並ぶ基底膜とリンパ液の流れを利用している（図 12-2A）。蝸牛とはカタツムリのことで、耳の蝸牛は渦巻き状の管で、形状がカタツムリに似ていることに由来する。有毛細胞は 2 種類あり、振動を神経パルスに変換する内有毛細胞（約 3,500 個）と音を伝える最適な環境を整備する外有毛細胞（約 12,000 個）がある。蝸牛の中は渦巻き状の管になっており、その中にリンパ液がある。一方、その中にある有毛細胞は、管の中で基底膜に沿って整然と並んでいる（図 12-2A）。骨の振動は基底膜とリンパ液の流れの強さに変換され、その流れが内有毛細胞の毛を振動させ、それが刺激となりカリウムイオンが細胞内へ移動する。高い音は耳小骨の近くの有毛細胞で神経パルスにされ、低い音は耳小骨から遠い有毛細胞で神経パルスに変換される（図 12-2A）。つまり、連続的な音の周波数をデジタル信号に変換しているのであろう。

　　さて、コオロギの耳であるが、頭部ではなく、前脚の関節の付け根にある（図 12-2B）。なぜ脚にあるのかについて、次のように考察する（西野ら, 2019）。

　　「メスのコオロギは交尾の際、オスの鳴き声を頼りに近づいてくる。そのとき、左右でバランスよく聞こえるように前足の向きを変えれば、どこから鳴き声が聞こえてくるのかを正確に把握できる。そのあとは真っ直ぐ進むだけで、オスに辿り着ける。耳が前足についていて自在に動かせることは、草むらなど視界が悪いところで生活するコオロギにとって、必要不可欠な要素なのだ。コオロギは地面を這うような低い体型をしている。そのため、耳が足にあるほうが必要な音を拾える。前足は頭の近くにあり、しかも頭より外側についている…たしかに頭部に危険が迫っても、素早く察知することがでる。」さらに、脚にある気管が感度を高める役割を担っているのかもしれない。

　　ヒトと同じように、音（言葉）での求愛活動が重要なコオロギは、聴覚を発達させてきた。コオロギの耳は、鼓膜を持つ耳としては動物界最小サイズ（0.2 mm）にもかかわらず、ヒトよりも広い周波数の音を聞き分けられる高感度・広帯域の聴覚器である。筆者らの観察によると、フタホシコオロギの脚にある耳には、前後 2 枚の鼓膜があり、後の鼓膜は大きくて薄く、音はこの鼓膜の振動として感じる（図 12-2B・C）。一方、前の鼓膜は小さいが厚く、音を感じる鼓膜としては機能しないが、音の振動を増幅するのに必要である。ヒトの耳では、鼓膜と有毛細胞の間に骨があるが、その役割を、前側の鼓膜直下に半透明の固い貝殻状の構造（上皮コアと名付られた）があり、それが鼓膜と感覚細胞を繋いでいる（図 12-2C・D）。この上皮コアに伝えられた振動

は、感覚細胞に伝わり、神経パルスに変換される。感覚細胞が並んでいる場所は、ヒトの耳では蝸牛であったが、コオロギの場合、その場所を「薄膜テント」と名付ける（図 12-2D·E）。コオロギは呼吸するための肺を持っていない。しかし、酸素は必要なので、体の表面から直接空気を取り入れるために、気管と呼ばれる呼吸器官が発達している。気管は体表の一部が管状になって体内に入っている。気管は左右の耳を繋いでいる。空気の出入りする開口部は気門と呼ばれる。したがって、コオロギの表面には多くの気門がある。「薄膜テント」の中はリンパ液で満たされており、床は気管の上で、そこに 50 個の感覚細胞が整然と並んでいる（図 12-2C·D）。2 つの耳が気管によって繋がっているために、音圧は鼓膜からだけでなく、気管からも伝わる。南デンマーク大学のアクセル・ミケルセンらは、鼓膜の振動をレーザーにより振動測定し、気管からの影響が大きいことを報告している。オスの鳴き声が気管で共鳴している可能性がわかった。コオロギの耳は、鼓膜と気管から音圧を受けるのであるが、このような耳を圧力勾配型の耳と呼ぶ。この構造により、音の来る方向を簡単に判断でき、オスのいる場所に到達できる（Michelsen & Lohe, 1995）。

　コオロギの感覚細胞には有毛細胞の毛にあたる樹状突起があり、「薄膜テント」の天井にある細胞に結合している（図 12-2D）。後側の鼓膜と気管が音により振動すると、上皮コアの先端によりリンパ液の流れが生じる（図 12-2D）。感覚細胞群は樹状突起が、リンパ液の流れに刺激されやすいように流れる方向に対してほぼ直交している（図 12-2E）。上皮コアに近い感覚細胞は高い音、遠い感覚細胞は低い音に応答する（Oldfield *et al.*, 1986）。このように、ヒトとコオロギの耳は、音の振動を 1 枚の鼓膜の振動に変換し、その振動をリンパ液の流れに置き換え、神経パルスに変換するという構造を持っている。ヒトとコオロギの進化過程は大きく異なるにもかかわらず、耳の構造は原理的によく似ている（Nishino *et al.*, 2019）。　　　　　　　　　　（12.3　西野浩史）

第13章　コオロギの行動学

序　中国の伝統：コオロギ相撲

『コオロギと革命の中国』と題した本を竹内実氏が出版している（竹内，2008）。竹内は、中国で盛んに行われる「コオロギ相撲」を見ながら、井岡山における毛沢東の革命を思い浮かべ、コオロギを手がかりに、中国の思想、歴史、人間模様を読みといた本を執筆した。2000年以上前から、中国ではコオロギが蟋蟀（シツシュツ）という名称で呼ばれていた。中国の歴史にコオロギが出てくるのは、唐代（618〜907年）であり、コオロギを戦わせる「闘蟋」が盛んになった（図13-1）。闘蟋は「コオロギ相撲」とも呼ばれ、2匹のオスコオロギを同じ容器の中に入れると、「喧嘩鳴き」をして威嚇し、激しい攻撃を始める。負けたコオロギは逃げて、勝敗が決する。この闘蟋は、1200年以上中国内で継続されており、今でも中国では、コオロギ相撲の全国大会が開催されており、賭博の対象になっているらしい。強いコオロギは売買されており、一匹16万円もするものがあるらしい（Hoon, 2013）。中国において、なぜここまでコオロギ相撲が盛んなのか？　その理由は不明であるが、1200年の歴史的を考えると、決して一過的なものではなく、確実に中国の文化に根ざしている。日本には「闘蟋」の生理学を研究している研究者がいる。

一方、戦う相手が自分よりも強いことがわかっている時は、死んだふりをする動物が多い。人も熊に遭遇した時は、死んだふりをするとよいと言われている（ただし、実際は死んだふりをすると餌と思われて食べられてしまうので、決してしてはいけない）。コオロギも死んだふりをする昆虫である。コオロギの「死にまね」の研究をしている研究者がいる。

図 13-1　中国で使用されていたコオロギ用の籠と入れ物

（序　野地澄晴）

13.1　闘争を支配するもの

　「闘蟋」の生理学を研究している研究者は、神戸大学・大学院理学研究科の筆者（青沼）らの研究グループである。筆者は、北海道大学・電子科学研究所に所属していた頃から神経行動学に工学的なアプローチを取り入れて闘争行動の研究を始め、2021 年から神戸大学に移った。筆者らの闘争に関する研究を紹介する（Iwasaki *et al.*, 2006）。

　ヒトの歴史も闘争の歴史である。その根本が、もしかしたら、動物の闘争本能にあるのかもしれない。それを理解することは、ヒトの歴史を変える可能性もある。闘争とは、「ほとんどの動物で普遍的に見られる行動で、餌・縄張り・配偶者などを争って誘発し、時に激しい攻撃を伴う。闘争はどちらか一方が退くと終結し、同種間の闘争では優劣の関係が構築される。」

　フタホシコオロギの世界にも、闘争がある。オスは、他のオスに出会うと、「喧嘩鳴き」をして威嚇し、激しい攻撃を始める。

　闘争行動は、オスが出会った同種のオスに対して、触角を使って体表を触ることで、体表の匂い（体表物質）を調べることから始まる（図 13-2）。

　コオロギは、他の昆虫と同様にクチクラからなる外骨格に覆われている。クチクラの一番外側にはワックス層があり、乾燥からの防御や病原微生物の侵入に対する防御の役割をしている。この体表ワックスは、いくつかの種類の炭化水素から構成された化合物で、オスとメスでは、体表ワックスを構成する炭化水素の組成に違いがある。コオロギは、この違いを検出して、相手がオスであれば攻撃行動を、メスであれば配偶行動を誘発する。また、炭化水素の組成は、加齢とともに変化するようで、多くのオスは、若いメスを好む傾向があり、加齢が進んだメスに対しては威嚇行動を見せることがある。オス同士の闘争行動は、まず、体を持ち上げる威嚇から始まり、次に触角を鞭のように動かすアンテナフェンシング、そして、相手が引き下がらなければ突進して取っ

図 13-2　コオロギのオスが闘争する（コオロギ相撲）

組み合いになり、次第に激しさを増す。闘争の勝敗は、相手が退却することで終結する。闘争の勝者はそのまま攻撃性を維持するため、新たなオスが出現すれば次の闘争が始まる。一方、闘争に敗れたオスは、長時間にわたり他者を忌避するようになる。コオロギは、相手の体表物質を頼りに同種のオスなのかメスなのかを判断するが、個体識別はしていないので、ひとたび闘争に負けると次に出会ったオスが前回の闘争相手であるか初めて出会ったオスであるかにはかかわらず、忌避行動をとるのである。筆者らは、この闘争行動にも、脳内において、記憶の時に登場した一酸化窒素や生体アミン類のオクトパミンが働くことを発見した。

....

【用語解説　一酸化窒素 NO】

　ここで、一酸化窒素について、紹介しておく。化学記号は NO で、気体分子であるが、このような分子が脳などで重要な働きをしている。なんと、ペニスが勃起する時にも関係している。NO の発見者ファーチゴット、イグナロ、ムラドの 3 人は 1998 年にノーベル医学生理学賞を受賞している。その発見の物語は感動的であり、米国科学アカデミーが連載している科学読み物である「発見のかなたへ」(Byond Discovery) に詳しく記載されている。日本語の翻訳サイトがある（日経サイエンス, BEYOND DISCOVERY, 2003）。タイトルは「爆発物から治療ガスへ　生物学と医学における一酸化窒素」である。爆発物とはニトログリセリンである。わずかな衝撃で爆発することで有名である。このニトログリセリンからダイナマイトを発明したのがノーベル賞を創設したノーベルである。ニトログリセリンは、狭心症の発作を抑えることができる。実は、1896 年頃、ノーベル自身が狭心症の発作に襲われていたが、ニトログリセリンを飲むのを拒否したそうだ。ニトリグリセリンにさらされるとひどい頭痛を引き起こすことを知っていたかららしい。なぜニトログリセリンが狭心症に効くのかが解明されるのは、1980 年代になってからである。ニトログリセリンは細胞内で NO を発生させ、グアニル酸シクラーゼという酵素を活性化してサイクリック GMP（cGMP）の産生を増大させるのである。NO の役割は多様で、血管の拡張、脳や末梢の神経系などでの神経伝達物質としての役割、体内に侵入した菌を殺すマクロファージも NO を産生し、自然免疫機構の重要な役割を担っていることなども知られている。NO によって細胞内の cGMP 産生が増大する仕組みを利用してノーベル賞を受賞したファーチゴットらは勃起不全薬のバイアグラを開発したことも有名である。以前にサイクリック AMP について紹介したが、A が G に代わった化合物（環状ヌクレオチド）である。DNA の時に紹介した ATGC の A と G である。

....

　当然、コオロギもこの NO を使用している。筆者らは、喧嘩後に敗者のコオロギが、自分が負けた相手、他の組の喧嘩の勝者、喧嘩未経験の攻撃的なオスコオロギに対して示した逃避行動に、一酸化窒素（NO）が関係しているか調べた。実験結果は、

　「喧嘩 15 分後、敗者コオロギは勝者に対して逃避行動を示す。しかし、あらかじめ脳内 NO の濃度を下げる薬剤でコオロギを処理しておくと、喧嘩 15 分後でも敗者は勝者と喧嘩した。また、神経伝達物質としての NO の標的の 1 つである cGMP 合成系を阻害しても敗者は勝者と喧嘩した。しかし、NO 供与剤の注射によってあらかじめ脳内 NO 濃度を上げておくと、敗者コオロギは一度の敗北経験で 3 時間後でも逃避行動を示した。」となった。コオロギの脳には、NO を産生する神経細胞が見つかっている。脳の中で NO が産生されると、生化学的な脳内環境が変化する。コオロギの攻撃性は、脳内の生体アミンのオクトパミンによっても増強するが、NO 供与剤は脳内のオクトパミン量を下げる効果があるため、NO が脳内の神経修飾物質であるオクトパミンのはたらきを抑えることで攻撃性が抑えられたと考えられる。オクトパミンは、タコの唾液腺から最初に見つかったフェノールアミンで、オクトパスに由来する名前がつけられた。オクトパミンの機能は、哺乳類のノルアドレナリンに類似する。ノルアドレナリンは、アドレナリンとともに闘争行動の発現に関わり、交感神経に作用すると心拍数を増加させる働きがある。脳で使われている神経修飾物質は、昆虫とヒトでは異なるが、その機能的な働きに注目すると、闘争行動の発現に関わる脳機能の共通性が見えてくる。

　喧嘩に敗北したオスコオロギは、喧嘩から逃避するが、その行動に、脳内 NO が重要であることが解明された。ヒトの脳は単純ではないが、基本的にはコオロギの脳と同じであろう。脳内の NO の役割をさらに研究すると、ヒトの闘争を「もう一つの戦わない行動」に導く効果的な方法が提案できるのかもしれない。

13.2　コオロギの集団における振る舞い

　新型コロナウイルスの感染拡大のために、3 密を無くすように！と連日、テレビ放送で誰かが注意しているこの頃（2020 年 5 月）である。ちなみに、3 密とは、密閉、密集、密接のことであり、感染拡大が生じる条件である。さらに、ソーシャルディスタンス（フィジカルディスタンス）を維持するなどが叫ばれている。2 m 以上の間隔があれば、ウイルスに感染しにくいので、そ

の距離を維持することである。ヒトの集団での行動は、新型コロナウイルスの終息後に変わるかもしれない。いずれにしても、ヒトは集団で社会生活することにより、発展してきた。

　フタホシコオロギも飼育の密度により、行動が変化する。筆者は、東京工業大学の倉林大輔博士や東京電気通信大学で現在活躍中の船戸徹郎博士らの共同研究者と、フタホシコオロギの集団における行動を解析した。

　「自然界におけるコオロギは 1 m² あたり数匹程度の低密度な環境で生きているが、人工的にコオロギを高密度環境で生活させると、コオロギの振る舞いは一変し、ほとんどのコオロギがまるで共同生活によって協調性を身につけたかのように喧嘩を行わなくなる。低密度と高密度の中間の密度（中密度）の飼育環境においては、高密度と同様に主に喧嘩しない個体が群の大多数を占めるが、その中に 1 匹あるいはごく少数の個体だけが闘争行動を示すようになり、個体間に優劣関係が生じる。」ことを発見した。

　彼らは、この集団の密度に応じた行動の変化のメカニズムを解明するために、ロボットモデルを開発した。個々のコオロギロボットの行動は、実際のコオロギの行動に似せて作られた。直進するロボットが他のロボットに出会うと、それぞれのロボットは向き合って突進し合うように振る舞い、この動作を攻撃的な振る舞い（闘争）とみなした。ロボットが、相手の方向に突進するのを止めて回避する方向に進む振る舞いを退却（負け）とみなし、ここで闘争は終結する。勝敗が決まると、勝ったロボットは、攻撃的な振る舞いが維持され、他のロボットに出会うと再び相手のロボットに向かって攻撃的に振る舞う。一方、負けたロボットは、他のロボットに出会うと、相手を避けるように進行する忌避行動をとる。このように行動するロボットを設計し、集団の密度に応じてどのように行動が変化するかについて解析した。その結果、集団密度によって変化するコオロギロボットの行動は、個体間の接触頻度と接触に伴って変化する個体の内部状態（生理状態）によって説明できることがわかった。ロボットの制御回路は、アナログ回路で構成した非線形振動子のネットワークでできている。振動子ネットワークの動作は脳内の NO の作用によって神経振動現象が変化する現象を模倣し、回路内の複数の振動子の同期、非同期によって攻撃か回避かの行動が選択されるような仕組みを導入している。また、制御回路には、闘争での負け経験を記憶する仕組み（抵抗とコンデンサーの回路で、回路への充電が記憶、放電が忘却を意味する）も導入されている。このようなロボットモデルを使うことで、集団を構成す

る個々の個体の振る舞いと集団全体の振る舞いについて解析した。その結果、コオロギの集団に属する個体は、他の個体の攻撃性が高いのか低いのかなどの情報を共有することなしに自律的に振る舞っていても、闘争に負けたそれぞれの個体が闘争経験の記憶を保持しながら振る舞うことで、集団の振る舞いが自律的に決定することを明らかにした。そして、集団全体の秩序形成には闘争に負けた個体の振る舞いが重要な鍵となることを示した（Funato *et al.*, 2011）。食用のフタホシコオロギは、まさに 3 密の状態で飼育している。過密状態で飼育すると個体間の闘争は減少するため、闘争に伴う損傷や共食いなどは抑えられる。このような現象は、密度効果と呼ばれている。密度効果を利用した飼育は、大量飼育には向いているように見える。しかし、密度効果は攻撃性を抑えるだけではなく、個体のサイズや体色にも影響を与える。十分なエサが得られる状態で飼育されても、過密状態で飼育された個体のサイズは、同様に十分エサが与えられた過疎状態あるいは単独状態で飼育された個体と比べると遥かに小さい。また、過密状態で飼育された個体の体色は薄い茶色をしている。一方、過疎な環境で育った個体は真っ黒な体色をしている。北海道大学では、フタホシコオロギのことをクロコオロギと呼び、イギリス人もまた英語で black cricket と呼ぶ所以である。「闘蟋」で強いとされるコオロギの見極め方には、「体色は黒く、体サイズが大きい個体」と言われている。まさに過疎な環境で育ったコオロギである。密度効果がコオロギの集団行動と体サイズに与える影響を考慮して飼育の方法を改良する必要がある。　　　　　　　　　　　　　　　　　　　　　（13.1〜2　青沼仁志）

13.3　死にまね

　動物の中には予期しない強い刺激を受けると、突然身動きひとつしなくなるものがいる。この行動は擬死（いわゆる死んだふり、死にまね）と呼ばれている。昆虫の擬死については、日本で精力的に研究されてきた経緯があり、国内研究者を中心に、この風変わりな行動のしくみや生存上の意義について、岡山大学・酒井正樹名誉教授が編集して、『昆虫の死にまね（Death-Feigning in Insects）』を Springer 社から出版した（Sakai, 2021）。その中で、コオロギの擬死の生理メカニズムについて解説している。

　以下は、北海道大学の 2021 年 5 月 24 日のプレスリリース「昆虫の「死んだふり」メカニズムの専門書を出版〜国内研究者を中心に擬死について包括的に解説〜」から一部引用した。

　研究の背景について、簡単に紹介する。動物の中には予期しない強い刺激を受けると、突然身動きひとつしなくなるものがいる。この行動は擬死（死んだふり）、またはフリーズと呼ばれている。この行動は多くの行動学者の興味を引いてきた（Nishino & Sakai, 2001; Nishino, 2021）。その内容を簡単に紹介する。

　この研究にはフタホシコオロギを用いた。この研究の方法として、感覚器の微小破壊、神経染色、自由行動下での細胞外記録を組み合わせて使用した。フタホシコオロギは前胸部を側面から軽く圧迫したり、背中を上から押さえたりするなどの拘束刺激によって、簡単に擬死を誘導できる。不動状態は約3分持続する。擬死中は感覚刺激に対する反応性が低下するため、不自然な状態でも覚醒しない（図13-3）。

　自然環境下では逃避時に狭い場所をみつけて潜りこもうとするときに動きが制限されても、同様の行動が起こる。この機能により、体の一部が見えている状態でも不動化するため、捕食者に見つかりにくくなる。次に擬死がどのような刺激を受けとることで誘発されるのかについて調べた。コオロギは拘束されると、そこから逃れようと、一過性の関節固定下の筋収縮、すなわち、等尺性収縮（isometric contraction）を起こす。等尺性収縮は負荷の大きな収縮で、アイソメトリック運動で知られる。私たちが重い荷物を持ち上げようとすると筋肉の震えを感じるが、コオロギの筋肉でも同様に筋肉の震えが生じる。コオロギの脚の内部にはこの震えをモニターする感覚器である弦音器官（用語解説参照）があり、これが刺激されると直ちに筋収縮の抑制、すなわち運動停止が起こること、弦音器官を外科手術で除去してしまうと擬死が起こりにくくなることを確認した。擬死の維持には頭部の中にある脳が不可欠であった。脳を冷やすと直ちに擬死から覚醒することから、脳が全身の不動状態を司令していることがわかった。ショウジョウバエでは脳内にある特定の神経が活動している間だけフリーズが起こることが示されている（Namiki, 2021）。擬死の種間比較を行ったところ、長時間不動化するのは動きの遅いフタホシコオロギだけで、エンマコオロギは押さえつけると、一時的に不動化するが、手を離すとすぐにジャンプしたり走ったりして逃げる。このよう

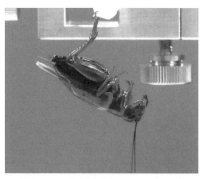

図13-3　死にまねしているコオロギ
不自然な姿勢でも覚醒しない。

コオロギ・アレルギーと恩恵

　岡山大学・生物学科に入ったものの、あっという間に3年生、同級生が配属研究室を次々と決めていく中、私は焦りを感じていた。自分のやりたかった「純行動学」のような学問領域が廃れつつあることに失望しつつも、「行動」の要素が少しでもありそうな研究室を探していた晩秋のある日、臨海実験所の白井浩子先生の紹介で、コオロギの交尾行動について研究しておられた酒井正樹先生の部屋を訪問した。そのとき、酒井先生はビーカーに入っていたフタホシコオロギをおもむろにつまみあげ、「最近コオロギが死にまねをすることを見つけたんやー、胸部を圧迫するんやけど、その力は強すぎても弱すぎても駄目なんやー、君、これについて調べてくれへんか？」とコテコテの大阪弁とともに擬死のデモンストレーションをされたのがコオロギ研究との出会いだった。

　その奇妙な行動に魅了された私は来る日も来る日もコオロギに擬死をかけながら、呼吸数、感覚反応性、不動時間などについて調べていた。今のようなラテックスの薄い手袋がない時代なので、当然素手である。コオロギが不機嫌なときは胸部を持とうとすると容赦なくガブリとやられ、指から出血することもしょっちゅうだった。

　修士課程に進んだある日のこと、私はいつものように、コオロギに擬死をかけようとビーカーからメス成虫をとりだした。すると、後脚をばたつかせたときに、輸卵管の根元についていた糞がひゅんと飛んできて私の左目を直撃した。その距離50 cmほど。まつ毛が入ったときのようなチクッとした痛みのあと、猛烈なゴロゴロ感が襲ってきた。速攻で洗眼したのだが、異物感はおさまるどころかどんどん大きくなる。そこで、鏡をみてみると、ぶよぶよとした大きな目やにのようなものが目の下にたまっている。これを手で取り除こうとしたのだが、眼球にくっついていてどうしてもとれない。そこで病院に行ったら、「それは結膜です。引っ張っちゃ駄目です。傷つけたら失明してましたよ」と言われた。私は青ざめるとともに、いつの間にかひどいアレルギーになっていたことを自覚した。コオロギに呪われた私は、そのあともアレルギー性の発疹やら偏頭痛と闘いながら、なんとか学位をとった。

　しかし、この試練は思わぬ恩恵も与えてくれた。コオロギに気持ち良く擬死に入ってもらうには、微妙な指先の力加減が必要で、その反復が私の親指と人差し指の感覚を研ぎ澄まし、生理学に必要な細かい解剖作業を難なくこなせるようにしてくれたのである。今でもこのフィンガーティップスキルはアリの神経を染色したりするときに役にたっている。手先が器用になりたければ、コオロギに何度も擬死をかけることを勧めたい。でもアレルギーにはくれぐれもご注意を。

（西野浩史）

に、危機に直面したときに擬死を選択するのか、逃避を選択するのかは、昆虫の逃避戦略と密接な関係があるようである（詳細については本間淳博士による第3章（Honma, 2021）、宮竹貴久博士による第4章（Miyatake, 2021）参照）。

　一方、われわれにも馴染み深いクワガタムシやテントウムシなどの甲虫、ガなどは捕食者の接近にともなう振動や音などで落下をして擬死する。これらの擬死の誘発においても基質振動や音を受容する弦音器官が重要である（詳細は中野亮博士による第5章（Nakano, 2021）、高梨琢磨博士・小島渉博士による第6章（Takanashi & Kojima, 2021）参照）。拘束による擬死は動物界に広く見られるため、筋負荷やエネルギー消費を抑える運動停止が基本機能としてあると思われる。この不動化が長く続くようになった背景には、視野内の動くものだけを攻撃する捕食者（両生類、爬虫類、鳥類など）の目くらましとして生存上有効に機能するようになったと考えられる。以上、拘束による擬死も遠方で起こる擬死にも振動受容という共通項があることがわかった。擬死の進化の一端には捕食者をいち早く検出するためのセンサーの感度向上があると推測している。

　擬死は動物催眠とも呼ばれるように、覚醒レベルの変化、特有の筋緊張の維持などさまざまな神経科学の諸問題を含んでいる。フタホシコオロギの遺伝子レベルの研究は、上記のように目覚ましく、今後、擬死に関わる遺伝子、機能分子が明らかになることが期待される。

┈┈┈┈┈┈┈┈┈┈┈┈┈┈┈┈┈┈┈┈┈┈┈┈┈┈┈┈┈┈┈┈┈┈┈┈

【用語解説　弦音器官】

　節足動物の体節内にあって関節の位置や運動、振動をモニターする自己受容器。通常は多数の感覚細胞からできている。昆虫の音を受容する鼓膜器官はこの弦音器官が特殊化したものである。

┈┈┈┈┈┈┈┈┈┈┈┈┈┈┈┈┈┈┈┈┈┈┈┈┈┈┈┈┈┈┈┈┈┈┈┈

（13.3　西野浩史）

第14章　コオロギを医薬品工場にする

序　ゲノム編集法 ― 2020年のノーベル賞

　2020年春、新型コロナウイルスの感染が拡大し、2022年3月の時点で、感染者数4.45億人、死亡者数は600万人を超えている（グーグル検索, 2022）。パンデミックあるいは感染爆発と呼ばれる状況が地球全体に広がっている。ウイルスにはさまざまなタイプがあるが、基本的にはウイルスはDNAかRNAを感染した細胞に入れ、その細胞の装置を利用して自分を複製し自分自身を増殖する。このようなウイルスは人間だけが標的ではなく、細菌や昆虫など多くの生物が標的になる。細菌に感染するウイルスはバクテリオファージと呼び、ウイルスが感染すると細菌の姿が消える(lysis)ことから、「食べられてしまった」ように見えるので、「食べる」を意味するラテン語に由来してファージと名付けられた。一方、細菌はウイルスに感染した場合の対応策を持っており、細胞内に入ってきたウイルスのDNAやRNAを分解することで、ウイルスに感染しなくなる。その仕組みの一つを解明したのが、マックス・プランク感染生物学研究所(ベルリン)所長のエマニュエル・シャルパンティエ博士とカリフォルニア大学バークレー校教授のジェニファー・ダウドナ博士である。2020年にノーベル賞を受賞した。なぜ、ノーベル賞なのか？　細菌が持っているウイルス撃退の方法を改変すると、ヒトを含む全ての生物の遺伝子を改変できる技術になり、画期的な「ゲノム編集」技術として使用できるからである。

　二人の女性研究者は、2011年3月に米国微生物学会の「細菌におけるRNAの役割」に関する会議で出会い、共同研究をスタートしている。当時、シャルパンティエ博士はスウェーデンのウメオ大学に所属しており、北欧と米国西海岸に住む研究者の共同研究であった（日本賞, 2017）。彼女らのゲノム編集の方法は、クリスパー・キャス9（CRISPR-Cas9）法と呼ばれている。クリスパー（CRISPR）とはClustered Regularly Interspaced Short Palindromic Repeatsの頭文字をとった略称で、意味は「細菌のゲノムにある遺伝子の配列のところどころに25〜50塩基からなる回文のような同一配列と、それをはさむ短い配列の繰り返し構造がクラスターを形成している」。そこには、過去に感染したウイルスなどのゲノム情報が記憶されている。キャス9はDNAを切断するたんぱく質の名前である。クリスパー・キャスシステムはさまざまな細菌のウィルスや外来のDNAなどに対する免疫防御システムである。

この技術は、DNA の特異的配列に結合するする人工的な酵素である Zinc-Finger Nucleases（ZFN）や植物が持っている防御反応に利用されているタンパク質のターレンを用いたゲノム編集技術に次ぐ新規のゲノム編集技術として、Nature 誌のニューズ・アンド・ビューでも取り上げられた。記事によればクリスパー・キャスシステムの遺伝子は 1987 年に大阪大学微生物病研究所の中田篤郎博士らより最初に同定されたが、その機能が不明であった。その約 26 年後にこのシステムを用いたゲノム編集技術が開発された。原理は簡単で、ゲノム DNA の標的配列に特異相補的な RNA 配列が結合する。その相補的な RNA にはガイド RNA が繋がっている。そのガイド RNA に DNA 分解酵素であるキャス 9 が結合し、標的のゲノム配列を切断する。ゲノム DNA が切断されれば、それを修復する場合にエラーが生じ、変異を持つ遺伝子となる。これが一つのゲノム編集法である（図 14-1）。

　この技術の効率や目的の配列以外にゲノム編集が生じること(オフターゲット効果と名付けられている)などが、まだ解決できていない課題でもある。しかし、これまでの方法と比較して、圧倒的に簡単な技術なので、これからさらに多くの応用方法が開発されるであろう。このように、これまで予想だにしなかったゲノム編集法技術がここ数年で開発されてきた。2013 年はじめには、

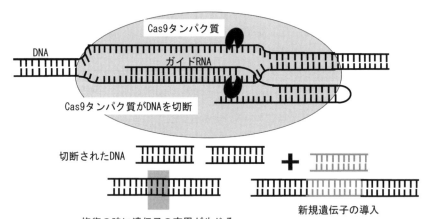

図 14-1　クリスパーキャス 9（CRISPR-Cas9）を用いたゲノム編集の原理
ゲノム DNA の配列の中で、編集したい配列に対応したガイド RNA を設計する。このガイド RNA には、Cas9 タンパク質が結合する配列も含まれているので、ガイド RNA が結合した部位の DNA を切断する。切断された DNA は、修復されるが、その過程で間違いが生じて結果的に DNA 変異が入る。その変異によっては、遺伝子の機能が失われる。修復時に新規な DNA を用意しておくと、その DNA が取り込まれるので、新規遺伝子を導入できる。最近は、この技術も進化しており、非常に効率よく、しかも正確に変異などが導入できるようになっている。この方法は、既にヒトの病気の治療などに使用され始めている。

哺乳類の細胞で CRISPR-Cas9 によるゲノム編集が行われた。今日、ヒト体細胞のゲノム編集は、さまざまな臨床応用が進んでおり、農業、畜産分野でもさまざまな応用が研究されている。この技術は、AI の開発との親和性もあり、今後さらに発展する技術である。徳島大学にもゲノム編集に関する大学発ベンチャー「株式会社セツロテック」が設立されている。　　　　　　　（序　野地澄晴）

14.1　昆虫のゲノム編集法

　コオロギの研究において、このゲノム編集法の発明はまさに、天の助けであった。それまで、ショウジョウバエ以外の昆虫において、遺伝子操作などを行うのは困難であった。徳島大学のコオロギグループは、クリスパー・キャス 9 の方法が開発される以前から、ゲノム編集を行っていた。そのきっかけは、広島大学大学院統合生命科学研究科の山本卓教授との共同研究であった。

　実は、ゲノム編集技術開発の歴史は古く、山本らは 2010 年に最初の論文を発表している。ウニの発生を研究していた山本らは、ウニのゲノム編集をZFN を用いて行っている。この ZFN の方法は非常に高度な技術が必要であったが、山本研究室の落合博博士がその技術を確立した。ところが、2010 年になって、ゲノム編集の新技術が登場した。米国ミネソタ大学のボイタス博士（Daniel F. Voytas）のグループが植物由来のターレン（transcription activator-like effectors（TALEs））に DNA を切断する酵素（the FokI endonuclease）の一部を結合させて DNA を特異的に切断する人工的な酵素を発表した。せっかく、ZFN の技術を確立した矢先であった。しかし、山本研はターレンの技術を即座に導入し、山本研究室の佐久間哲史博士と画期的なターレン法を開発し、プラチナ・ターレン法と名付けた。その後、山本グループは、多くの論文を発表している（Huang *et al.*, 2019）。また、『ゲノム編集とは何か』などの書籍も出版している。

　その山本研究室との共同研究により、2012 年にはコオロギを用いて、不完全変態の昆虫のゲノム編集に世界で初めて成功し、共同で発表した（Watanabe *et al.*, 2012）。しかし、2013 年にはクリスパー・キャス 9 が登場し、その使いやすさによりゲノム編集の世界が一挙に開け、現在に至っている。徳島大学においては、大学院生であった筆者が中心となりコオロギのゲノム編集法を確立した。それについては、次の 14.2 で紹介する。現在、日本発の画期的なゲノム編集法が、徳島大学を含めさまざまな大学で開発されている。しかし、さらに、次世代ゲノム編集法を開発するべきである。

14.2　コオロギのゲノム編集技術の開発

　マウスやショウジョウバエはモデル動物として研究に使用され、多くの研究者が集中的に研究してきたことにより、遺伝子操作法を含め多くの技術が開発されてきた。しかし、非モデル動物においては、研究者人口も少なく、そのため有効な遺伝子機能の解析法が開発されていなかった。RNA 干渉法を用いて研究が行える動物については、遺伝子の機能解析は進展してきたが、遺伝学的な解析とは異なった不確定性もあり、結果の解釈に曖昧さが残る場合もある。しかし、前述のように人工制限酵素などによるゲノム編集法の出現により、その事情は一変した。これまで標的遺伝子のノックアウト動物を作製する技術がなかった生物において、最近のゲノム編集技術は多くの動植物に利用可能であることから、比較的簡単にノックアウト生物が作製可能となった。また遺伝子のノックインの効率も上がり、ゲノムの標的部位への遺伝子ノックインも可能になってきている。多くの昆虫も例外ではない。われわれは、フタホシコオロギ（*Gryllus bimaculatus*）を用いて、発生および再生の研究を行っているが、最近のゲノム編集技術を利用して、遺伝子機能を解析している。

　徳島大学の三戸グループでは、これまでにコオロギのさまざまな遺伝子を対象にしてゲノム編集を行い、白色系統や赤眼系統などを含む遺伝子破壊系統の作出に成功している（Watanabe *et al.*, 2014）。また、コオロギを含む不完全変態昆虫における遺伝子改変技術について特許を出願している。

　実験例として、白いコオロギの作製について紹介する。コオロギのノックアウト標的遺伝子としてラッカーゼ2（*laccase2*（*lac2*））という遺伝子をまず選択した。この遺伝子は昆虫で広く保存されており、昆虫の外骨格であるクチクラの黒化過程に重要な役割を担っている。コオロギにおいてこの遺伝子に対して RNA 干渉実験を行うと、白色に近い個体が得られる（第 8 章参照）。そのため、表現型は白色の個体になると考えられ、表現型が容易に観察できると予想された。まず、*lac2* への変異導入するために、山本研究室で作製され、提供された ZFN を用いた。ZFN による変異導入が確認後、孵化した幼虫（G0）の体表を観察したところ、白色の斑点が観察された。この白色領域の細胞には、ZFN によって両アレルに変異が導入され、*lac2* の機能がノックアウトされたと考えられた。TALEN の標的としたのは ZFN の場合と同様の理由から内在遺伝子 *laccase2* である。TALEN mRNA を転写しコオロギ卵へと導入したとこ

図 14-2　ターレンを用いたコオロギのゲノム編集の例
ラッケース 2 （*lac2*）をノックアウトした場合、ホモ個体では白色の幼虫が誕生
した（C）。A：対照実験、B：ヘテロの個体。

ろ、変異の導入効率は低かったものの、ZFN とは異なり高濃度で導入した場
合でもコオロギ胚はほぼ正常に成長した。複数回の選抜の過程を経ることで、
ZFN、TALEN ともに予想通り、白色の個体が得られた（図 14-2）。白色個体
は、外骨格のクチクラの形成不全のために、残念ながら成虫まで成長できな
かった。この結果より、コオロギでの標的遺伝子への変異導入に対して ZFN、
TALEN ともに有効な手段であることが示された（Watanabe *et al.*, 2012）。
　ZFN や TALEN を用いた実験と同様に、CRISPR/Cas のガイド RNA と Cas9
の mRNA をインジェクションすると、図 14-3 のような結果が得られる。非
常に効率よく G0 で表現型が得られる。この方法はさらに off-target 効果につ

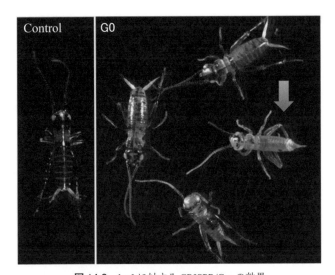

図 14-3　*lac2* に対する CRISPR/Cas の効果
左はコントロールの 1 齢幼虫、左はインジェクションした卵 G0 の 1 齢幼
虫である。さまざまな表現型が得られるが、中にはノックアウトコオロギ
と同様な表現型（矢印）を示す幼虫が得られる。

いて調べる必要があるが、効率よくノックアウトコオロギが得られる。特に、ガイド RNA の作製が他の方法に比して簡単なので、気軽に実験ができる。現在、CRISPR/Cas 法を用いて、標的遺伝子に相同組み換えにより遺伝子をノックインする技術の開発に成功している。　　　　　　　　　　（14.1・2　渡邉崇人）

14.3　緑に光るコオロギ：トランスジェニック

　緑色蛍光タンパク質（Green Fluorescent Protein（GFP））は、生物学や医学分野の研究に不可欠なタンパク質となり、スウェーデン王立科学アカデミーは、2008 年ノーベル化学賞を「緑色蛍光タンパク質 GFP の発見と開発」した、下村脩博士（日本）、チャルフィー博士（Martin Chalfie）（米国）、チェン博士（Roger Y. Tsien）（米国）に授与した。

　海に緑に光るオワンクラゲがいる。下村博士は、その発光のメカニズムの研究をしていた。彼は、85 万匹という大量のオワンクラゲを集め、その緑に光る物質 GFP を最初に単離するとともに、紫外線を当てるとこのタンパク質が緑色に光ることを発見した。チャルフィー博士は、GFP がさまざまな生物学的研究のツールとして使えることを実証し、チェン博士は、GFP の蛍光発光メカニズムの解明に貢献するとともに、緑以外の色に光る関連タンパク質を開発して、いくつかの異なる生物学的過程を同時に観察することを可能にした。

　1945年8月9日11時02分、「閃光（せんこう）がまぶしく、その後の爆風はすさまじかった」と、下村博士は原爆投下の瞬間を振り返った。戦争に伴い、彼の母の実家がある長崎県諫早市に疎開していた。彼は 16 歳の時、長崎の爆心地から約 12 キロ離れた同市の工場で勤労動員の作業中に原爆を体験した。その後、名古屋大学の平田義正教授の研究室に研究生として「ウミホタルのルシフェリンの精製と結晶化」を行い、その後米国にてオワンクラゲの GFP の研究をした。この GFP をコオロギで光らせる技術の開発を徳島大学の筆者らは行った。2004 年に、ピギーバック（piggyBac）というトランスポゾン（transposon）を用いたベクター（vector）を利用しコオロギのゲノムに外来遺伝子を導入する方法を世界で初めて開発した（Shinmyo et al., 2004）。この方法により、オワンクラゲ由来の緑色蛍光タンパクの遺伝子「GFP 遺伝子」をコオロギのゲノムに導入することに成功した。生まれたコオロギを掛け合わせ、2 世代目以降のコオロギは、卵の段階から紫外線を当てると緑色に光るようになった。これにより、紫外線を当てると全身が緑色に光るコオロギの作製に成功した（図 14-4、口絵(9)参照）。実験を通じて、卵の段階で細胞の動きが観察でき、

これまでわかっていなかった胚の形成過程がわかった（口絵(4)の写真参照）（Nakamura *et al.*, 2010）。

　この遺伝子導入技術により、ヒトの病気の原因となる遺伝子を組み込ませることにより、ヒトの病気が発症するメカニズムを解析できる可能性もある。さらに、薬に関する遺伝子などもコオロギに導入可能になり、コオロギを用いた薬の開発などに利用できる。最近は、ゲノム編集技術が開発されており、その方法を利用して、トランスジェニックコオロギを作製することも可能になっている。バイオ技術の発展により、コオロギの利用価値が飛躍的に高くなっている。

（14.3　三戸太郎）

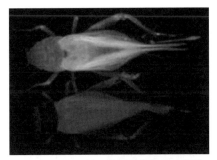

図 14-4　コオロギの遺伝子導入法を開発、GFP の遺伝子を導入し、緑色に光るコオロギの作製に成功。紫外線を当てると緑色に光るコオロギ（上）と通常のコオロギ
（口絵(9)参照）

14.4　医薬品工場としてのコオロギの特徴

　カイコは蚕と書き、まさに絹の生産工場であった。絹はシルクロードを作るぐらいのインパクトのある生産物であった。野生の蛾の品種改良を行い、まさに家畜昆虫として、おそらく数百年かけての絹糸の生産工場に仕上げた昔のヒトの能力に敬意を表する。この品種改良が、昔のヒトからみれば瞬時と感じる時間のスパンで、現在ではゲノム編集によって可能である。現在、ゲノム編集の技術は、飛躍的に発展している。ゲノム編集により、ワクチンやガンなどの治療用の抗体などの医薬品をコオロギの中で生産することが可

表 14-1　医薬品生産工場としてコオロギの特徴

	コオロギ	哺乳類の細胞	特　徴
生産性	◎	△	たんぱく質の合成速度は、哺乳類の細胞の10~100倍。小スケールの産生に適している。
コスト	◎	△	産生用の設備は哺乳類の細胞の培養設備よりも低 費用で可能。薬価を下げられる。
品質	○	◎	ヒト型の高分子量のタンパク質の生産が可能。糖鎖の修飾も可能。
安全性	◎	△	ヒトに感染するウイルスの存在は確認されていない。
食料性	◎	△	食用として使用可能。動物の餌にも使用可能。

能である。したがって、コオロギを医薬品工場としての家畜に改良することも可能である。表 14-1 では、培養細胞との比較をしているが、コオロギは、非常に安全で安価なたんぱく質あるいは医薬品の製造工場になることを示している。ヒトのたんぱく質、例えばヒトの抗体については、人工染色体を用いて生産可能であろう。

　さらに、期待したい技術の開発は、コオロギを食べるワクチンにすることである。現在、新型コロナウイルスに対するワクチンは、mRNA や抗原タンパク質が使用されているが、いずれも筋肉に注射する必要がある。パンデミックが発生した場合には、多くの国民にワクチンを注射するのであるから、非常に時間と費用がかかる。しかし、もし食べるだけでワクチンとなる物質があれば、多くの人々が非常に簡便にワクチンの恩恵を受けることができる。コオロギは現在食用として、世界中で食べられているので、コオロギをゲノム編集により、食べるワクチンにすることが可能であると考えている。早期に実現できれば、ガンに対するワクチンの製造や花粉症の対策にも利用できるので、非常に価値のあるコオロギが出現することになる（野地, 2021b）。

　当然のことながら、動物実験による安全性の確認は行い、必要に応じて情報を開示することで消費者の不安の解消に努めることが重要である。

（14.4　野地澄晴）

第 15 章　コオロギ研究の未来

序　次世代の家畜化昆虫としてのコオロギ

　本書において、コオロギが食料としても実験動物としても非常に有用な生物であることを紹介してきた。2021 年、多くの企業がコオロギを用いた食料品の販売を開始している。株式会社グリラスがコオロギ粉を生産し、それを用いたコオロギ食品を無印良品において販売している。コオロギせんべいやコオロギチョコは販売直後に品切れなるなど、好評である。この傾向が継続することを期待している。

　さらに、研究者の皆様には、実験動物としてのコオロギを認識し、研究に利用していただき、世界の科学技術の発展に寄与していただきたい。コオロギの RNA 干渉による遺伝子機能解析は、非常に有効な方法であり、ゲノム編集技術を利用できることにより、コオロギの価値をさらに上げることができる。

　コオロギが、蜜蜂、蚕に次ぐ人類にとっての第三の家畜化昆虫となることを実現しなくてはならない。　　　　　　　　　　　　　　　　（序　野地澄晴）

15.1　SDGs の 2 番：飢餓をゼロに！を達成するために

　2050 年には人口が 97 億人に達するが、今のままでは食料が不足することが推定されている。現在でも、地球規模では食料不足が生じている。そのため、

Column

幻の第 1 回国際コオロギ学会

　2011 年 3 月 11 日に東日本大地震が起こった。次の週に第 1 回の国際コオロギ学会を日本の徳島で開催する予定であった。しかし、開催の中止を決断し、参加予定者にメールで知らせた。要旨集を作成していたが、配布することはなかった。翌年、第 2 回の国際コオロギ学会を開催することができた。その成果を本にまとめて、2017 年に出版した『The Cricket as a Model Organism: Development, Regeneration, and Behavior』(Springer)。編集者は HW. Horch, T. Mito, A. Popadić, H. Ohuchi, S. Noji である。興味あれば、読んでいただきたい。　　（野地澄晴）

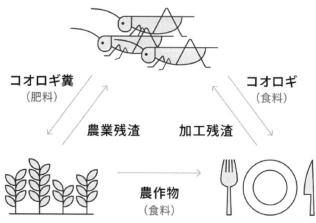

図 15-1　コオロギはサーキュラーフードである

SDGs では、2 番目のゴールに「飢餓をゼロ」を設定している。特に、深刻に
なるのは、動物性タンパク質の不足で、1 億トン不足すると言われている。従
来型の牛や豚などの畜産は環境負荷が大きく、今後大幅に生産を増加するこ
とは不可能である。そこで、国際的には、タンパク質源として、昆虫に着目
している。特に、次世代タンパク源としてコオロギなどが着目されている。
その世界的な背景のもとで、徳島大学では、フタホシコオロギに着目し、革
新的なコオロギの生産技術と系統育種技術の開発をしている。

　徳島大学グループの考えている構想について紹介する。基本のコンセプト
は、「完全循環型タンパク質生産体制構築」である。その概念を図 15-1 に示す。
　コオロギが雑食性であることで、餌として農業残渣や加工残渣を活用する
ことができる。育ったコオロギは、タンパク質の供給源などになる。その養
殖の間に出るコオロギの糞は、植物などの肥料として利用できる。このよう
なサイクルをコオロギは生み出すことができる。この持続可能な循環型食品

図 15-2　フタホシコオロギの粉末を利用した食品

を "サーキュラーフード" と名付けている。筆者は㈱グリラスを創業し、コオロギを "サーキュラーフード" にする事業を展開している。その一環として、良品計画と提携して、コオロギせんべいやコオロギチョコを販売するとともに、自社ブランドのクッキーやカレーを製作し販売している。

　それらの製品は、circulated（循環）、cultured（養殖）、cricket（コオロギ）の 3 つの C を意味するシートリア（C.TRIA）と名付けた。その製品の写真を図 15-2 に示す。

15.2　将来の環境変化に対応する革新的なコオロギ養殖技術の開発

　フタホシコオロギは飼育が容易で成長が早く、雑食であり、かつ味にクセがないため食用に適する。また、通年で繁殖・飼育が可能なことも大きな特長である。(株)グリラスでは、フタホシコオロギを用いた循環型の動物性タンパク質を生産することを事業化している。現在の課題は、(1)現状では、コオロギの養殖には、既存の畜産・水産養殖と比較して数倍のコストがかかること、(2)食品ロスのみでの飼育技術が確立されていないこと、さらに、(3)昆虫食への抵抗感（フードネオフォビア）があるために、社会認知度（社会受容性）が低いことである。

(1)　コオロギ養殖のコスト削減の方法について

　現在、コオロギの生産コストの約 8 割が日々のメンテナンスおよび収穫時の分別作業に付随する人件費である。さらに、フタホシコオロギの大規模養殖の実現には、飼育スペースの効率化が必須である。過密であると共食いや生育環境の悪化が生じるため、単位容積あたりの生産量は制約を受ける。一般的な飼育方法によれば、衣装ケース（40 cm × 60 cm × 30 cm）あたり成虫で 1000 個体程度の収量（1.4 万匹 /㎡）が限界である。徳島大学の筆者らは、飼育ケースの仕切りの構造を、フタホシコオロギの生態を考慮して空間利用効率を適正化することに成功し、単位容積あたり通常飼育の約 5 倍、養殖密度 7 万匹 /㎡の高密度生産を可能とした。これに満足せずに、さらに革新的コオロギ養殖技術の構築が今後必要である。

　一方、徳島大学のコオロギ研究グループと共同研究している株式会社ジェイテクトは、自動車部品・工作機械メーカーである。機械設計・制御・加工、トヨタ生産方式に代表される量産ラインで培った IoT・生産技術の分野に強みを持っており、SDGs の達成のために、これらノウハウをフタホシコオロギの

生態を研究し、量産システムに取り入れることで、飼育装置の自動化・IoT 化によるメンテナンスフリー・高効率生産システムの構築を試みている。筆者らの高密度生産に関わる発明を基盤とし、機械的に給餌や収穫などの飼育作業が自動化されれば、極めて高効率な革新的昆虫大量生産システムが実現できる。さらに、徳島大学の品種改良技術を駆使して闘争活性の低い系統や成長速度が速い系統等の畜産に適した品種の開発も検討する。以上を相互に検討して生産効率の最適化を行う予定である。

(2) 食品ロス等の未利用資源の利用

　徳島大学では、食品ロスでの飼育の方策に関する研究により、飼料の一部を食料ロスで置き換えることが可能であることを発見した。残渣の栄養素は別途明らかにする必要がある。今後は微量の栄養素を栄養学の観点から明らかにする。さらに、種々の食品ロスのベストミックスを統計学的な手法も取り入れ効率的に明らかにしていく予定である。

　一方、コオロギの成分が免疫機能を上げるなどの報告もあるので、機能性を増強するために必要な栄養素についても研究している。

(3) 社会受容性の具体的なエビデンス取得

　第 1 ステップとして、フタホシコオロギ本来の栄養素・機能性について明らかにする。近年、海外の多くの研究者から、コオロギを食料の観点から調査した研究が報告されている。実際、コオロギ粉末の摂取により、免疫機能が向上するとの報告もあり、今後、新たな栄養素・機能性物質が見出される可能性がある。

　第 2 ステップとして、栄養素・機能性物質から得られる「うれしさ」を見極めた上で心理的ハードルの低い粉末を利用した試作的な商品を準備し、社会受容性を検証する。同時に、メディア戦略も含めて社会認知度の向上を行う。より長期的には、商社等と連携することで流通網を構築し、社会浸透を図る。また、各ステップと並行して食味改善や機能性向上が見込まれる因子の探索も進める予定である。

　㈱グリラスでは、フタホシコオロギ養殖の完全自動化システムを生産場に導入し、大量生産を進めるとともに、システム自体の販売及び運用のコンサルティングも行うことにより、日本及び世界への展開を考えている。特に大量生産においては、主たる共同研究機関である㈱ジェイテクト及び㈱グリラ

スが中心的な役割を果たしつつ、食品加工メーカーや流通小売企業とも連携
しながら事業化を推進していきたい。その後、人の健康増進に資する成分を
微量でも含む食品ロスを探索し、基本飼料へ添加することで、フタホシコオ
ロギに機能性を付与することのできる高栄養飼料の開発を進める。コオロギ
研究所が設置できれば、世界から優秀な研究者が集う国際的な組織を構築で
きる。　　　　　　　　　　　　　　　　　　　　（15.1·2　渡邉崇人）

15.3　擬態の研究：花カマキリ

　昆虫や魚などが花や海藻などに姿形を変えて天敵から逃れたり、逆に餌を
おびき寄せたりする現象は擬態と呼ばれ、誰しもどこかで写真で見たか、実
際にお目にかかったことがあるかもしれない。それにしても見事なまでに擬
態した昆虫などの写真を見るたびに、どのようにしてそれが可能なのか？と
素朴な疑問をいつも持ち、早くそのメカニズムを解明したいと思ってきた。
多くの擬態した生物は、その形態などが遺伝するので、どのように擬態する
かはゲノム情報に書き込まれている。擬態していない生物のゲノム情報が進
化の過程で変化して、擬態したことは間違いないことであろう。多様な生物
の中から自然淘汰というメカニズムだけで果たして擬態した生物は誕生する
のであろうか？といつも単純に思い、何かまだ知られていないメカニズムが
あるかもしれないと勝手に空想している。しかし、一般的にはわれわれの想
像を絶する長い長い時間の中でほんの少しのゲノムの変化の積み重ねにより、
現在の生物に進化してきたと考えるのが妥当だ。いずれにしてもゲノムのど
のような変化が擬態と関係しているかを調べればヒントは得られる。
　最近の DNA の塩基配列の決定法の革命的進歩により各種生物のゲノム配
列の比較が可能となり、擬態した昆虫についてもゲノムの比較データが数年
以内に得られるであろう。実際、擬態した蝶についてはかなりの情報が得ら
れている。擬態した蝶の翅の模様を作り出す遺伝子領域として同定されてい
るスーパー遺伝子座（遺伝子組み換えの頻度が少なく遺伝子群がまとまって
次世代に伝えられる染色体領域）に存在していたことなどが報告されている
（藤原, 2015）。したがって、ダイナミックなゲノムの変化による既存の形態形
成に関与する遺伝子の組み合わせの変化が擬態に関与していることは間違い
ない。それではそのような変化を人工的に発生させ、長い時間かかって生じ
たゲノム変化を実験的に再現できないであろうか？ 図 15-3 に示すように、花
カマキリの遺伝子を解析し、コオロギを花コオロギに擬態させることをムー

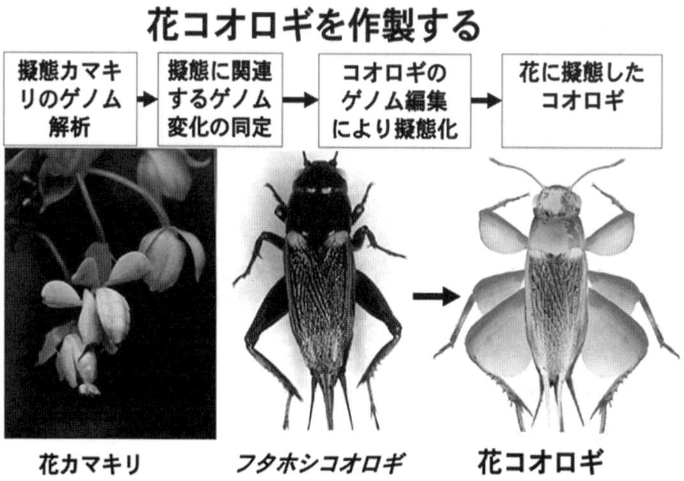

花コオロギを作製する

| 擬態カマキリのゲノム解析 | → | 擬態に関連するゲノム変化の同定 | → | コオロギのゲノム編集により擬態化 | → | 花に擬態したコオロギ |

花カマキリ　　　フタホシコオロギ　　　花コオロギ

図 15-3　花に擬態したコオロギを作製したい（口絵⑩参照）

Column

コオロギ学とは

　本書の題名を「コオロギ学」Cricketology とした。イターネットで検索すると「Cricketology」がすでに存在し、それはスポーツのクリケットに関するイギリスのＴシャツの会社の名前である。ちょっと微妙である。蚕の場合、蚕学があり、養蚕などを支える学問として、日本で発展したが、今は衰退している。

　コオロギ学が発展しなければならない最大の理由は、やはり SDGs の達成のためである。この学問は、基礎生物学だけではなく、食料問題、カーボンニュートラルの問題、健康の問題に関係する。その意味で「コオロギ学」の発展が今後の地球の未来を左右すると言っても過言ではない。

　コオロギ学の問題意識は、まず SDGs にあり、既に問題が設定されている。われわれは、新しい理論と技術によりこの問題を解かなければならない。これが真理の追求になる。問題を解くためには、創造性が必要であり、イノベーションを起こさなければならない。15 章で示しているように、大きな問題から小さな問題まで多くの課題があり、それを解決することが、コオロギ学の発展に寄与し、世界の問題を解決することに繋がるであろう。

　一般にはあまり認識されていないことであるが、生物学はこれから飛躍的に発展する。電子計算機の初期は、電卓レベルであったが、今や非常に性能が上がり、「富岳」という名のスーパー・コンピューターが登場している。一方、生物学は今、まだ電卓レベルであるが、これから急速に発展する。その結果、人類の最大の課題である SDGs を達成するであろう。特に、病気や感染症の克服と食料問題、健康寿命の延長などの研究は飛躍的に発展し、解決のメドがたってくるであろう。

　その進歩を支えるのが、基礎生物学であり、ショウジョウバエやマウスなど

ショット的な目標にしてきたが、まだ実現できていない。

　擬態のメカニズムを解明するためにはゲノムのダイナミックな人工的編集技術の開発が不可欠である。もちろん、擬態だけでなくすべての生命の研究に関係する。その意味で、ゲノム編集技術は今後の生命科学の発展を左右する重要な技術でありさらに飛躍的に発展させなければならない。この研究の意味することは、人工的にコオロギを擬態させることができる技術があれば、薬、ワクチン、抗体などの医薬品の開発や植物工場での天敵昆虫の設計などが可能になる。

　ゲノムの塩基配列を比較的簡単に決めることができる時代になったので、ゲノム編集の技術の有用性は飛躍的に高まっている。いよいよ人工昆虫を作製できる時代になってきた。ヒントは、「ヒトゲノム情報から顔を推定」（用語解説参照）する技術にある。昆虫の形態をゲノム情報から推定できる技術

のモデル生物であり、人工知能 AI とビッグデータである。これらの生物は、20世紀の生物学を発展させる原動力となり、今も重要なモデル生物である。しかし、モデル生物としての欠点もある。ショウジョウバエは小さく、食料にはならないし、特殊に進化した生物であり、一般化できない。マウスは哺乳類でありヒトに近いが、その維持にコストがかかり、動物愛護の観点から使用しない方向性もある。これらの欠点を補うモデル生物が「コオロギ」である。どこでも、誰でも簡単に入手できる生物となる。さらに、本書で何度も強調しているように、生物の基本は同じなので、まずはコオロギを用いて研究し、それをマウスやヒトで検証する方法が有効な研究方法になるであろう。これからは、多くの研究者にコオロギを材料として、さまざまな研究を行っていただきたい。その意味で、本書は、最初の重要な教科書になるであろう。

　ある深夜のエピソード：大学の研究室でコオロギに関する論文を執筆していると、誰かがドアをノックした。「どーぞ」と答えると、一人の青年が入ってきた。「バイトができると聞いてきたのですが」と、その青年は言った。本学の学生であろうと思い、「何年生？」「2 年生です」と答えた。研究室では実験材料としてのコオロギを飼育していたが、それを維持する仕事をお願いするバイト生を探していた。「名前は？」「コオロギです」「あなたの名前を聞いているのだが」「名前がコオロギです」「コオロギ？名前が？」と念をおす。「そうです、コオロギです」一瞬、「ついに、コオロギ界から人に変装してやってきたか」と思ったが、違っていた。「興梠です、宮崎県からきました。」別のある日、やはり深夜に教授室をノックする学生がいた。「バイトの話？」「いいえ、地球を救うために来ました」「名前は？」「コオロギです」「宮崎県から？」「いいえ、コオロギ界からです。コオロギ学を学びにきました」ここで、目が覚めた。　　　　　　　　（野地澄晴）

【用語解説　ヒトゲノム情報から顔を推定】

　3 章 3.1 で紹介したヒトのゲノム解析の記者会見に登場したヴェンター博士（John Craig Venter）は、ベトナム戦争に従軍し重傷を負って帰国後、1975年に生理学・薬学で PhD 取得。ニューヨーク州立大学バッファロー校の教授となり、1984 年には国立衛生研究所（NIH）に移った。ヒトゲノムプロジェクトに参加し、その後 2006 年、J・クレイグ・ヴェンター研究所（J. Craig Venter Institute）を設立し、彼が現会長である。2010 年 5 月、彼の率いるグループは、DNA を人工的に作製して「人工微生物」の作製に成功し、これを合成生命と呼んでいる。人工微生物の子孫の追跡を可能にするため、人工DNA には、4 つの「透かし」を入れている。透かしには研究に寄与した46人の科学者の名前などを入れているとのことである。現在は特に、エネルギー生産などに役立つ微生物の創出を目的としたゲノム工学に力を入れている。さらに、2017 年、ヴェンターらのグループは、ヒトのゲノムの情報を解読すると、その持ち主の顔を予想できると発表した（Lippert *et al.*, 2017）。ゲノム情報の中には、顔面での眼の位置や鼻の大きさ、口の形などが含まれているであろう。それらの情報を得ることができれば、顔を予想できる。実際に予想した顔の写真を論文には掲載している。それを、許可を得て図 15-4に示している。左が DNA 提供者、右が DNA 情報から予測された顔である。

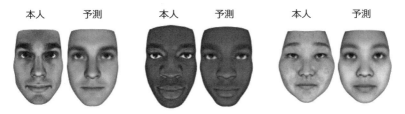

図 15-4　ヒトのゲノム情報から予想されたヒトの顔（詳細は論文参照）
左が DNA 提供者、右が DNA 情報から予測された顔（許可を得て掲載）。（Lippert *et al.*, 2017）

　同様な研究を中国科学院のタン教授（Kun Tang）が行っており、NHK の番組シリーズ人体・遺伝子で、DNA 顔モンタージュを紹介していた。

　昆虫のゲノム解析が進歩すれば、ゲノム情報から昆虫の形態を予想できるであろう。その時点で、擬態の謎も解明される可能性がある。

　さらに本書でも紹介しているように、コオロギの全ゲノム配列も何とか決定しており、いよいよ本格的にゲノム編集ができる時代になってきた。徳島大学において、遺伝子発現解析、ゲノム解析、ノックアウトコオロギを作製するなどの技術を利用して、発生、再生、擬態の研究が加速的に進歩することを期待したい。これらの研究を全国的に推進できるコオロギ研究所の設立が必要である。　　　　　　　　　　　　　　　　　　　　　　　　（野地澄晴）

があれば、逆に DNA のどの情報が擬態と関係しているかを推測できる。それが解明できれば、擬態したコオロギを作製できる。

15.4　昆虫のシンギュラリティ（脳との連結）

　昆虫は、生存競争を生き抜くために、それぞれ独自な特技を持っている。ミツバチは、花の蜜を集め、蚕は絹系で繭を作る。セミは素数（2・3・5・7・11・13・17）の年を知って、地中から地上に出て産卵する。ハキリアリは、葉っぱを細かく切り刻んで巣に持ち込み、それを栄養分として「きのこ（キツネノカラカサ）」を栽培する。「きのこ」の菌糸の一部はアリのエサとなり、「きのこ」はアリに守られながら成長する（保坂, 2012）。どの昆虫もすごい。このような能力を持った昆虫を人工的に作製できないだろうか？

　人工知能（AI）が発達し、やがて人類の知能を超える転換点（技術的特異点：シンギュラリティ）が来ると予測している科学者もいる。私は、昆虫、特にコオロギを用いて、その発生と再生のメカニズムについて研究を行ってきたが、それを機械であると考えると現在の技術でそれを作ることは不可能と思われる。コオロギも脳を持っており、北海道大学の水波誠博士はそれを「微小脳」と名付けたことは紹介した。昆虫の脳の神経細胞の数は約 100 万個である。昆虫も長期、短期の記憶力などを持っており、歩いたり、空中を飛んだり、翅で音を出したりと高度な機能を担っている。一方、現在のコンピューターの CPU（中央演算処理装置）においては、1〜10 億個の素子が存在する。もちろん、単純な比較はできないが、一つの疑問は、「現在の人工知能 AI は昆虫の微小脳を超えることができるのか？」、「昆虫のシンギュラリティは早々にくるか？」。私の妄想として、昆虫の微小脳とコンピューターを接続し、昆虫をコントロールできないかと思っている。

　2017 年、シンガポール南洋理工大学を訪問する機会があり、キャンパスを歩いている時に、『昆虫

図 15-5　背中にコンピューター・チップを搭載した大型甲虫（佐藤裕崇准教授提供）

サイボーグ』の研究者がいることを偶然知った。急遽、大学に連絡先を調べ
ていただいた。その研究者はなんと日本人で、佐藤裕崇准教授と判明。佐藤
先生は、図 15-5 のように大型の甲虫の背中にチップを搭載し、昆虫の一部に
電極を差し込み、飛翔行動を外部から制御することに成功した（Sato, 2021）。

　昆虫の左右の旋回は翅の筋肉を電気的に制御して実現しており、また、昆
虫が明るいものに向かって飛ぶという習性に着目し、眼の神経を制御して飛
行開始・停止を可能にしていた。現在は特に、昆虫に積んだチップの稼働時
間を延ばすために、昆虫の体内で生成される糖を用いて発電可能なバイオ燃
料電池の研究なども進めている。さらに、歩行などの他の行動制御にも挑戦
しており、興味深い研究をされている。私の妄想は現実になるかもしれない。

　一方、生物学の分野においては、現在、ゲノム編集技術が進歩しており、
将来的には自由に生物を改変することが可能になる。昆虫の内部も外部も目
的に合わせて最適な組み合わせを作ることが可能になる。昆虫の脳と外部の
コンピューターが結合でき、例えば脳の回路を変更できれば、農業、医療か
ら災害までさまざまな分野で昆虫サイボーグが使用できる可能性がある。も
ちろん、このようなゲノム編集操作された個体が、環境を汚染しないように、
細心の注意を払う必要がある。そのために、通常の環境では生きることので
きない昆虫を開発する必要がある。例えば、特殊な栄養素がないと生きるこ
とができない昆虫を作製できれば、事故などで自然界に逃げ出しても特殊な
栄養素がないので、生き延びることができない。この研究の流れは、人工合
成生命の開発にも関係してくる。いずれにしても、コンピューターと生物の
結合が新たな世界を開くのではないかと、考えている。コオロギ・サイボー
グを作製し、コンピューターを使って外部から操作することにより、コオロ
ギを有効なセンサーなど、例えば災害時のヒトを検知する捜査昆虫として使
用できればと、これも妄想している。このような研究もコオロギ研究所の重
要な研究テーマとなる。

15.5　コオロギ研究所：これからの研究テーマ

　本書で紹介してきたように、特にハエ、小さなショウジョウバエの研究は
120 年以上の歴史があり、多くの素晴らしい研究成果を生み出し、その結果
としてノーベル賞受賞者が多数生まれた。現在も、ハエの研究はバイオ研究
の先端を進んでいるが、海外が中心である。昔、絹の材料を提供したカイコ
は、蚕と漢字で表現されるように、産業の中心であった。しかし、合成繊維

の発達により、既にその時代は去った。次の研究材料はコオロギである。ヒ
トの最も基本的な行動は、食べることである。食べることを省略することは
できない。したがって、今後貴重なタンパク質の供給源になるコオロギはヒ
トの生活に必須の材料となる。地球の各地域に、コオロギの生産拠点が誕生し、
簡単に大量にコオロギが入手できる環境ができる。つまり、世界でコオロギ
を研究する環境が整備されることになる。これから、コオロギを利用した医
療系を含むさまざまな産業が生まれる可能性を本書では示してきた。

　国立遺伝学研究所の井ノ上逸朗博士は、モデル生物を用いた疾患遺伝子研
究への取り組みについて、雑誌『実験医学』で 2020 年に紹介している（井
ノ上逸朗（企画）, 2020）。国立研究開発法人日本医療研究開発機構（AMED）
において、モデル生物による疾患原因を究明するプロジェクト、J-RDMM
（Japanese rare disease model and mechanisms）ネットワークがある。そのプロジェ
クトでは、原因遺伝子が同定できた希少疾患のメカニズムをゼブラフィッシュ
やショウジョウバエなどの小動物を用いて in vivo で解析し、疾患の解明、治
療法の足掛かりを構築している。RDMM はカナダで開始されたプロジェクト
で、日本に導入されたのは、AMED の今西典昭博士の努力によるものである。
このプロジェクトにコオロギ研究者も参加すべきである。また、このような
研究にコオロギを用いることが可能であり、有用なモデル生物であることを
アピールし、研究者人口を増加させる必要がある。このような活動を加速す
る必要があり、そのための場所が「コオロギ研究所」である。

　イーロン・マスク氏が地球の環境問題や人口増加問題を案じて、電気自動
車の企業であるテスラ社を共同設立し、さらに、火星への移住を考えて、ロ
ケットを打ち上げるスペース X 社を共同設立している。われわれは、地球の
食料問題や健康問題を解決するために、コオロギを利用しなければならない。
それを担うのが株式会社・コオロギ研究所である。この研究所は、企業とし
て運営し、研究者は数年から 10 年のプロジェクト毎に海外を含むさまざまな
大学から招聘し、プロジェクト終了後は、各大学に戻るシステムを導入したい。
財源は、知的財産権やベンチャー投資ファンドから得る予定である。

　地球に生命が誕生して、40 億年と言われているが、現在の状況を見ると、
最も繁栄しているのは、人類ホモサピエンスと昆虫類である。ある意味で、
全く逆の戦略で地球上に繁栄している。しかし、本書で何度も強調している
ように、その基本は同じである。特に、体の大きさの決定、寿命の決定、自
然免疫、再生、記憶などの基本原理は同じであると予想されるので、それを

解明するのにコオロギを用いるのは、良い戦略である。これまで、ショウジョウバエの 10 日程度の世代交代の短さによる遺伝学的な方法の利用が重要な利点であった。コオロギの世代交代は 60 日程度かかるが、ゲノム編集技術の登場と RNA 干渉が有効であることに加えて、大きな全ゲノムの塩基配列の決定もほぼ完了したことから、方法論の壁はかなり低くなったと考えている。今後、研究しなければならないテーマを 15 ほど上げておく。もちろん、これ以外にも多くの研究テーマがある。コオロギ研究所で解明したいテーマである。

(1) フタホシコオロギのゲノム解析の完成

(2) 遺伝子改変コオロギの保存法：現在は継代して保存している。

(3) 人工染色体の作製：例えば、大きな遺伝子群を導入して、ヒト抗体などを産生できるようにする。

(4) 微小脳のメカニズム解明

(5) 体内時計のメカニズム解明

(6) 感覚器官（眼、臭覚、触覚など）のメカニズム解明

(7) 脚再生のメカニズ解明（幹細胞と脱分化）（ヒトの再生）

(8) 代謝経路の改変による新規化合物の合成（新薬の合成）

(9) 変態のメカニズムの解明（ヒトの若返り）

(10) 体の大きさを何が検出しており、何がマイオグリアンニンを調節するのか？

(11) 擬態のメカニズムの解明（形態形成メカニズムの進化：昆虫の形態を可変）

(12) 寿命の決定メカニズムの解明（老化の治療）

(13) 身体や器官の大きさなど決定メカニズムの解明

(14) コオロギ脳をコンピューターに連結し制御

(15) これらの研究成果の実用化の研究

この 15 のテーマ以外にも多くのテーマがあり、行動学的なテーマなどは入れていない。ぜひ、研究テーマを提案していただきたい。これらの基礎研究から、また新たなコオロギの可能性が広がることを期待している。

（15.3〜5　野地澄晴）

文献（英文）

Acampora, D., Avantaggiato, V., Tuorto, F., Barone, P., Reichert, H., Finkelstein, R., Simeone, A. (1998). Murine Otx1 and *Drosophila* otd genes share conserved genetic functions required in invertebrate and vertebrate brain development. Development, 125(9), 1691–1702.

Agrawal, N., Dasaradhi, PV., Mohmmed, A., Malhotra, P., Bhatnagar, RK., Mukherjee, SK. (2003). RNA Interference: Biology, Mechanism, and Applications. Microbiol Mol Biol Rev., 67(4), 657–685.

Akino, T., Mochizuki, R., Morimoto, M., Yamaoka, R. (1996) Chemical camouflage of myrmecophilous cricket Myrmecophilus sp. to be integrated with several ant species. Jpn J Appl Entomol Z, 40(1), 39–46.

Argiropoulos, B. (2003). Biology 463 – Gene Regulation in Development. 参照日: 2020 年 5 月 3 日, 参照先: https://www.zoology.ubc.ca/~bio463/

Böhni, R., Riesgo-Escovar, J., Oldham, S., Brogiolo, W., Stocker, H., Andruss, BF.*et al.*, Hafen, E. (1999). Autonomous control of cell and organ size by CHICO, a *Drosophila* homolog of vertebrate IRS1–4. Cell, 97(7), 865–875.

Bando, T., Mito, T., Maeda, Y., Nakamura, T., Ito, F., Watanabe, T. *et al.*, Noji, S. (2009). Regulation of leg size and shape by the Dachsous/Fat signalling pathway during regeneration. Development, 36(13), 2235–2245.

Bando, T., Mito, T., Nakamura, T., Ohuchi, H., Noji, S. (2011). Regulation of leg size and shape: involvement of the Dachsous-fat signaling pathway. Dev Dyn., 240(5), 1028–1041.

Bando, T., Okumura, M., Bando, Y., Hagiwara, M., Hamada, Y., Ishimaru, Y. *et al.*, Ohuchi, H. (2022). Toll signalling promotes blastema cell proliferation during cricket leg regeneration via insect macrophages. Development, 149(8), dev199916.

Bellés, X., Santos, CG. (2014). The MEKRE93 (Methoprene tolerant-Kruppel homolog 1-E93) pathway in the regulation of insect metamorphosis, and the homology of the pupal stage. Insect Biochem. Mol. Biol. , 52, 60–68.

Bertossa, R.C., van de Zande, L., Beukeboom, LW. (2009). The Fruitless Gene in Nasonia Displays Complex Sex-Specific Splicing and Contains New Zinc Finger Domains. Mol Biol Evol., 26, 1557–1569.

Blankers, T, Oh, KP, Bombarely, A., Shaw, KL. (2018). The Genomic Architecture of a Rapid Island Radiation: Recombination Rate Variation, Chromosome Structure, and Genome Assembly of the Hawaiian Cricket Laupala. Genetics, 209(4), 1329–1344.

Boerjan, B., Tobback, J., De Loof, A., Schoofs, L., Huybrechts, R. (2011). Evolution of neural sex-determination system in insects: insights from basal direct-developing insects. Insect Biochem Mol Biol., 41, 340–347.

Boggs, GP., Idriss, S., Belote, JM., McKeown, MRT.,. (1987). Regulation of sexual differentiation in *Drosophila melanogaster* via alternative splicing of RNA from the transformer gene. Cell, 50, 739–747.

Bohn, H. (1965). Analyse der Regenerationsfahigkeit der Insecten-extremitat durch Amputations- und Transplantationsversuche an Larven der afrikanischen Shabe Leucophaea maderae Fabr. (Blattaria). II. Mitteilung Achensdetermination. Wilhelm Roux Arch. EntwMech. Org., 156,

449–503.

Bopp, D., Saccone, G., Beye, M.（2014）. Sex determination in insects: variations on a common theme. Sex Dev., 8, 20–28.

Brenner, S.（1974）. The genetics of *Caenorhabditis elegans*. Genetics, 77（1）, 71–94.

Bryant, SV, Iten, LE.（1976）. Supernumerary limgs in amphibians: experimental production in Notophthalmus viridescens and a new interpretation of their formation. Dev Biol., 50（1）, 212–234.

Colman, RJ., Anderson, RM., Johnson, SC., Kastman, EK., Kosmatka, KJ., Beasley, TM. *et al.*, Weindruch, R.（2009）. Caloric restriction delays disease onset and mortality in rhesus monkeys. Science, 325, 201–204.

Colman, RJ., BeasleyTM., KemnitzJW., JohnsonSC., WeindruchR., AndersonRM.（2014）. Caloric restriction reduces age-related and all-cause mortality in rhesus monkeys. Nat Commun, 5, 3557.

Dabour, N., Bando, T, Nakamura, T., Miyawaki, K., Mito, T., Ohuchi, H., Noji, S.（2011）. Cricket body size is altered by systemic RNAi against insulin signaling components and epidermal growth factor receptor. Dev Growth Differ., 53（7）, 857–869.

de Cabo, R., Mattson, MP.（2019）. Effects of Intermittent Fasting on Health, Aging, and Disease. N Engl J Med, 381, 2541–2551.

Demontis, F., Patel, VK., Swindell, WR., Perrimon, N.（2014）. Intertissue Control of the Nucleolus via a Myokine-Dependent Longevity Pathway. Cell Rep., 7, 1481–1494,.

Dolbear, A.（1897）. The cricket as a thermometer. The American Naturalist, 31（371）, 970–971.

Dubrovsky, EB.（2005）. Hormonal cross talk in insect development. Trends Endocrin. Metab., 16（1）, 6–11.

Ebina, H. Mizunami, M.（2020）. Appetitive and aversive social learning with living and dead conspecifics in crickets. Sci, Rep. , 10, 9340.

Fontana, L., Partridge, L., Longo, VD.（2010）. Extending healthy life span—from yeast to humans. Science, 328（5976）, 321–326.

French, V., Bryant, PJ., Bryant, SV.（1976）. Pattern regulation in epimorphic fields. Science, 193（4257）, 969–981.

French, V.（1980）. Positional information around the segments of the cockroach leg. J Embryol Exp Morphol., 59, 281–313.

French, V.（1984）. The structure of supernumerary leg regenerates in the cricket. J Embryol Exp Morphol., 81, 185–209.

Funato, T., Nara, M., Kurabayashi, D., Ashikaga, M., Aonuma, H.（2011）. A model for group-size-dependent behaviour decisions in insects using an oscillator network. J. Experimental Bio. , 214, 2426–2434.

GBIF.（2021）. *Gryllus bimaculatus* De Geer, 1773. 参照日: 2020 年 5 月 30 日, 参照先: The Global Biodiversity Information Facility: https://www.gbif.org/ja/species/1713034

Gehring, WJ.（2014）. The evolution of vision. WIREs Dev Biol, 3, 1–40.

Halder, G., Callaerts, P., Gehring, WJ.（1995）. Induction of ectopic eyes by targeted expression of the eyeless gene in *Drosophila*. Science, 267（5205）, 1788–1792.

Hamada, A, Miyawaki, K., Honda-sumi, E., Tomioka, K., Mito, T., Ohuchi, H., Noji, S.（2009）. Loss-of-function analyses of the fragile X-related and dopamine receptor genes by RNA interference in the cricket *Gryllus bimaculatus*. Dev Dyn. , 238(8), 2025–2033.

Hamada, Y., Bando, T., Nakamura, T., Ishimaru, Y., Mito, T., Noji, S., Tomioka, K., Ohuchi, H. (2015). Leg regeneration is epigenetically regulated by histone H3K27 methylation in the cricket *Gryllus bimaculatus*. Development, 142, 2916–2927.

Harumoto, T., Ito, M., Shimada, Y., Kobayashi, TJ., Ueda, HR., Lu, B., Uemura, T. (2010). Atypical Cadherins Dachsous and Fat Control Dynamics of Noncentrosomal Microtubules in Planar Cell Polarity. Dev Cell., 19(3), 389–401.

Hasan, MM., Rahman, MM., Kataoka, K., Yura, K., Faruque, MO., Shadhen, FR., Mondal MF. (2021). Edible wild field cricket (*Brachytrupes portentosus*) trading in Bangladesh. Journal of Insects as Food and Feed, 7(8), 1255–1262.

Hattori, A., Migitaka, H., Iigo, M., Yamamoto, K., Ohtani-Kaneko, R., Hara, M. *et al.*, Reiter, R.J. (1995). Identification of melatonin in plants and its effects on plasma melatonin levels and binding to melatonin receptors in vertebrates. Biochem Mol Biol Int, 35, 627–634.

He, L.L., Shin, S.H., Wang, Z., Yuan, I., Weschier, R., Chiou, A. *et al.*, Suzuki, Y. (2020). Mechanism of threshold size assessment: Metamorphosis is triggered by the TGF-beta/Activin ligand Myoglianin. Insect Biochem. Mol. Biol., 126:103452.

Hinck, AP., Mueller, TD., Springer, TA. (2016). Structural Biology and Evolution of the TGF-β Family. Cold Spring Harb Perspect Biol., 8(12), a022103.

Hirano, Y., Masuda, T., Naganos, S., Matsuno, M., Ueno, K., Miyashita, T. *et al.*, Saitoe, M. (2013). Fasting launches CRTC to facilitate long-term memory formation in *Drosophila*. Science, 339(6118), 443–446.

Hittel, DS., Axelson, M., Sarna, N., Shearer, J., Huffman, KM., Kraus, WE. (2010). Myostatin decreases with aerobic exercise and associates with insulin resistance. 42, 2023–2029.

Ho, RR., Robert, CP. (1973). Genetic Control of Song Specificity in Crickets. SCIENCE, 180, 81–82.

Hoffmann, AJ., Reichhart, JM. (2002). *Drosophila* innate immunity: an evolutionary perspective. nature immunology , 3(2), 121–126.

Honma, A. (2021). The Function of Tonic Immobility: Review and Prospectus. Sakai, M. Ed., Death-Feigning in Insects (pp: 23–37). Springer.

Hoshino, K., Takeuchi, O., Kawai, T., Sanjo, H., Ogawa, T., Takeda, Y. *et al.*, Akira, S. (1999). Cutting edge: Toll-like receptor 4 (TLR4)-deficient mice are hyporesponsive to lipopolysaccharide: evidence for TLR4 as the Lps gene product. J. Immunol., 162, 3749–3752.

Huang, J., Tian, L., Peng, C., Abdou, M., Wen, D., Wang, Y. *et al.*, Wang, J. (2011). DPP-mediated TGFβ signaling regulates juvenile hormone biosynthesis by activating the expression of juvenile hormone acid methyltransferase. Development, 138(11), 2283–2291.

Huang, Y., Porter, A., Zhang, Y., Barrangou, R. (2019). Collaborative networks in gene editing. Nature Biotechnology, 37, 1107–1109.

Huber, F., Moore, TE., Loher, W. (1989). Cricket Behavior and Neurobiology. Cornell University Press.

Inoue, Y., Mito, T., Miyawaki, K., Matsushima, K., Shinmyo, Y., Heanue, TA. *et al.*, Noji, S. (2002). Correlation of expression patterns of homothorax, dachshund, and Distal-less with the proximodistal segmentation of the cricket leg bud. Mech. Dev., 113(2), 141–148.

Inoue, Y., Miyawaki, K., Terasawa, T., Matsushima, K., Shinmyo, Y., Niwa, N., Mito, T., Ohuchi,

H., Noji, S. (2004). Expression patterns of dachshund during head development of *Gryllus bimaculatus* (cricket). Gene Expr Patterns, 4(6), 725–731.

Ishimaru, Y., Nakamura, T., Bando, T., Matsuoka, Y., Ohuchi, H., Noji, S., Mito, T. (2015). Involvement of dachshund and Distal-less in distal pattern formation of the cricket leg during regeneration. Sci. Rep., 5, 8387.

Ishimaru, Y., Tomonari, S., Matsuoka, Y., Watanabe, T., Miyawaki, K., Bando, T. *et al.*, Noji, S., Mito, T. (2016). TGF-β signaling in insects regulates metamorphosis via juvenile hormone biosynthesis. Proc. Natl. Acad. Sci. USA., 113, 5634–5639.

Ishimaru, Y., Tomonari, S., Watanabe, T., Noji, S., Mito, T. (2019). Regulatory mechanisms underlying the specification of the pupal-homologous stage in a hemimetabolous insect. Philos. Trans. R. Soc. B., 374(1783), 20190225.

Ishizaki, H., Suzuki, A. (1994). The brain secretory peptides that control moulting and metamorphosis of the silkmoth, *Bombyx mori*. Int J Dev Biol., 38(2), 301–310.

Ito, H., Fujitani, K., Usui, K., Shimizu-Nishikawa, K., Tanaka, S., Yamamoto, D. (1996). Sexual orientation in *Drosophila* is altered by the satori mutation in the sex-determination gene fruitless that encodes a zinc finger protein with a BTB domain. Proc Natl Acad Sci U S A., 93, 9687–9692.

Ito-Harashima, S., Yagi, T. (2021). Reporter gene assays for screening and identification of novel molting hormone- and juvenile hormone-like chemicals. J Pesticide Sci, 46(1), 29–42.

Itoh, MT., Hattori, A., Sumi, Y. (1995). Day-night changes in melatonin levels in different organs of the cricket (*Gryllus bimaculatus*). J Pineal Res, 18, 165–169.

Iwasaki, M., Delago, A., Nishino, H., Aonuma, H. (2006). Effects of previous experiences on the agonistic behaviour of male crickets *Gryllus bimaculatus*. Zool. Sci. , 23, 863–872.

Iwasaki, M., Katagiri, C. (2008). Cuticular lipids and odors induce sex-specific behaviors in the male cricket *Gryllus bimaculatus*. Comp. Biochem. Physiol., A149, 306–313.

Iwashita, H., Matsumoto, Y., Maruyama, Y., Watanabe, K., Chiba, A., Hattori, A. (2021). The melatonin metabolite N1-acetyl-5-methoxykynuramine facilitates long-term object memory in young and aging mice. J Pineal Res, 70(1), e12703.

Kamsoi, O., Bellés, X. (2019). Myoglianin triggers the premetamorphosis stage in hemimetabolan insects. FASEB J., 33(3), 3659–3669.

Kataoka, H., Nagasawa, H., Isogai, A., Ishizaki, H., Suzuki, A. (1991). Prothoracicotropic hormone of the silkworm, Bombyx mori: amino acid sequence and dimeric structure. Agric Biol Chem., 55(1), 73–86.

Kataoka, K., Minei, R., Ide, K., Ogura, A., Takeyama, H., Takeda, M., Suzuki, T., Yura, K., Asahi, T. (2020). The Draft Genome Dataset of the Asian Cricket *Teleogryllus occipitalis* for Molecular Research Toward Entomophagy. Front Genet., 11, 470.

Kataoka, K., Togawa, Y., Sanno, R., Asahi, T., Yura, K. (2022) Dissecting cricket genomes for the advancement of entomology and entomophagy. Biophys Rev, https://doi.org/10.1007/s12551-021-00924-4

Kato, Y., Kobayashi, K., Watanabe, H., Iguchi, T. (2011). PLoS Genet. Environmental Sex Determination in the Branchiopod Crustacean Daphnia magna: Deep Conservation of a Doublesex Gene in the Sex-Determining Pathway, 7, e1001345.

Katsimpardi, L., Litterman, NK., Schein, PA., Miller, CM., Loffredo, FS., Wojtkiewicz, GR., Chen,

JW., Lee, RT., Wagers, AJ., Rubin, LL. (2014). Vascular and neurogenic rejuvenation of the aging mouse brain by young systemic factors. Science, 344(6184), 630–634.

Kawai, T., Adachi, O., Ogawa, T., Takeda, K., Akir, S. (1999). Unresponsiveness of MyD88-deficient mice to endotoxin. . Immunity, 11, 115–122.

Kawamura, Y., Saito, K., Kin, T., Ono, Y., Asai, K., Sunohara, T. *et al.*, Siomi, H. (2008). *Drosophila* endogenous small RNAs bind to Argonaute2 in somatic cells. Nature, 453, 793–797.

KonogamiT., SaitoK., KataokaH. (2016). Prothoracicotropic Hormone. Handbook of Hormones, 407–409.

Kopp, A. (2012). Dmrt genes in the development and evolution of sexual dimorphism. Trends Genet., 28, 175–184.

Kozmik, Z., Daube, M., Frei, E., Norman, B., Kos, L., Dishaw, LJ. *et al.*, Piatigorsky, J. (2003). Role of Pax Genes in Eye Evolution: A Cnidarian PaxB Gene Uniting Pax2 and Pax6 Functions. Developmental Cell, 5, 773–785.

Kukushkin, NV., Carew, TJ. (2017). Memory Takes Time. Neuron, 95, 259–279.

Laufer, H., Ahl, JSB., Sagi, A. (1993). The Role of Juvenile Hormones in Crustacean Reproduction. Amer. Zool., 33, 365–374.

Lawrence, PA., Crick, FH., Munro, M. (1972). A gradient of positional information in an insect, Rhodnius. J Cell Sci. , 11(3), 815–853.

Lawrence, PA., Struhl, G., Casal, J. (2008). Do the protocadherins Fat and Dachsous link up to determine both planar cell polarity and the dimensions of organs? Nat Cell Biol., 10(12), 1379–1382.

Lawrence, PA., Casal, J. (2018). Planar cell polarity: two genetic systems use one mechanism to read gradients. Development, 145(23), dev168229.

Lerner, A.B., Case, JD., Takahashi, Y., Lee, HT., Mori, W. (1958). Isolation of Melatonin, The Pineal Gland factor that lightens Melanocytes. J. Am. Chem. Soc., 80(10), 2587.

Lim, HY., Bodmer, R., Perrin, L. (2006). *Drosophila* aging 2005/06. Exp Gerontol, 41(12), 1213–1216.

Lippert, C., Sabatini, R., Maher, MC., Kang, EY., Lee, S. (2017). Identification of individuals by trait prediction using whole-genome sequencing data. Proc Natl Acad Sci USA, 114(41), 10166–10171.

Lo, PC., Frasch, M. (1999). Sequence and expression of myoglianin, a novel *Drosophila* gene of the TGF-beta superfamily. Mech. Dev., 86(1–2), 171–175.

Longo, VD. (2009). Linking sirtuins, IGF-I signaling, and starvation. Exp Gerontol., 44(1–2), 70–74.

Lonze, EB., Ginty, DD. (2002). Function and Regulation Review of CREB Family Transcription Factors in the Nervous System. Neuron, 35, 605–623.

Matsumoto, Y, Mizunami, M. (2000). Olfactory learning in the cricket *Gryllus bimaculatus*. J Exp Biol., 203, 2581–8.

Matsumoto, Y., Mizunami, M. (2002). Temporal determinants of long-term retention of olfactory memory in the cricket *Gryllus bimaculatus*. J Exp Biol., 205(Pt 10), 1429–1437.

Matsumoto, Y., Mizunami, M. (2006). Olfactory memory capacity of the cricket *Gryllus bimaculatus*. Biol Lett. , 2(4), 608–610.

Matsumoto, Y., Sato, C., Takahashi, T., Mizunami, M. (2016). Activation of NO-cGMP signaling rescues age-related memory impairment in crickets. Front Behav Neurosci, 10, 166.

Matsumoto,Y., Matsumoto SC., Mizunami, M.（2018）. Signaling Pathways for Long-Term Memory Formation in the Cricket. Front Psychol., 9（Article 1014）, 1–8.

Mattison, JA., Roth, GS., Beasley, TM., Tilmont, EM., Handy, AM., Herbert, RL. *et al.*, de Cabo, R.（2012）. Impact of caloric restriction on health and survival in rhesus monkeys from the NIA study. Nature, 489, 318–321.

Mattison, JA, Colman, RJ., Beasley, TM., Allison, DB., Kemnitz, JW., Roth, GS., *et al.* Anderson, RM.（2017）. Caloric restriction improves health and survival of rhesus monkeys. Nat Commun, 8, 14063.

McPherron, AC., Lawler, AM., Lee, SJ.（1997）. Regulation of skeletal muscle mass in mice by a new TGF-beta superfamily member. Nature, 387, 83–90.

Meinhardt, H.（1982）. Models of Biological Pattern Formation. Academic Press.

Michelsen, A., Lohe, G.（1995）. Tuned directionality in cricket ears. Nature, 375, 639.

Miki, T., Shinohara, T., Chafino, S., Noji, S., Tomioka, K.（2020）. Photoperiod and temperature separately regulate nymphal development through JH and insulin/TOR signaling pathways in an insect. Proc Natl Acad Sci U S A., 117（10）, 5525–5531.

Minakuchi, C., Namiki, T., Shinoda, T.（2009）. Krüppel homolog 1, an early juvenile hormone-response gene downstream of Methoprene-tolerant mediates its anti-metamorphic action in the red flour beetle Tribolium castaneum. Dev. Biol., 325（2）, 341–350.

Mito, T., Inoue, Y., Kimura, S., Miyawaki, K., Niwa, N., Shinmyo, Y. *et al.*, Noji, S.（2002）. Involvement of hedgehog, wingless, and dpp in the initiation of proximodistal axis formation during the regeneration of insect legs, a verification of the modified boundary model. Mech Dev., 114（1–2）, 27–35.

Mito, T., Noji, S.（2009）. The two-spotted cricket *Gryllus bimaculatus*. 著: Emerging Model Organisms（pp: 331–346）. USA: Cold Spring Harbor Protocols.

Miyakawa, H., Toyota, K., Hirakawa, I., Ogino, Y., Miyagawa, S., Oda, S. *et al.*, Iguchi, T.（2013）. A mutation in the receptor Methoprene-tolerant alters juvenile hormone response in insects and crustaceans. Nat Commun., 4, 1856.

Miyashita, A., Kizaki, H., Sekimizu, K., Kaito, C.（2016）. No Effect of Body Size on the Frequency of Calling and Courtship Song in the Two-Spotted Cricket, *Gryllus Bimaculatus*. PLoS One, 11（1）, e0146999.

Miyatake, T.（2021）. Environmental, Physiological, and Genetic Effects on Tonic Immobility in Beetles. Sakai, M. Ed., Death-Feigning in Insects（pp: 39–54）. Springer.

Miyawaki, K., Mito, T., Sarashina, I., Zhang, H., Shinmyo, Y., Ohuchi, H., Noji, S.（2004）. Involvement of Wingless/Armadillo signaling in the posterior sequential segmentation in the cricket, *Gryllus bimaculatus*（Orthoptera）, as revealed by RNAi analysis. Mech Dev, 121（2）, 119–130.

Mizunami, M., Yokohari, F., Takahata, M.（1999）. Exploration into the adaptive design of the arthropod "microbrain.". Zool Sci, 16, 703–709.

Mizunami, M., Matsumoto, Y.（2010）. Roles of aminergic neurons in formation and recall of associative memory in crickets. Front Behav. Neurosci., 4, 1–11.

Mizunami, M., Sato-Matsumoto, C., Matsumoto, Y.（2017）. Searching for cognitive processes underlying insect learning. The Japanese Journal of Animal Psychology, 67（1）, 1–10.

Mizunami, M., Matsumoto, Y.（2017）. Roles of octopamine and dopamine neurons for mediating appetitive and aversive signals in Pavlovian conditioning in crickets. Front. Physiol., 8, 1027.

Mlodzik, M., Halder, G.（2014）. In Memoriam Walter J. Gehring（1939–2014）. Dev Biol., 395（1）, 1–3.

Nakamura, T., Yoshizaki, M., Ogawa, S., Okamoto, H., Shinmyo, Y., Bando, T. *et al.*, Mito, T.（2010）. Cite Share Imaging of transgenic cricket embryos reveals cell movements consistent with a syncytial patterning mechanism. Curr Biol., 20（18）, 1641–1647.

Nakano, R.（2021）. Ultrasound-Induced Freezing Response in Moths. Sakai, M. Ed., Death-Feigning in Insects（pp55–72）. Spinger.

Namiki, S.（2021）. Descending Neuron for Freezing Behavior in *Drosophila melanogaster*. Sakai, M. Ed., Death-Feigning in Insects（pp145–157）. Springer.

National Library of Medicine.（2021）. PubMed.（NIH）参照日: 2020 年 5 月 24 日, 参照先: https:// pubmed.ncbi.nlm.nih.gov/

Nishino, H., Domae, M., Takanashi, T., Okajima, T.（2019）. Cricket tympanal organ revisited: morphology, development and possible functions of the adult-specific chitin core beneath the anterior tympanal membrane. Cell Tissue Res, 377（2）, 193–214.

Nishino, H.（2021）. Tonic Immobility in a Cricket: Neuronal Underpinnings of Global Motor Inhibition. Sakai, M. Ed., Death-Feigning in Insects（pp: 109–133）. Springer.

Nishino, H., Sakai, M.（2021）. Tonic Immobility in a Cricket: Behavioral Characteristics, Neural Substrate, and FunctionalSignificance. Sakai,M. Ed., Death-Feigning in Insects（pp: 93–108）. Springer.

Nishioka, M., Matsuura, I.（1977）. Sci. Rep. Lab. Amphibian Biol., Hiroshima Univ., 2, 165–185.

Noguti, T., Adachi-Yamada, T., Katagiri, T., Kawakami, A., Iwami, M., Ishibashi, J., Kataoka, H., Suzuki, A., Go, M., Ishizaki, H.（1995）. Insect prothoracicotropic hormone: a new member of the vertebrate growth factor superfamily. FEBS Letters 376, 251–256.

Noji, S., Nohno, T., Koyama, E., Muto, K., Ohyama, K., Aoki, Y., Tamura, K., Ohsugi, K., Ide, H., Taniguchi, S. Retinoic acid induces polarizing activity but is unlikely to be a morphogen in the chick limb bud. Nature.（1991）. 350（6313）, 83–86.

Oldfield, B.P., Kleindienst, H.U., Huber, F.（1986）Physiology and tonotopic organization of auditory receptors in the cricket *Gryllus bimaculatus* DeGeer. J Comp Physiol A., 159（4）, 457–464

Ohuchi, H., Bando, T., Mito, T., Noji, S.（2017）Eye development and photoreception of a hemimetabolous insect, *Gryllus bimaculatus*（in: The cricket as a model organism）. Springer, Tokyo, 49–62.

Pascoal, S., Risse, JE., Zhang, X., Blaxter, M., Cezard, T., Challis, RJ. *et al.*, Bailey, NW.（2019）. Field cricket genome reveals the footprint of recent, abrupt adaptation in the wild. Evol Lett., 4（1）, 19–33.

Piper, MDW., Partridge, L.（2018）. *Drosophila* as a model for ageing. Biochim Biophys Acta Mol Basis Dis. , 1864（9 Pt A）, 2707–2717.

Pires, A., Hoy, R.R.（1992）. Temperature coupling in cricket acoustic communication. I. Field and laboratory studies of temperature effects on calling song production and recognition in Gryllus firmus. J Comp Physiol A., 171（1）, 69–78.

Poeggeler, B., Reiter, RJ., Tan, DX., Chen, LD., Manchester, LC.（1993）. Melatonin, hydroxyl radical-mediated oxidative damage, and aging: A hypothesis. J Pineal Res, 14, 151–168.

Poltorak, A., He, X., Smirnova, I., Liu, MY., Van Huffel, C., Du, X. *et al.*, Beutle, rB.（1998）. Defective LPS signaling in C3H/HeJ and C57BL/10ScCr mice: mutations in Tlr4 gene. Science, 282（5396）, 2085–2088.

Reiter,LT., Potocki, L., Chien, S., Gribskov, M., Bier, E.（2001）. A systematic analysis of human disease-associated gene sequences in *Drosophila melanogaster*. Genome Res. , 11, 1114–1125.

Riddle, RD., Johnson, RL., Laufer, E., Tabin, C.（1993）. Sonic hedgehog mediates the polarizing activity of the ZPA. Cell, 75（7）, 1401–16.

Röller, H., Dahm, KH.（1968）. The chemistry and biology of juvenile hormone. Recent Prog. Horm., 24, 651–680.

Ronco, M., Uda, T., Mito, T., Minelli, A., Noji, S., Klingler, M.（2008）. Antenna and all gnathal appendages are similarly transformed by homothorax knock-down in the cricket *Gryllus bimaculatus*. Dev Biol. , 313（1）, 80–92.

Rubin, G M. *et al.*（2000）. Comparative genomics of the eukaryotes. Science, 287, 2204–2215.

Sakai, M., Kumashiro, M.（2004）. Copulation in the male cricket is performed by chain reaction. Zool Sci, 21, 705–718.

Sakai, M., Kumashiro, M., Matsumoto, Y., Ureshi, M., Ootubo, T.（2017）. Reproductive Behavior and Physiology in the Male Cricket *Gryllus bimaculatus*. Horch, HW. *et al.*, Eds., The Cricket as a Model Organism（pp: 245–269）. Springer.

Sakai, M. Ed.（2021）. Death-Feigning in Insects. Springer.

Sanchez, L., Chaouiya, C., Thieffry, D.（2008）. Segmenting the fly embryo: logical analysis of the role of the Segment Polarity cross-regulatory module. Int. J. Dev. Biol., 52, 1059–1075.

Sanno, R., Kataoka, K., Hayakawa, S., Ide, K., Nguyen, CN., Nguyen, TP., Le, BTN., Kim, OTP., Mineta, K., Takeyama, H., Takeda, M., Sato, T., Suzuki, T., Yura, K., Asahi, T.（2020） Comparative Analysis of Mitochondrial Genomes in Gryllidea（Insecta: Orthoptera）: Implications for Adaptive Evolution in Ant-Loving Crickets. Genome Biol Evol, 13（10）, evab222.

Sato, H.（2021）. Hirotaka Sato group of Nanyang Technological University. 参照日: 2020 年 6 月 28 日, 参照先: https://hirosatontu.wordpress.com/

Schultz, W.（2007）. Behavioral dopamine signals. Trends Neurosci. , 30, 203–10.

Shinmyo, Y., Mito, T., Matsushita, T., Sarashina, I., Miyawaki, K., Ohuchi, H., Noji, S.（2004）. PiggyBac-mediated somatic transformation of the two-spotted cricket, *Gryllus bimaculatus*. Dev Growth Differ., 46（4）, 343–349.

Shinmyo, Y., Mito, T., Matsushita, T., Sarashina, I., Miyawaki, K., Ohuchi, H., Noji, S.（2005）. caudal is required for gnathal and thoracic patterning and for posterior elongation in the intermediate-germband cricket *Gryllus bimaculatus*. Mech Dev, 122（2）, 231–239.

Shinoda, T., Itoyama, K.（2003）. Juvenile hormone acid methyltransferase: a key regulatory enzyme for insect metamorphosis. Proc. Natl. Acad. Sci. USA., 100（21）, 11986–11991.

Suzuki, Y., Truman, J.W., Riddiford, LM.（2008）. The role of Broad in the development of Tribolium castaneum: implications for the evolution of the holometabolous insect pupa. Development, 135（3）, 569–577.

Tabuchi, M., Monaco, JD., Duan G., Bell, B., Liu, S., Liu, Q. *et al.*, Wu, MN.（2018）. Clockgenerated temporal codes determine synaptic plasticity to control sleep. Cell, 175, 1213–1227. e18.

Takagi, A., Kurita, K., Terasawa, T., Nakamura, T., Bando, T., Moriyama, Y., Mito, T., Noji, S., Ohuchi, H. (2012). Functional analysis of the role of eyes absent and sine oculis in the developing eye of the cricket *Gryllus bimaculatus*. Dev Growth Differ, 54, 227–240.

Takahashi, TM., Sunagawa, GA., Soya, S., Abe, M., Sakurai, K., Ishikawa, K., Yanagisawa, M. *et al.*, Sakurai, T. (2020). A discrete neuronal circuit induces a hibernation-like state in rodents. Nature, 583 (7814), 109–114.

Takanashi, T., Kojima, W. (2021). Vibration-Induced Immobility in Coleopteran Insects. Sakai, M. Ed., Death-Feigning in Insects (pp: 73–92). Springer.

The Nobel Prize Organisation. (1971). Explore prizes and laureates in 1971. 参照日 : 2020 年 5 月 14 日, 参照先: https://www.nobelprize.org/prizes/medicine/1971/press-release/

The Nobel Prize Organisation. (2002). The Nobel Prize in Physiology or Medicine 2002. 参照先: https://www.nobelprize.org/prizes/medicine/2002/press-release/

Tinbergen, N. (1951, 1969). The Study of Instinct. Clarendon Press Oxford.

Tomioka, K., Chiba,Y. (1992). Characterization of an optic lobe circadian pacemaker by in situ and in vitro recording of neural activity in the cricket, *Gryllus bimaculatus* . J Comp Physiol A, 171, 1–7.

Tomlinson, A., Campbell, G. (1995). Initiation of the proximodistal axis in insect legs. Development, 121, 619–628.

Uemura, T., Shimada,Y. (2003). Breaking cellular symmetry along planar axes in *Drosophila* and vertebrates. J Biochem., 134 (5), 625–630.

Unoki, S., Matsumoto, Y., Mizunami, M. (2005). Participation of octopaminergic reward system and dopaminergic punishment system in insect olfactory learning revealed by pharmacological study. Eur J Neurosci., 22 (6), 1409–1416.

Upadhyay, A., Moss-Taylor, L., Kim, MJ., Ghosh, AC., O'Connor, MB. (2017).TGF-β Family Signaling in Drosophila. Cold Spring Harb Perspect Biol., 9 (9), a022152.

Ureña, E., Manjón, C., Franch-Marro, X., Martín, D. (2014). Transcription factor E93 specifies adult metamorphosis in hemimetabolous and holometabolous insects. Proc. Natl. Acad. Sci. USA., 111 (19), 7024–7029.

Uryu, O., Kamae,Y., Tomioka, K., Yoshii, T. (2013). Long-term effect of systemic RNA interference on circadian clock genes in hemimetabolous insects. J Insect Physiol., 59 (4), 494–499.

Verhulst, EC., van de Zande, L., Beukeboom, LW. (2010). Insect sex determination: it all evolves around transformer. Curr Opin Genet Dev., 20, 376–383.

Verhulst, EC., van de Zande, L. (2015). Double nexus—Doublesex is the connecting element in sex determination. Brief Funct Genomics, . 14, 396–406.

Verkerk, AJ., *et al.* (1991). Identification of a gene (FMR-1) containing a CGG repeat coincident with a breakpoint cluster region exhibiting length variation in fragile X syndrome. Cell, 65 (5), 905–914.

Vivien-Roels, B., Pevet, P., Beck, O., Fevre-Montange, M. (1984). Identification of melatonin in the compound eyes of an insect, the locust (Locusta migratoria), by radioimmunoassay and gas chromatography-mass spectrometry. Neurosci Lett, 49, 153–157.

Watanabe, T., Ochiai, H., Sakuma, T., Horch, HW., Hamaguchi, N., Nakamura, T., Bando, T., Ohuchi, H., Yamamoto, T., Noji, S., Mito, T.（2012）. Non-transgenic genome modifications in a hemimetabolous insect using zinc-finger and TAL effector nucleases. Nat Commun., 3, 1017.

Watanabe, T., Noji, S., Mito, T.（2014）. Gene knockout by targeted mutagenesis in a hemimetabolous insect, the two-spotted cricket *Gryllus bimaculatus*, using TALENS. Methods, 69（1）, 17–21.

Watanabe, T.（2019）. Evolution of the neural sex-determination system in insects: does fruitless homologue regulate neural sexual dimorphism in basal insects? Insect Mol Biol., 28, 807–827.

Watson, JD., Crick, FH.（1953）. Molecular structure of nucleic acids: a structure for deoxyribose nucleic acid. Nature, 171（4356）, 737–738.

Wexler, J., Delaney, EK., Bellés, X., Schal, C., Wada-Katsumata, A., Amicucci, MJ., Kopp, A.（2019）. Hemimetabolous insects elucidate the origin of sexual development via alternative splicing. elife, 8, e47490.

Williams, CM.（1956）. The Juvenile Hormone of Insects. Nature, 178, 212–213.

Wynn, TA., Vannella, KM.（2016）. Macrophages in Tissue Repair, Regeneration, and Fibrosis. Immunity, 44（3）, 450–462.

Yamamoto, S., Jaiswal, M., Charng, W-L.（2014）. A *Drosophila* genetic resource of mutants to study mechanisms underlying human genetic diseases. Cell, 1（159）, 200–214.

Yarasheski, KE., Bhasin, S., Sinha-Hikim, I., Pak-Loduca, J., Gonzalez-Cadavid, NF.（2002）. Serum myostatin-immunoreactive protein is increased in 60–92 year old women and men with muscle wasting. J Nutr. Health Aging, 6（5）, 343–348.

Yin, JC., Wallach, JS., Del Vecchio M., Wilder, EL., Zhou, H., Quinn, WG., Tully, T.（1994）. Induction of a dominant negative CREB transgene specifically blocks long-term memory in . Cell. 79（1）:49–58.

Ylla, G., Nakamura, T., Itoh, T., Kajitani, R., Toyoda, A., Tomonari, S. *et al.*, Extavour, CG.（2021）. Insights into the genomic evolution of insects from cricket genomes. . Commun Biol. , 4（1）, 733.

Yoshida, C., Takeichi, M.（1982）. Teratocarcinoma cell adhesion: identification of a cell-surface protein involved in calcium-dependent cell aggregation. Cell, 28（2）, 217–224.

Yoshida, H., Bando, T., Mito, T., Ohuchi, H., Noji, S.（2014）. An extended steepness model for leg-size determination based on Dachsous/Fat trans-dimer system. Sci Rep., 4, 4335.

Yoshimura, A., Nakata, A., Mito, T., Noji, S.（2006）. The characteristics of karyotype and telomeric satellite DNA sequences in the cricket, *Gryllus bimaculatus*（Orthoptera, Gryllidae）. Cytogenet Genome Res . 4, 112（3–4）, 329–36.

Yoshioka, H., Meno, C., Koshiba, K., Sugihara, M., Itoh, H., Ishimaru, Y. *et al.*, Noji, S.（1998）. Pitx2, a bicoid-type homeobox gene, is involved in a lefty-signaling pathway in determination of left-right asymmetry. Cell, 94（3）, 299–305.

Zhang, Z., Xu, J., Sheng, Z., Sui, Y., Palli, SR.（2011）. Steroid Receptor Co-activator Is Required for Juvenile Hormone Signal Transduction through a bHLH-PAS Transcription Factor, Methoprene Tolerant. J Biol Chem., 286（10）, 8437–8447.

文献（和文）〔五十音順〕

阿形清和 (2009). 切っても切ってもプラナリア. 岩波書店.

石崎宏矩 (1995). かつて絵描きだった. 生命誌ジャーナル・サイエンティスト・ライブラリー, 8.

石丸善康・野地澄晴・三戸太郎 (2019). 昆虫変態の分子機構：コオロギの研究から. 昆虫と自然, 54(11), 38–41.

石神昭人 (2017). カロリー制限はやはり健康長寿に効果がある. 参照日：2020年9月月21日日, 参照先：https://www.aging-regulation.jp/topics/topics-05.html#text1

伊東 進 (2020年5月). シグナル伝達異常によって引き起こされる病態・疾患を理解する. 参照先：https://www.shoyaku.ac.jp/research/laboratory/seika

井ノ上逸朗 (企画) (2020). あえての「脱マウス」今どきの疾患モデルの選択肢. 実験医学, 38(13), 2212–2228.

岩見雅史 (2017). シングルセル内分泌学的手法による昆虫変態マスター細胞の検証. 金沢大学, 自然システム学系. 科学研究費補助事業 研究成果報告書.

大塚邦明 (2013). 老化と高齢者の時間医学. 日老医誌, 50, 288–297.

大田秀隆 (2010). 長寿遺伝子 Sirt1 について. 日老医誌, 47, 11–16.

尾崎克久 (2021年11月). JT生命誌館. 参照先：チョウが食草を見分けるしくみを探る：https://www.brh.co.jp/research/lab01/member#2

奥山風太郎 (2018). コオロギ科. 図鑑 日本の鳴く虫 (pp: 18–33). エムピージェー.

かずさDNA研究所 (2011). 遺伝子は染色体上にあります. 参照先：DNA入門：遺伝学の基礎（人物紹介）：https://www.kazusa.or.jp/dnaftb/10/bio.html

環境省 (2021年11月01日). 環境省. 参照先：我が国の食品廃棄物等及び食品ロスの量の推計値（平成27年度）等の公表について：https://www.env.go.jp/press/105387.html

岸上哲士・三品裕司 (2002). ボディパターニングと器官形成における BMP の多元的な役割. 化学と生物, 40(9), 570–577.

黒川 清 (2021年9月23日). 津田梅子と TH Morgan の 1894 年の論文を読む. 参照先：https://kiyoshikurokawa.com/jp/2004/08/th_morgan1894_c5a5.html

グーグル検索（コロナ感染者数）参照日：2022年3月7日, 参照先：https://www.google.com/search?q= コロナ感染者数

グールド（Gould, SJ.）, 訳：渡辺政隆 (2000). ワンダフル・ライフ —バージェス頁岩と生物進化の物語. 早川文庫.

ゲーリング（Gehring, WJ.）, 訳：浅島誠・黒岩厚・古久保・徳永克男・辻村秀信・倉田祥一朗・新美輝幸 (2002). ホメオボックス・ストーリー —形づくりの遺伝子と発生・進化. 東京大学出版会.

古家大祐 (2019). 老けない人は腹七分め. マガジンハウス.

佐藤満彦 (2000). ガリレオの求職活動 ニュートンの家計簿. 中央公論社. 参照日：2021年10月02日, 参照先：https://ja.wikipedia.org/wiki/ アイザック・ニュートン

下澤楯夫 (2005; 2006). 生物学のための情報論. 比較生理生化学, 22, 23, 32–37, 85–89, 149–154, 32–36, 38–43, 153–164.

菅原 隆 (1990). 昆虫の産卵行動の制御機構 コオロギを例にして. 化学と生物, 28(11), 747–750.

角 恵理 (2005). コオロギの歌の進化に及ぼすメスの選好性の影響. 参照年: 2020, 参照先: https://kaken.nii.ac.jp/ja/grant/KAKENHI-PROJECT-17770204/

ズパンク (Zupanc, GKH.), 訳: 山元大輔 (2007). コミュニケーション：コオロギの歌の神経行動学. 著: 行動の神経生物学 pp: 197–216). 東京：シュプリンガー・ジャパン(株).

高峰譲吉博士研究会 (2021). 高峰博士の業績. 参照日: 2020 年 5 月 13 日, 参照先: http://www.npo-takamine.org

竹市雅俊 (2007). カドヘリン発見物語. 参照日：2020 年 6 月 15 日, 参照先：理化学研究所: http://www.cdb.riken.jp/ctp/cadherin.html

竹内 実 (2008). コオロギと革命の中国. PHP 新書.

田中誠二 (2021). バッタの大発生の謎と生態. 北隆館.

田中利男 (2016). 新薬開発に欠かせないスクリーニングを劇的に効率化する手法を開発. 参照先: NEDO: https://www.nedo.go.jp/hyoukabu/articles/201604zebra/index.html

ダーウィン (Darwin, RC.), 訳: 八杉龍一. (1990). 種の起原, 岩波書店.

ダーウィン (Darwin, RC.), フリー百科事典ウィキペディア. 参照日: 2020 年 4 月 26 日, 参照先: https://ja.wikipedia.org/wiki/ チャールズ・ダーウィン

東京農工大学ホームページ. 参照日: 2020 年 5 月 24 日, 参照先: 昆虫の発育・成長のホルモン制御機構解明に蚕の研究が果たした役割を概説しよう. http://web.tuat.ac.jp/~jokoukai/kindainihonnoisizue/archive/hatuiku/hatuiku.htm

富岡憲治 (2021) コオロギの概日時計機構の研究を振り返る. 時間生物学, 27, 83–92.

中谷 勇 (1989). コオロギの白色突然変異体. 遺伝, 43(11).

新村 健 (2016). 老化を制御する液性因子. 日老医誌, 53, 10–17.

西野浩史ら (2019). コオロギはヒトと似た構造の耳をもつ — 自然が生み出した最小・高感度・広帯域の聴覚器 —. 参照日: 2020 年 9 月 21 日, 参照先: https://www.es.hokudai.ac.jp/result/2019-03-05-mamo/

日経サイエンス (2003). BEYOND DISCOVERY. 参照日: 2020 年 6 月 2 日, 参照先: 爆発物から治療ガスへ — 生物学と医学における一酸化窒素：http://www.nikkei-science.com/beyond-discovery/no/01.html

日本学術振興会 (1997). エリオット・マーチン・マイエロヴィッツ博士. 参照先: 第 13 回国際生物学賞受賞者: https://www.jsps.go.jp/j-biol/data/list/13th-ipb.pdf

日本賞 (2017). CRISPR-Cas による ゲノム編集機構の解明. 参照日: 2020 年 6 月 21 日, 参照先: https://www.japanprize.jp/data/prize/2017/j_2_achievements.pdf

丹羽 尚 (1998). コオロギの分子生物学. 生命誌, 5(4), 21.

野地澄晴 (2020). 地域から世界の課題を解決する. https://www.u-fukui-kogyokai.com/pdfs/project-x-18.pdf

野地澄晴 (2021a). コオロギ：第 3 の家畜化昆虫. 月刊細胞, 53(7), 20–23.

野地澄晴 (2021b). 最強の食材　コオロギフードが地球を救う. 小学館.

濱田良真・板東哲哉 (2015). コオロギの脚が元の形に再生する仕組みを解明. 参照先: 岡山大学プレスリリース：https://www.okayama-u.ac.jp/tp/release/release_id333.html

伴野 豊 (2018). わが国の研究機関が保有するカイコ系統 2018. 蚕糸・昆虫バイオテック, 87(1), 3–5.

藤原晴彦 (2015). だましのテクニックの進化 —昆虫の擬態の不思議. オーム社.

フリー百科事典ウィキペディア（シナプス）. 参照日：2021 年 12 月 30 日, 参照先：https://

ja.wikipedia.org/wiki/ シナプス

フレイザー（Frazer, J.）（2014 年 5 月）. 若い血液との交換で若返りが可能？ 参照日：2014 年 5 月 24 日, 参照先: NATIONAL GEOGRAPHIC News: https://natgeo.nikkeibp.co.jp/nng/article/news/14/9199/

フン（Hoon, KK.）（2013 年 10 月 11 日）. 中国に「コオロギ相撲」の季節到来、北京で全国大会. 参照先: 世界のこぼれ話: https://jp.reuters.com/article/l4n0i102a-cricket-fighting-idJPTYE99A00K20131011

フォスター（Foster, RG.）, クライツマン（Kreitzman, L.）, 訳：石田直理雄（2020）. 体内時計のミステリー. 大修館書店.

保坂健太郎（2012）. きのこの不思議：きのこの生態・進化・生きる環境. 誠文堂新光社.

堀田凱樹（2004）. 生きものの理論を探して. 生命誌ジャーナル　サイエンティスト・ライブラリー, 42.

松沢克彦（1993）. 生物実験教材の開発. 岡山県教育センター　研究紀要, 第 168 号, 18–25.

水波 誠（2006）. 昆虫 ―驚異の微小脳, 中公新書.

水波 誠（2009）. 微小脳と巨大脳 ―自然は多彩な脳を生み出した. 科学, 79, 636–641.

宮川ら（Miyakawa, H. et al.）（2013）. 受容体のリガンド特異性から解き明かす幼若ホルモン経路の進化. 基礎生物学研究所.

本川達雄（1992）. ゾウの時間ネズミの時間. 東京: 中公新書.

八木 寛（1988）. コオロギの発音機構. 動物生理, 5, 50–62.

山下充康 参照日: 2020 年 6 月 1 日, コオロギ容れ. 参照先: http://www.kobayasi-riken.or.jp/news/No98/98_3.htm

索　引

本書掲載の学術用語や生物名、人名などの重要語を以下にアルファベット順および五十音順の索引とした。用語の後に（人）と振られているものは人名、『　』でくくられているものは書名である。

238

編者略歴〔2022 年 2 月現在〕

野地澄晴（のじ　すみはれ）理学博士
　現職：徳島大学長
　略歴：1970 年福井大学工学部応用物理学科卒、80 年広島大学大学院理学研究科物性学専
　　　　攻修了、80 年米国 NIH（国立衛生研究所）博士研究員、83 年岡山大学歯学部助手、
　　　　92 年徳島大学工学部教授、2012 年徳島大学理事・副学長、16 年から現職。
　専門分野：発生・再生生物学、コオロギ学
　主な著書：「The Cricket as a Model Organism」（Springer, 2017）、「最強の食材　コオロギフー
　　　　ドが地球を救う」（小学館, 2021）

著者略歴（50 音順）〔2022 年 1 月 5 日現在〕

青沼仁志（あおぬま　ひとし）博士（理学）
　現職：神戸大学大学院・理学研究科・生物学専攻・教授
　略歴：1991 年北海道大学理学部生物学科卒、93 年同大学大学院理学研究科修士課程修了、
　　　　98 年同大学大学院理学研究科博士課程修了、98 年サウザンプトン大学博士研究員、
　　　　99 年同大学 JSPS 海外特別研究員、2001 年北海道大学電子科学研究所助手、03 年同大
　　　　学電子科学研究所助教授（07 年准教授に名称変更）、15 年同大学大学電子科学研究所
　　　　附属社会創造数学研究センター准教授を経て、21 年神戸大学大学院理学研究科教授
　専門分野：動物生理学、神経行動学
　主な著書：「シリーズ移動知. 第 4 巻：社会適応－発現機構と機能障害」（太田順・青沼仁
　　　　志 共編, オーム社）

石丸善康（いしまる　よしやす）博士（学術）
　現職：徳島大学・大学院社会産業理工学研究部・生物資源産業学域・生体分子機能学分野・講師
　略歴：1995 年徳島大学工学部生物工学科卒、2006 年兵庫教育大学大学院連合学校教育学研究
　　　　科博士課程修了、06 年基礎生物学研究所研究員、08 年九州大学学術研究員、12 年徳島
　　　　大学学術研究員、15 年同大学農工商連携センター助教、16 年同大学大学院生物資源産
　　　　業学研究部助教、17 年同大学大学院社会産業理工学研究部助教を経て、21 年から現職。
　専門分野：発生・再生生物学

大内淑代（おおうち　ひでよ）博士（医学）
　現職：岡山大学学術研究院・医歯薬学域・教授（細胞組織学）
　略歴：岡山大学医学部卒業。同大学医学研究科修了。2012 年より現職。
　専門分野：細胞組織学、発生学
　主な著書：訳書「発生生物学　生物はどのように形づくられるか」（Lewis Wolpert 著; 大内
　　　　淑代・野地澄晴共訳, 丸善）

片岡孝介（かたおか　こうすけ）博士（理学）
　現職：早稲田大学・総合研究機構・次席研究員（研究院講師）
　略歴：2014 年早稲田大学先進理工学部卒業、2016 年同大学大学院先進理工学研究科修士
　　　　課程修了、2020 年同大学大学院先進理工学研究科博士後期課程修了。2018 年早稲
　　　　田大学理工学術院助手、2020 年助教を経て現職。コオロギのゲノム解析に関する論
　　　　文を複数発表（Kataoka *et al.*, 2020; Sanno *et al.*, 2021）。
　専門分野：ゲノム科学、神経科学

酒井正樹（さかい　まさき）理学博士
　現職：岡山大学・名誉教授
　略歴：1974年京都大学大学院理学研究科博士課程修了、同年京都大学霊長類研究所助手、1981年岡山大学理学部生物学科助教授、1994年同教授、2009年定年により退職。
　専門分野：神経行動学
　主な著書：動物の生き残り術：行動とそのしくみ（共立出版）、これでわかるニューロンの電気現象（共立出版）、神経インパルス物語（A.J.マコマスの著書を翻訳; 共立出版）

下澤楯夫（しもざわ　たてお）理学博士
　略歴：1966年北海道大学工学部電子工学科卒、68年同大学大学院工学研究科修士課程修了、同理学部助教授を経て、88年同大学応用電気研究所教授、92年同大学電子科学研究所教授、2001–03年同研究所長、03–04年北海道大学総長補佐、04–05年同大学役員補佐、05–07年同大学副理事、07年定年退職（名誉教授）。
　専門分野：比較神経生理学、神経行動学、サイバネティクス、電子情報通信工学。
　主な著書：「昆虫ミメティックス —昆虫の設計に学ぶ—」（監修; NTS社）、「スケーリング：動物設計論」（監訳; コロナ社）、「生物と機械」（共立出版）など

富岡憲治（とみおか　けんじ）理学博士
　現職：岡山大学・名誉教授
　略歴：1978年岡山大学理学部生物学科卒、80年岡山大学大学院理学研究科生物学専攻修了、80年山口大学理学部助手、86–87年、米国ノースカロライナ大学博士研究員、92年山口大学理学部助教授、95年山口大学理学部教授、2003年岡山大学理学部教授、05年岡山大学大学院自然科学研究科教授、17年岡山大学大学院自然科学研究科長、19年岡山大学理学部長、2021年定年退職（名誉教授）。
　専門分野：時間生物学
　主な著書：「時間を知る生物」（裳華房）、「時間生物学の基礎」（共著; 裳華房）など

西野浩史（にしの　ひろし）理学博士
　現職：北海道大学・電子科学研究所・助教
　専門分野：神経行動学、感覚生理学

野地澄晴（のじ　すみはれ）〔編者紹介参照〕

濱田良真（はまだ　よしまさ）理学博士
　現職：徳島大学・先端酵素学研究所・助教（分子細胞生物学）
　略歴：2011年徳島大学工学部生物工学科卒、13年同大学大学院先端技術科学教育部環境創成工学専攻修了、16年岡山大学大学院自然科学研究科地球生命物質科学専攻修了（14–16年日本学術振興会 特別研究員DC2）、16年岡山大学ナノバイオ標的医療センター研究員、17年徳島大学先端酵素学研究所プロテオゲノム研究領域生体機能学分野特任研究員を経て、19年同大学先端酵素学研究所生体機能学分野助教。
　専門分野：分子細胞生物学、再生生物学
　主な著書：A day in the life of a cricket lab（The Node, 2016, Web）

板東哲哉（ばんどう　てつや）理学博士
　現職：岡山大学学術研究院・医歯薬学域・講師（細胞組織学）
　略歴：1997 年岡山大学理学部生物学科卒、99 年岡山大学理学研究科生物学専攻修了、
　　　　2005 年岡山大学自然科学研究科生物資源科学専攻修了、05 年徳島大学博士研究員、
　　　　12 年岡山大学医歯薬学総合研究科助教、16 年から現職。
　専門分野：再生生物学

松本幸久（まつもと　ゆきひさ）理学博士
　現職：東京医科歯科大学・教養部・自然科学系・生物学・助教
　略歴：1993 年岡山大学理学部生物学科卒、95 年同大学大学院理学研究科修士課程修了、
　　　　98 年同大学大学院自然科学研究科博士課程修了、98 年北海道大学電子科学研究所
　　　　機関研究員、2000 年徳島大学工学部リサーチアソシエイト、02 年東北大学 日本学
　　　　術振興会 特別研究員 PD、05 年仏ポール・サバティエ大学 フィッセン財団特別研究
　　　　員、07 年東北大学 産学連携研究員、09 年北海道大学大学院理学研究院学術研究員、
　　　　13 年から現職
　専門分野：神経行動学、神経生物学
　主な著書：「Advanced Methods in Neuroethological Research」（Springer, 2013）、「研究者が教
　　　　える動物実験　第 3 巻　行動」（共立出版, 2015）、「The Cricket as a Model Organism」
　　　　（Springer, 2017）など

水波　誠（みずなみ　まこと）理学博士
　現職：北海道大学・大学院理学研究院・教授
　略歴：1980 年九州大学理学部生物学科卒、82 年九州大学理学研究院修士課程修了、84 年
　　　　九州大学理学部助手、93 年北海道大学電子科学研究所助教授、2001 年東北大学生
　　　　命科学研究科助教授、09 年北海道大学先端生命科学院教授、10 年北海道大学理学
　　　　研究院教授、現在に至る。
　専門分野：行動神経生物学
　主な著書：「昆虫 ―驚異の微小脳」中公新書 2006 年など

三戸太郎（みと　たろう）博士（理学）
　現職：徳島大学・バイオイノベーション研究所・教授
　略歴：1994 年国際基督教大学教養学部理学科卒、99 年東京大学大学院理学系研究科博士
　　　　課程修了、99 年徳島大学工学部生物工学科助手、同大学大学院社会産業理工学研究
　　　　部准教授などを経て、2021 年から現職。
　専門分野：発生生物学、分子昆虫学
　主な著書：「The Cricket as a Model Organism」（共編著; Springer）、「Emerging Model Organisms」
　　　　（分担執筆、Cold Spring Harbor Laboratory Press）など

宮脇克行 (みやわき　かつゆき) 博士 (工学)
　現職：徳島大学・バイオイノベーション研究所・准教授
　略歴：1998 年徳島大学工学部生物工学科卒、2004 年徳島大学大学院工学研究科博士後期
　　　　課程修了、同年徳島大学工学部生物工学科助手、2005 年徳島大学ゲノム機能研究セ
　　　　ンター博士研究員、同大学院ソシオテクノサイエンス研究部特任講師、同大学大学
　　　　院社会産業理工学研究部准教授などを経て、2021 年から現職。コオロギの遺伝子解
　　　　析の研究から始まり、糖尿病モデルマウスの解析、新規核酸ラベル法の研究、イチ
　　　　ゴの遺伝子解析、LED 植物工場など、幅広い内容の論文を発表。
　専門分野：遺伝子工学、生物環境工学

由良　敬 (ゆら　けい) 理学博士
　現職：お茶の水女子大学基幹研究院自然科学系・教授、早稲田大学理工学術院・教授
　略歴：1988 年早稲田大学理工学部応用物理学科卒、1993 年名古屋大学大学院理学研究科
　　　　生命理学専攻博士後期課程単位取得退学、同年名古屋大学理学部生物学科助手、
　　　　1999 年博士（理学）取得、2002 年日本原子力研究所研究員、2005 年日本原子力研
　　　　究開発機構副主幹、2008 年お茶の水女子大学教授、2013〜2017 年国立遺伝学研究
　　　　所特任教授兼任、2017 年早稲田大学理工学術院クロスアポイントメント教授。2019
　　　　年からムーンショット型農林水産研究開発事業プロジェクトマネジャーも務める。
　専門分野：生物物理学、計算生物学、生命情報学
　主な著書：「ドラッグデザイン：構造とリガンドに基づくアプローチ」【分担翻訳】（東京
　　　　化学同人, 2014）、「進化分子工学 —高速分子進化によるタンパク質・核酸の開発—」
　　　　【分担執筆】（エヌ・ティー・エス, 2013）、「タンパク質の立体構造入門：基礎から構
　　　　造バイオインフォマティクスへ」【分担執筆】（講談社, 2010）

渡邉崇人 (わたなべ　たかひと) 博士 (工学)
　現職：徳島大学・バイオイノベーション研究所・助教
　兼業：(株) グリラス・代表取締役 (CEO)
　略歴：徳島県生まれ、37 歳。2013 年徳島大学大学院博士後期課程修了後、徳島大学農工
　　　　商連携センター・特任助教、徳島県立農林水産総合技術支援センター・主任研究員
　　　　等を経て、現職。大学 4 回生から 15 年に渡ってコオロギ研究を継続中で、コオロ
　　　　ギを社会の役に立てるべく 2019 年に (株) グリラスを起業。ゲノム情報、ゲノム編
　　　　集技術を活用し、食用コオロギをメインに有用昆虫の系統育種の研究を行う。
　専門分野：応用昆虫学
　主な著書：「代替プロテイン 〜植物肉製品の開発、昆虫・藻類の食品素材利用と培養肉の
　　　　作製〜」【分担執筆】（エヌ・ティー・エス, 2021）、「進化するゲノム編集技術」【分担
　　　　執筆】（エヌ・ティー・エス, 2015）など

渡邊崇之 (わたなべ　たかゆき) 理学博士
　現職：総合研究大学院大学・先導科学研究科・生命体科学専攻・助教
　略歴：2005 年北海道大学理学部生物学科卒、2007 年北海道大学理学研究科生物科学専攻
　　　　修士課程修了、2010 年東京大学理学系研究科生物科学専攻博士後期課程修了、北海
　　　　道大学学術研究員、日本学術振興会特別研究員 (PD) 等を経て、2020 年秋より現職。
　専門分野：神経行動学、神経遺伝学、分子進化学

あとがき

　編者（野地）がコオロギの研究を開始してから、約 25 年が経過している。本書で紹介しているように、日本のコオロギ研究は、広島大学の両生類研究施設からスタートしている。日本の南端にしか棲息していないフタホシコオロギが、容易に入手できることが、コオロギ研究者を増やすことに繋がっている。その意味で、最強の食材としてコオロギが普及することにより、コオロギ研究者も増加するであろう。実際、これまで決して行われなかったコオロギの食材として研究が急激に増加している。さらに、基礎研究者も増加することを願っている。その実現のためには、コオロギに関する教科書が必要であると感じていた。それが本書により実現された。技術的なことなどが簡単に学べるプロトコール集なども今後出版したいと考えている。本書は、「コオロギ学」を新規な学問として確立するための最初の試みである。この学問は、基礎生物学から食料、医療にまで広がる非常に幅広い分野をカバーしている。多くの皆様に興味を持っていただき、「コオロギ学」の発展にご協力をいただきたい。本書がそのために役に立つのであれば、望外の喜びである。

　本書の執筆には、共著者以外に、（株）地域産業活性化支援機構の田中雅範様（（株）産学連携キャピタル　代表取締役兼任）および徳島大学大学院社会産業理工学研究部・生物資源産業学域の濱野龍夫教授に貴重なコメントをいただきました。この場をお借りして感謝申し上げます。また、（株）北隆館 編集部 角谷裕通様には、本書の構成から編集・出版まで非常にきめ細かくアドバイスをいただき、おかげさまで本書の出版が実現しました。感謝申し上げます。

　2022 年 3 月 9 日

野地澄晴

最先端コオロギ学

—世界初！ 新しい生物学がここにある—

2022 年 4 月 15 日　初版発行

編 者　野 地 澄 晴

発行者　福 田 久 子

発行所　株式会社 北 隆 館

〒153-0051　東京都目黒区上目黒3-17-8
電話03（5720）1161　振替00140-3-750
http://www.hokuryukan-ns.co.jp/
e-mail : hk-ns2@hokuryukan-ns.co.jp

印刷・製本　倉敷印刷株式会社

© 2022 HOKURYUKAN
ISBN978-4-8326-1012-5 C3045